U0236526

Python

语言入门与实践

强　彦 主编

清华大学出版社

北京

内 容 简 介

本书是针对零基础读者编写的一本 Python 入门书,将讲解的知识点与实际案例相结合,让初学者从基础的编程技术入手,最终体验到软件开发的基本过程。全书共 11 章,包含 Python 语言概述,数据类型与运算符,Python 的流程控制语句,字符串概述,列表、元组和字典,Python 函数,函数的高级内容,异常,Python 面向对象编程,Python 模块和文件 I/O 等内容,每章都附有实战训练,便于读者复习巩固对应知识点,帮助读者在实践中掌握编程技术。

本书既可作为高等院校计算机、软件工程、大数据等相关专业的大学本科生或研究生的教材,也可作为各种 Python 语言编程实践班的培训教材,同时还可供广大感兴趣的研究人员和工程技术人员阅读参考。

本书封面贴有清华大学出版社防伪标签,无标签者不得销售。

版权所有,侵权必究。举报:010-62782989,beiqinquan@tup.tsinghua.edu.cn。

图书在版编目(CIP)数据

Python 语言入门与实践/强彦主编. —北京:清华大学出版社,2021.3
ISBN 978-7-302-57572-6

Ⅰ. ①P⋯   Ⅱ. ①强⋯   Ⅲ. ①软件工具—程序设计—高等学校—教材   Ⅳ. ①TP311.56

中国版本图书馆 CIP 数据核字(2021)第 028872 号

责任编辑:张瑞庆   常建丽
封面设计:常雪影
责任校对:李建庄
责任印制:丛怀宇

出版发行:清华大学出版社

网　　　址:http://www.tup.com.cn,http://www.wqbook.com			
地　　　址:北京清华大学学研大厦 A 座		邮　　编:100084	
社 总 机:010-62770175		邮　　购:010-83470235	
投稿与读者服务:010-62776969,c-service@tup.tsinghua.edu.cn			
质量反馈:010-62772015,zhiliang@tup.tsinghua.edu.cn			
课件下载:http://www.tup.com.cn,010-83470236			

印 装 者:三河市铭诚印务有限公司

经　　销:全国新华书店

开　　本:185mm×260mm　　　　**印　张:**20　　　　**字　数:**486 千字

版　　次:2021 年 4 月第 1 版　　　　**印　次:**2021 年 4 月第 1 次印刷

定　　价:56.90 元

产品编号:087424-01

前言

  Python 是一门计算机程序设计语言,从其特点看,它是一种面向对象的语言,同时也是一门解释型语言。我们知道,计算机的程序设计语言有很多,如最经典的语言 C,面向对象的编程语言 C++、Java、C♯,以及解释型语言 JavaScript、Shell、Perl 等,还有适用于数据计算的 R 语言和简便易行的 Go 语言。Python 语言能够从众多编程语言中脱颖而出,是因为它高度结合了解释性、编译性、互动性和面向对象等特点,而且具有很强的可读性,简单易学。

  Python 语言是一门解释型语言,它的语法更接近人类的语言。因为它通过解释器逐行解释并执行程序,所以和 C 语言等编译型语言相比,较多占用 CPU、内存等硬件资源,执行效率和执行速度都无法媲美编译型语言。但是,Python 语言拥有强大且庞大的库,而且对 C 类语言有较强的黏合性,通过 Python 可以直接执行 C、C++、Java 等语言开发的程序,从而弥补了其性能上的不足。

  Python 是编程语言中既简单又功能强大的编程语言。它专注于如何解决问题,而非拘泥于语法与结构。它自由开放,可以跨平台运行,且拥有庞大的库帮助编程人员更快地实现程序功能。它拥有良好的扩展性,可以结合 C、Java 等其他语言,实现特定的功能。

  正如 Python 官方的解读:Python 是一款易于学习且功能强大的编程语言。它具有高效率的数据结构,能够简单而有效地实现面向对象编程。Python 简洁的语法与动态输入特性,加之其解释性语言的特性,使其在多个领域与绝大多数平台上都能进行脚本编写与应用,它是一种可帮助编程者快速进行开发工作的理想语言。

  本书将理论与实践充分结合,以案例驱动教学为核心,由案例引出知识点,简单直观地让初学者了解各知识点,单点突破、快速上手。本书共分为 11 章。其中第 1 章介绍 Python 语言相关背景知识;第 2 章介绍 Python 语言的数据类型与运算符;第 3 章介绍 Python 的流程控制语句;第 4 章介绍字符串、转义字符、格式化字符串等内容;第 5 章介绍 Python 的 3

种重要数据结构：列表、元组和字典；第 6 章介绍 Python 函数；第 7 章介绍 Python 的高阶函数、闭包与装饰器；第 8 章介绍异常处理机制；第 9 章介绍面向对象相关内容；第 10 章介绍模块和包；第 11 章介绍文件 I/O 操作。

本书以案例需求的方式引导读者一步一步学习编程，从简单的输出一直到完整项目的实现，让初学者从基础的编程技术入手，最终体验到软件开发的基本过程。本书的一大特色是以实例为基础，介绍很多基于 Python 的实战技术。本书以 Python 语言的实际应用为目标，系统地介绍在开发应用系统的软件工程中设计、开发和调优各个环节的相关技术及方法。本书从技术角度阐述开发 Python 语言系统的基本要求，并以程序开发为导向，从系统设计开发的各个技术层面设计案例，展示 Python 语言编程实战的全过程。

本书由强彦担任主编，王磊、邓文艳、李含欢担任副主编。各章编写分工如下：第 1、2 章由强彦、李含欢编写；第 3、4 章由阎红灿编写；第 5、6 章由乔冰琴、王磊编写；第 7、8 章由强彦、贺国平编写；第 9、10 章由王建虹编写；第 11 章由魏巍、邓文艳编写。

本书既可作为大学本科生、研究生相关课程的教材，也可作为各种 Python 语言编程实践班的培训教材，同时还可供广大程序开发人员阅读参考。

由于编者水平有限，不当之处在所难免，恳请读者及同仁指正。

编　者
2020 年 12 月

目　录

第 1 章

Python 语言概述

　　编程语言是用来定义计算机程序的形式语言，它是一种被标准化的交流技巧，用来向计算机发出命令。编程语言分为机器语言、汇编语言以及高级语言，一般将机器语言、汇编语言这样的偏向底层设计的语言统称为低级语言。请注意，称它们为低级语言，并不是说它们的功能少，而是相对于高级语言来说，它们太难理解、使用，程序员的学习成本及编码难度较大。而高级语言更接近自然语言，程序员更加容易接受，语法也更容易让人理解。要想让计算机"痛快地干活"，往往需要将现实中想要实现的功能由程序员翻译成高级语言，再由计算机负责将高级语言翻译成低级语言，将低级语言翻译成机器语言。当然，这个过程是由计算机完成的，程序员只要理解需求并通过高级语言实现需求即可。

1.1 认识 Python

1.1.1 Python 简介

Python,本意是指"蟒蛇"。1989 年,荷兰人 Guido van Rossum 发明了一种面向对象的解释型高级编程语言,将其命名为 Python,标志为🐍。

Python 的设计哲学为优雅、明确、简单,实际上,Python 始终贯彻着这一理念,以至于现在网络上流行着"人生苦短,我用 Python"的说法。可见,Python 有着简单、开发速度快、节省时间和容易学习等特点。

Python 是一种扩充性强大的编程语言。它具有丰富和强大的库,能够把使用其他语言制作的各种模块很轻松地联结在一起。所以,Python 常被称为"胶水"语言。

1991 年,Python 的第一个公开发行版问世。从 2004 年开始,Python 的使用率呈线性增长,逐渐受到编程者的欢迎和喜爱。在 2018 年和 2019 年 IEEE Spectrum 发布的年度编程语言排行榜中,Python 连续两年位居第 1 名。

1.1.2 Python 的版本区别

Python 是一门很优雅的语言,无论是选择 Python 2,还是 Python 3,都能够做出一些令人兴奋的软件项目。很多人被它的这一特点吸引过来。

Python 3.0 版本常被称为 Python 3000,简称 Python 3。相对于 Python 的早期版本,此版本有一个较大的升级。为了不带入过多的累赘,Python 3 在设计的时候没有考虑向下兼容。

Python 2 在 2020 年就不再支持了,所以如果没有特殊要求,建议直接学 Python 3,现在网上针对 Python 3 的资源也很丰富。

Python 2 和 Python 3 虽然有几个关键的区别,如 print、整数除法、对 Unicode 的支持等,但是通过做一些调整,从 Python 2 跨越到 Python 3 并不是太困难,并且在 Python 2.7 上可以轻松地运行 Python 3 的代码。重要的是,随着越来越多的开发人员和团队的注意力集中在 Python 3 上,这种语言将变得更加精细,并与程序员不断变化的需求相一致。相较而言,对 Python 2.7 的支持将会越来越少。

1.1.3　Python 的应用

随着大数据、人工智能等技术的迅速发展,Python 作为一门基础语言逐渐受到人们的追捧。Python 到底能做什么？其实能用到 Python 的地方非常多,从比较前沿的数据挖掘、科学计算、网络爬虫、图像处理、人工智能到传统的 Web 开发、游戏开发,Python 都可以胜任。或许正是因为 Python 如此广阔的应用场景,现在很多小伙伴都加入了学习 Python 的队伍。不仅仅是程序员、大学生,连小学的课程中都有了 Python 的影子,也许在不久的将来,Python 真会成为人人都必须懂的语言。

1.2　初识 Python 程序

计算机就是一个机器,这个机器主要由 CPU、内存、硬盘和输入设备、输出设备组成。计算机上运行着操作系统,如 Windows 或 Linux,操作系统上运行着各种应用程序,如 Word、QQ 等。

应用程序看起来能做很多事情,能读写文档,能播放音乐,能聊天,能玩游戏,能下围棋⋯⋯

但本质上,计算机只会执行预先写好的命令。命令可以存储在文本文件中,这些文件称为程序。运行程序意味着告诉计算机读取文本文件,将其转换为它理解的操作集,告诉计算机要操作的数据和执行的命令序列,即对什么数据做什么操作。

1.2.1　print 命令

Python 程序由命令组成,运行程序时,计算机依据预设好的命令序列执行程序。print 是最简单但很常用的命令,它用于将一些信息输出到屏幕上(准确地说,是输出在 IPython Shell 上)。下面通过例 1-1 演示 Python 中的 print 命令。

【例 1-1】　Python 的第一个程序,使用 print 命令输出。

```
print("Hello, Python")
```

程序运行结果如图 1-1 所示。

print("Hello, Python")就是一个最简单的程序,这个程序由一个 print 命令组成,print 是小写的命令名,后跟一对圆括号,可将需要输出的内容放在圆括号中。命令名小写是因为 Python 对大小写很敏感,使用双引号引起来的内容称为字符串。字符串是 Python 语言的一种数据类型,用于表示文字信息。

图 1-1　print 命令运行结果

也可以使用单引号将这段文字信息引起来,它和使用双引号引起来并无差别。此外,还可以通过三引号输出多行内容。

3

```
print('Hello, Python')
print('''
Hello
,
Python''')
```

1.2.2 turtle 命令

不同的命令效果是不同的。Python 中有很多不同的命令,可以通过组合它们实现不同的程序功能。接下来通过如下实例演示 Python 中的 turtle 命令。

【例 1-2】 演示 Python 中的 turtle 命令:海龟画图。

```
import turtle

alpha = turtle.Turtle()
alpha.forward(100)
```

这里仅对此程序稍作解释,更具体的内容可在本书后续章节里学到。turtle 模块是 Python 语言中一个很流行的绘制图像的函数库,称作虚拟海龟机器人。在程序中使用它

图 1-2　海龟画图
运行结果

前,首先需要通过 import turtle 这样的语句,将这个机器人导入程序中。Python 具有大量的实用库,如果想使用它们,需要类似 import turtle 这样的语句将它们导入到程序中。本程序首先使用 import 命令导入 turtle 模块,这样便可以在接下来的程序中使用 turtle 模块中的内容。turtle 模块提供了一个 Turtle() 函数,第二行代码使用 Turtle() 函数创建一个

Turtle 对象——名为 alpha 的海龟。创建了 alpha 后,就可以调用 alpha 对象的 forward() 方法在窗口中移动该对象,forward(100) 操控 alpha 前进 100。程序最终运行结果如图 1-2 所示。

1.2.3 注释

注释是程序中特别注明的内容,这些内容在计算机执行时将被忽略,其目的是帮助程序的编写者及读者理解程序代码。

Python 中的注释以一个“#”开头,其后面的内容都被忽略,不会执行。代码如下所示。

【例 1-3】 #注释示例。

```
#召唤海龟,导入海龟库
import turtle

#创造 alpha
alpha = turtle.Turtle()
#让 alpha 前进 100
```

```
alpha.forward(100)
```

上述代码中,"#"符号右边的文字都会被当作说明文字,而不是真正要执行的程序。为了保证代码的可读性,#后面建议先添加一个空格,然后再编写相应的说明文字。如果在代码的后面添加单行注释,注释和代码之间至少要有两个空格。

Python 还有一种独一无二的注释方式,那就是使用文档字符串。文档字符串是包、模块、类或者是函数里的第一个语句,它使用一对三重单引号"'''"或者一对三重双引号""""""组织,其包裹的内容可以通过对象的__doc__成员自动提取,代码如下所示。

【例 1-4】 文档字符串应用示例。

```
def func():
        ''' say something here!
for example: author, description of function,.etc
        '''
        pass

print (func.__doc__)                    #调用函数中的文档字符串属性,注意__doc__的双下画线
```

此程序定义了一个函数 func(),函数中包含一个文档字符串和一条 pass 命令。关于函数的内容,可以在本书后续的讲解中进行学习。此程序运行结果如图 1-3 所示。

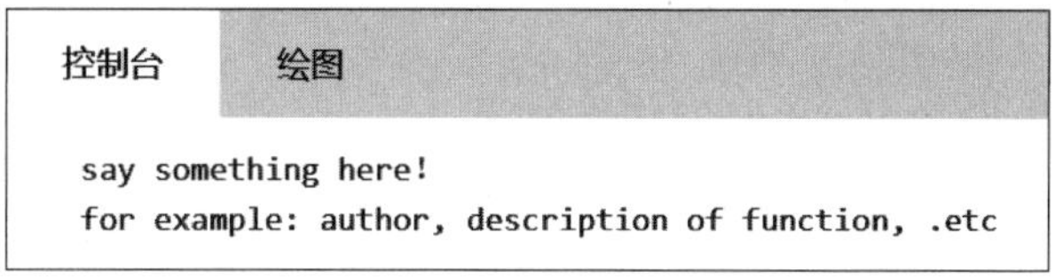

```
控制台    绘图

say something here!
for example: author, description of function, .etc
```

图 1-3 文档字符串示例

1.2.4 Python 的基本语法

通过上面的案例对 Python 代码有了初步的认识,下面介绍 Python 的基本语法。

- Python 与大部分编程语言一样,在编写时要严格区分大小写。例如,将 print 命令写成 Print,程序会出错。
- Python 中的一行就是一条语句,每条语句以换行结束。
- Python 建议每行代码的长度不要超过 80 个字符。对于过长的代码,建议换行。Python 中的换行方式有多种,下面给出一些示例。

【例 1-5】 可以使用圆括号、中括号和花括号将多行括起来,执行时,Python 自动将它们连接成一行,形成一种无换行的字符串输出。

```
string = ("Python 是一种面向对象、"
          "计算机程序设计语言,"
```

```
        "由 Guido van Rossum 于 1989 年年底发明。")
print(string)
```

程序运行结果如图 1-4 所示。

控制台	绘图
Python是一种面向对象、计算机程序设计语言，由Guido van Rossum于1989年年底发明。	

图 1-4　无换行的字符串输出示例 1

实现无换行的输出还可以在每行末尾加"\"，如下所示。

【例 1-6】　用"\"实现代码换行。

```
string = "Python 是一种面向对象、"\
        "计算机程序设计语言，"\
        "由 Guido van Rossum 于 1989 年年底发明。"
print(string)
```

程序运行结果如图 1-5 所示。

控制台	绘图
Python是一种面向对象、计算机程序设计语言，由Guido van Rossum于1989年年底发明。	

图 1-5　无换行的字符串输出示例 2

还可以在换行时采用 3 个单引号或 3 个双引号实现，此时回车换行符会保留，代码如下所示。

【例 1-7】　采用 3 个单引号或 3 个双引号换行。

```
String1 = '''Python 是一种面向对象、
        计算机程序设计语言，
        由 Guido van Rossum 于 1989 年年底发明。'''
print('string1:', string1)

string2 = """Python 是一种面向对象、
        计算机程序设计语言，
        由 Guido van Rossum 于 1989 年年底发明。"""
print('string2:', string2)
```

这种换行方式保留了代码中的回车符，因此输出时字符串不会保持在一行上，程序运行结果如图 1-6 所示。

需要注意的是，当对列表[ ]、字典{ }或元组( )中的语句换行时，不需要再使用圆括号或者"\"进行换行。示例代码如下所示。

图 1-6　有换行的字符串输出示例

【例 1-8】　列表[]、字典{}或元组()中的语句换行示例 1。

```
total1 = ['item_one', 'item_two', 'item_three',
         'item_four', 'item_five']
print('列表 total1', total1)

total2 = {1:'item_one', 2:'item_two', 3:'item_three',
         4:'item_four', 5:'item_five'}
print('字典 total12', total2)

total3 = ('item_one', 'item_two', 'item_three',
         'item_four', 'item_five')
print('元组 total3', total3)
```

本程序中定义了 3 个变量 total1、total2、total3,分别赋值为列表、字典和元组。列表、字典和元组的讲解可参见本书后续内容。程序运行结果如图 1-7 所示。

图 1-7　列表[]、字典{}或元组()中的语句换行示例 1

当然,如果实在分不清什么时候加圆括号,什么时候加"\\",那就都加上,这样也不会出错。示例代码如下所示。

【例 1-9】　列表[]、字典{}和元组()中的语句换行示例 2。

```
total1 = (['item_one', 'item_two', 'item_three',\
         'item_four', 'item_five'])
print('列表 total1', total1)

total2 = ({1:'item_one', 2:'item_two', 3:'item_three',\
         4:'item_four', 5:'item_five'})
```

```
print('字典 total2', total2)

total3 = ('item_one', 'item_two', 'item_three',\
          'item_four', 'item_five')
print('元组 total3', total3)
```

本程序中定义了 3 个变量 total1、total2、total3，分别赋值为列表、字典和元组，对列表、字典和元组的理解可参见本书后续内容。程序运行结果如图 1-8 所示。

```
控制台    绘图

列表total1 ['item_one', 'item_two', 'item_three', 'item_four', 'item_five']
字典total2 {1: 'item_one', 2: 'item_two', 3: 'item_three', 4: 'item_four', 5: 'item_five'}
元组total3 ('item_one', 'item_two', 'item_three', 'item_four', 'item_five')
```

图 1-8　列表[]、字典{}和元组()中的语句换行示例 2

Python 最具特色的就是使用缩进表示代码块，最好使用 4 个空格进行缩进，并且同一个代码块的语句，必须含有相同的缩进空格数。示例代码如下。

【例 1-10】　Python 中的缩进示例。

```
if True:
    print("True")
else:
    print("False")
```

以下代码最后一行语句的缩进与 else 语句块的其他代码不一致，程序运行时会出现语法错误。

```
if True:
    print("Answer")
    print("True")
else:
    print("Answer")
  print("False")              #缩进不一致,会出现语法错误
```

此程序由于缩进不一致，执行后会出现如图 1-9 所示的错误。

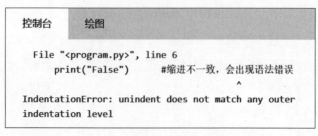

图 1-9　缩进不一致导致报错

8

1.3　Python 程序的执行原理

　　使用 C/C++ 之类的编译性语言编写的程序,需要从源文件转换成计算机使用的机器语言,经过链接器链接之后形成二进制可执行文件。运行该程序的时候,就可以把二进制程序从硬盘载入到内存中并运行。但是,对于 Python 而言,Python 源码不需要编译成二进制代码,它可以直接从源代码运行程序。Python 解释器将源代码转换为字节码,然后把编译好的字节码转发到 Python 虚拟机(PVM)中执行。下面通过一张图描述 Python 程序的执行过程,如图 1-10 所示。

源代码　　　字节码　　　运行时

图 1-10　Python 程序执行原理

　　在图 1-10 中,当运行 Python 程序的时候,Python 解释器会执行两个步骤。
　　(1) 把源代码编译成字节码。
　　编译后的字节码是特定于 Python 的一种表现形式,它不是二进制的机器码,需要进一步编译才能被机器执行,这也是 Python 代码无法运行得像 C/C++ 一样快的原因。如果 Python 进程在机器上拥有写入权限,那么它将把程序的字节码保存为一个以 .pyc 为扩展名的文件,如果 Python 无法在机器上写入字节码,那么字节码将会在内存中生成并在程序结束时自动丢弃。在构建程序的时候最好给 Python 赋予在计算机上写的权限,这样,只要源代码没有改变,生成的 .pyc 文件可以重复利用,提高执行效率。
　　(2) 把编译好的字节码转发到 Python 虚拟机(PVM)中进行执行。
　　PVM 是 Python Virtual Machine 的简称,它是 Python 的运行引擎,是 Python 系统的一部分。PVM 是迭代运行字节码命令的一个大循环,一个接一个地完成操作。

1.4　本章小结

　　本章首先带大家认识了 Python,对 Python 的特点、应用领域及版本进行了讲解;然后通过 print 及 turtle 命令编写了两个简单的程序,旨在帮助读者理解 Python 程序的基本语法;最后分析了 Python 程序的执行原理。通过本章的学习,希望大家能够对 Python 有一个初步的认识。

1.5　实战

实战一：输出个性微信签名

　　微信提供了设置属于自己的个性签名功能,每个人都可以设置属于自己的个性签名,应

用 print() 函数输出图 1-11。

图 1-11　输出个性微信签名

实战二：turtle 命令绘制正方形

运行如下 turtle 命令，绘制如图 1-12 所示的正方形。

图 1-12　turtle 命令绘制正方形

```
import turtle

alpha = turtle.Turtle()
alpha.forward(100)
alpha.left(90)
alpha.forward(100)
alpha.left(90)
alpha.forward(100)
alpha.left(90)
alpha.forward(100)
```

实战三：turtle 命令绘制三角形

理解 turtle 命令，并修改实战二中的代码，通过 turtle 命令绘制如图 1-13 所示的三角形。

图 1-13　turtle 命令绘制三角形

第 2 章

数据类型与运算符

程序可以告诉计算机要操作的数据和执行的指令序列,即对什么数据做什么操作,例如:

- 读文档,就是将数据从磁盘加载到内存,然后输出到显示器上。
- 写文档,就是将数据从内存写回磁盘。
- 播放音乐,就是将音乐的数据加载到内存,然后写到声卡上。
- 聊天,就是从键盘接收聊天数据,放到内存,然后传给网卡,通过网络传给另一个人的网卡,再从网卡传到内存,显示在显示器上。

所有数据基本上都需要放到内存进行处理,程序的很大一部分工作就是操作内存中的数据。本章开始学习数据在内存中如何存放、如何表示。

2.1 偷换两数

现在完成偷换两数的案例。在本案例中有两个变量 num1＝10 和 num2＝20,但输出时为 num1＝20 和 num2＝10,用编程实现交换两个变量的值。

程序要操作数据,首先需要将数据放到内存中,再进行处理。那么,如何将数据放置内存中?如何找到这个数据以及在这个过程中要注意哪些问题?通过下面知识的学习可以得到答案,并且可以编写程序解决两数交换的问题。

2.1.1 变量和赋值

内存在程序看来就是一块有地址编号的连续空间,数据存放到内存的某个位置后,为了方便地找到和操作这个数据,需要给这个位置起一个名字。编程语言通过变量这个概念表示这个过程,之所以叫变量,是因为它保存的数据可以多次发生改变。改变变量的数据只对变量重新赋值就可以。变量的赋值是通过"＝"(赋值运算符)实现的,如下所示。

【例 2-1】 变量赋值示例。

```
num_one = 100              #num_one 是一个变量,其被赋值为 100
num_two = 87               #num_two 也是一个变量,其被赋值为 87
print(num_one, num_two)    #输出变量的值:100, 87


num_one = 200              #对 num_one 重新赋值,其被赋值为 200
num_two = 98               #num_two 被重新赋值为 98
print(num_one, num_two)    #输出变量的值:200, 98


num_one = 'Hello'          #对 num_one 重新赋值,其被赋值为 Hello
num_two = 'Python'         #num_two 被重新赋值为 Python
print(num_one, num_two)    #输出变量的值:Hello Python
```

程序运行结果如图 2-1 所示。

图 2-1　变量赋值后输出

2.1.2　标识符

Python 中,变量名、函数名、模块名等都是标识符。在程序中,需要开发人员自定义这些标识符。Python 中的标识符由字符、数字和下画线组成,其命名方式需要遵守一定的规则。

- 标识符由字母、下画线和数字组成,且不能以数字开头。
- Python 中的标识符是区分大小写的。例如,andy 和 Andy 是不同的标识符。
- Python 中的标识符不能使用关键字。例如,if 不能作为标识符。

看下面的示例。

【例 2-2】　标识符命名示例。

```
dogNo12          #合法的标识符
dog#12           #不合法的标识符,标识符不能包含#符号
2ndObj           #不合法的标识符,标识符不能以数字开头
```

除此之外,为了规范命名标识符,关于标识符的命名提以下两点建议。

- 见名知意:起一个有意义的名字,尽量做到看一眼就可以知道标识符是什么意思,从而提高代码的可读性。例如,定义名字使用 name 表示,定义学生用 student 表示。
- 根据 Python 之父 Guido 推荐的规范,在为 Python 中的变量命名时,建议对类名使用大写字母开头的单词(如 CapWorld),模块名应该用小写加下画线的方式(如 low_with_under)。

2.1.3　关键字

在 Python 中,具有特殊功能的标识符称为关键字。关键字是 Python 语言内部定义的有特殊用途的标识符,不允许开发者定义和关键字相同名字的标识符。Python 中的关键字见表 2-1。

表 2-1　Python 中的关键字

关　键　字	关　键　字	关　键　字	关　键　字
False	def	if	raise
None	del	import	return
True	elif	in	try
and	else	is	while
as	except	lambda	with
assert	finally	nonlocal	yield
break	for	not	
class	from	or	
continue	global	pass	

Python 中的每个关键字都代表不同的含义。如果想查看关键字的信息,可以输入 help()命令进入帮助系统查看。如下示例可在 Python 的 Shell 上运行。

【例 2-3】 help()命令示例。

```
>>>help()              #进入帮助系统
help>keywords          #查看所有的关键字列表
help>return            #查看 return 这个关键字的说明
help>quit              #退出帮助系统
```

2.1.4 案例实现

通过上面的内容可知,为了操作两个数,首先要将数据存入内存中,再定义两个变量,并将变量命名为 num1、num2,接下来利用赋值号进行赋值,将 10、20 分别存入变量中。为了达到交换两数的目的,可以定义一个临时变量 tmp,先将 num2 中的数据赋值给 tmp,再将 num1 中的数据赋值给 num2,最后将 tmp 中的值赋值给 num1,即可完成交换两个变量的值,具体实现思路如图 2-2 所示。

完整代码如下所示。

```
num1 = 10
num2 = 20
print("交换前,num1=",num1,", num2=",num2)
tmp = num2
num2 = num1
num1 = tmp
print("交换后,num1=",num1,", num2=",num2)
```

程序运行结果如图 2-3 所示。

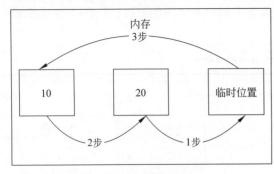

图 2-2　交换两数的值

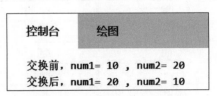

图 2-3　交换两数的值运行结果

上面通过创建临时变量交换两数的值的方法也适用于其他语言。由于 Python 支持同时为多个变量赋不同的值,因而上面的代码也可以进行如下简化。

```
num1 = 10
num2 = 20
print("交换前,num1=",num1,", num2=",num2)
#交换两个变量的值
num1,num2 = num2,num1
print("交换后,num1=",num1,", num2=",num2)
```

程序运行结果如图 2-3 所示。

2.2 抹零行为

现有小区停车收费规则如下:每小时收费 1 元,1 小时内免费,1 小时以上不足 2 小时按 1 小时计算。请编程实现根据输入的停车时长,输出所需要收取的停车费。例如,从键盘输入 1.5,则输出所需缴纳的停车费 1。

该案例获取键盘的输入后,需要保存至内存中,随后对内存中的小数做去除小数部分,保留整数部分的操作,则可算出所需缴纳的停车费。那么,如何获取键盘输入数据? 如何处理小数? 如何将小数只保留整数部分? 回答这些问题就是接下来要学习的相关知识。下面学习这些内容,并用程序解决收费抹零问题。

2.2.1 获取用户输入

Python 语言提供了很多内置函数,而在众多的函数中,input()函数是其中很重要的一个。它可以接受一个标准输入数据,且将所有输入默认为字符串处理,最后返回字符串内容。

调用 input()函数后,程序会立即暂停,等待用户输入,用户输入内容并以回车结束输入之后,程序才会继续向下执行。用户输入完成以后,所输入的内容会以字符串的形式作为 input()的返回值返回。下面通过一个案例学习如何使用 input()函数,代码如下所示。

【例 2-4】 input()函数示例。

```
choice = input('请输入您的选择(Y/N?)')
print("选择为:", choice)
```

运行结果如图 2-4 所示。

上述代码中,input()函数内单引号所引的文字是提示信息,用户输入的数据以字符串形式保存至 choice 变量;接着 print()函数读取 choice 变量的值并输出至控制台。

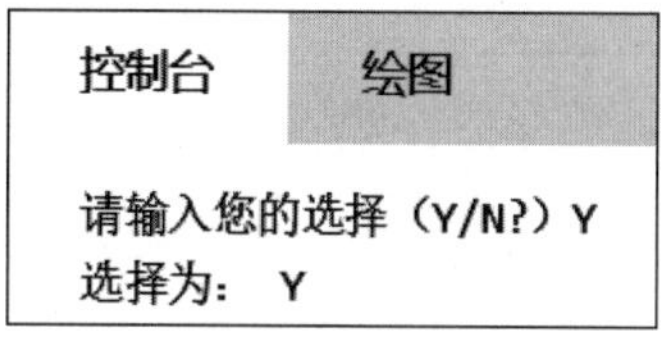

控制台	绘图
请输入您的选择(Y/N?)Y	
选择为: Y	

图 2-4 input()函数运行结果

2.2.2 数据类型

数据类型是程序中最基本的概念。通常,数据类型指的就是变量的值的类型,也就是可以为变量赋哪些类型的值。Python 中常见的数据类型如图 2-5 所示。

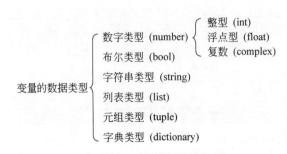

图 2-5 Python 中常见的数据类型

图 2-5 中罗列了 Python 中的数据类型，下面对这些数据类型进行简单介绍。

1. 数字类型

Python 中的数字类型包含整型、浮点型和复数类型。

1）整型

整数类型（int）简称整型，它用于表示整数，例如，100、2016 等。整型值的表示方式有 4 种，分别是十进制、二进制（以"0b"或"0B"开头）、八进制（以"0o"或"0O"开头）和十六进制（以"0X"或"0x"开头）。

Python 的整型可以表示的范围是有限的，它和所用的计算机系统的最大整型一致，例如，32 位计算机上的整型是 32 位的，可以表示的数的范围是 $-2^{31} \sim 2^{31}-1$。在 64 位计算机上的整型是 64 位的，可以表示的数的范围是 $-2^{63} \sim 2^{63}-1$。

接下来看一些整型的示例代码，具体如下所示。

【例 2-5】 整型示例。

```
a = 0b10100
print(type(a))      #输出<class 'int'>
print(a)            #输出 20
```

上述代码中，第 1 行代码是给变量 a 赋值一个二进制整数，type() 函数用来测试变量 a 的数据类型，print() 输出 type(a) 的返回值，可以看到变量 a 属于 int 类型。第 3 行代码直接输出 a 的值，输出结果是十进制数 20。

如果想把十进制数转换为二进制、八进制或者十六进制，可以使用指定的函数完成，代码如下所示。

【例 2-6】 进制转换示例。

```
print(bin(20))          #将十进制的 20 转为二进制输出：0b10100

print(oct(20))          #将十进制的 20 转为八进制输出：0o24

print(hex(20))          #将十进制的 20 转为十六进制：0x14
```

2) 浮点型

浮点数也称为小数。在 Python 中,所有小数都是浮点型,即 float 类型。例如,3.14、9.19 等属于浮点型。

3) 复数类型

复数类型用于表示数学中的复数,例如,5+3j、−3.4−6.8j 都是复数类型。Python 中的复数类型是一般计算机语言没有的数据类型,它有以下两个特点:

- 复数由实数部分和虚数部分构成,表示为 real+imagj 或 real+imagJ。
- 复数的实数部分 real 和虚数部分 imag 都是浮点型。

需要注意的是,一个复数必须有表示虚部的实数和 j,如 1j、−1j 都是复数,而 0.0 不是复数,并且表示虚部的实数部分即使是 1,也不能省略。

看下面的示例代码。

【例 2-7】 复数类型示例。

```
a = 1+2j
print(a)                    #(1+2j)
print(a.real)               #实数部分: 1.0
print(type(a.real))         #<class 'float'>
print(a.imag)               #虚数部分: 2.0
print(type(a.imag))         #<class 'float'>
```

2. 布尔类型

布尔类型是特殊的整型,它的值只有两个,分别是 True 和 False。如果将布尔值进行数字运算,True 被当作整型 1,False 被当作整型 0。

3. 字符串类型

Python 中的字符串被定义为一个字符集合,用来表示一段文本信息。它被引号所包含,引号可以是单引号、双引号或者三引号(3 个连续的单引号或者双引号)。字符串具有索引规则,第 1 个字符的索引是 0,第 2 个字符的索引是 1,以此类推。下面是字符串的示例代码。

【例 2-8】 字符串类型示例。

```
string_one = 'Python'
string_two = "Python"
string_three = '''Python'''
```

4. 列表和元组类型

可以将列表和元组当作普通的"数组",它们可以保存任意数量的任意类型的值,这些值称作元素。列表中的元素使用中括号[]包含,元素的个数和值是可以随意修改的。而元组中的元素使用圆括号()包含,元素不可以被修改。下面看一下列表和元组的表示方式。

【例 2-9】 列表和元组示例。

```
list_name = [1,2,'hello']                    #这是一个列表
print(list_name)                             #[1, 2, 'hello']
print(type(list_name))                       #<class 'list'>
tuple_name = (1,2,'hello')                   #这是一个元组
print(tuple_name)                            #(1, 2, 'hello')
print(type(tuple_name))                      #<class 'tuple'>
```

5. 字典类型

字典是 Python 中的映射数据类型,由键-值对组成。字典可以存储不同类型的元素,元素使用花括号{}包含。通常,字典的键会以字符串或者数值的形式表示,而值可以是任意类型,代码如下所示。

【例 2-10】 字典示例。

```
dict_name = {"name":"zhangsan","age":18}     #这是一个字典
print(dict_name)                             #{'name': 'zhangsan', 'age': 18}
print(type(dict_name))                       #<class 'dict'>
```

上述代码中,变量 dict_name 是一个字典类型,它存储了两个元素,第 1 个元素的键为 name,值为 zhangsan;第 2 个元素的键为 age,值为 18。

在 Python 中,只要定义了一个变量,并且该变量存储了数据,那么变量的数据类型就已经确定了。这是因为系统会自动辨别变量的数据类型,不需要开发者显式说明变量的数据类型。

2.2.3 数据类型转换

所谓类型转换,就是将某一个类型的对象转换为其他类型对象,只不过转换过程中需要借助一些函数。类型转换函数一共有 4 个,分别是 int()、float()、str()和 bool()。

1. int()函数

int()函数可以将其他类型的对象转换为整型,转换规则如下。

- 布尔型转换为整型:如果被转换的值为 True,那么转换之后的值变为 1;如果被转换的值为 False,那么转换之后的值变为 0。代码如下所示。

【例 2-11】 布尔型转换为整型示例。

```
a = False
a = int(a)
print("False 的值变为:", a)

a = True
```

```
a = int(a)
print("True 的值变为:", a)
```

程序运行结果如图 2-6 所示。

- 浮点型转换为整型: 转换的方式很简单,直接取整,省略小数点后的所有内容,不四舍五入。代码如下所示。

【例 2-12】 浮点型转换为整型示例。

```
a = 3.946
a = int(a)
print("a 的值变为:", a)

b = -3.946
b = int(b)
print("b 的值变为:", b)
```

程序运行结果如图 2-7 所示。

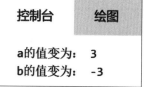

图 2-6 布尔型转换为整型示例　　　图 2-7 浮点型转换为整型示例

- 字符串转换为整型: 由于字符串的类型比较复杂,所以只能转换合法的整数字符串。如果字符串中包含了非整型内容,那么程序在执行时将报错;如果字符串合法,那么会直接将整数字符串转换为对应的整数。代码如下所示。

【例 2-13】 字符串转换为整型示例。

```
a = '35'
a = int(a)
print("a 的值变为:", a)

a = '-35'
a = int(a)
print("a 的值变为:", a)

a = '35.12'
a = int(a)
print("a 的值变为:", a)
```

程序运行结果如图 2-8 所示。

控制台　　绘图

```
a的值变为:　35
a的值变为:　-35
Traceback (most recent call last):
  File "<program.py>", line 10, in <module>
    a = int(a)
ValueError: invalid literal for int() with base 10: '35.12'
```

图 2-8　字符串转换为整型示例

2. float()函数

float()函数和 int()函数的使用方法基本一致,不同的是,它会将对象转换为浮点型数据,转换规则如下。

- 布尔型转换为浮点型:如果被转换的值为 True,那么转换之后的值变为 1.0;如果被转换的值为 False,那么转换之后的值变为 0.0。代码如下所示。

【例 2-14】　布尔型转换为浮点型示例。

```
a = False
a = float(a)
print("a 的值变为:", a)


a = True
a = float(a)
print("a 的值变为:", a)
```

程序运行结果如图 2-9 所示。

控制台　　绘图

```
a的值变为:　0.0
a的值变为:　1.0
```

图 2-9　布尔型转换为浮点型示例

- 整型转换为浮点型:转换的方式很简单,直接在整型数的末尾加上"0"即可。代码如下所示。

【例 2-15】　整型转换为浮点型示例。

```
a = 3
a = float(a)
```

```
print("a的值变为:", a)

b = -3
b = float(b)
print("b的值变为:", b)
```

程序运行结果如图 2-10 所示。

- 字符串转换为浮点型：字符串的类型转换和整型一致，只能转换合法的浮点数字符串，转换时会直接将浮点数字符串转换为对应的数字。代码如下所示。

【例 2-16】 字符串转换为浮点型示例。

```
a = '3.14'
a = float(a)
print("a的值变为:", a)

a = '-3.14'
a = float(a)
print("a的值变为:", a)

a = '3'
a = float(a)
print("a的值变为:", a)
```

程序运行结果如图 2-11 所示。

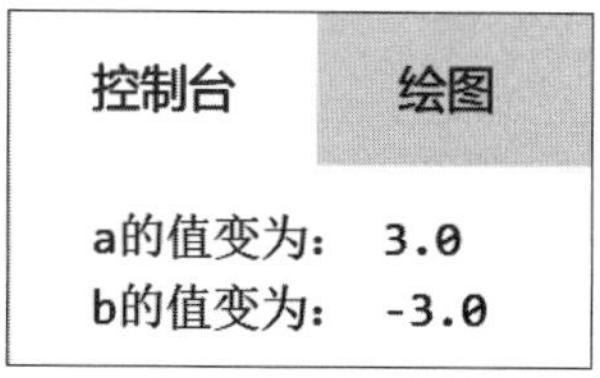

控制台	绘图
a的值变为:	3.0
b的值变为:	-3.0

图 2-10　整型转换为浮点型示例

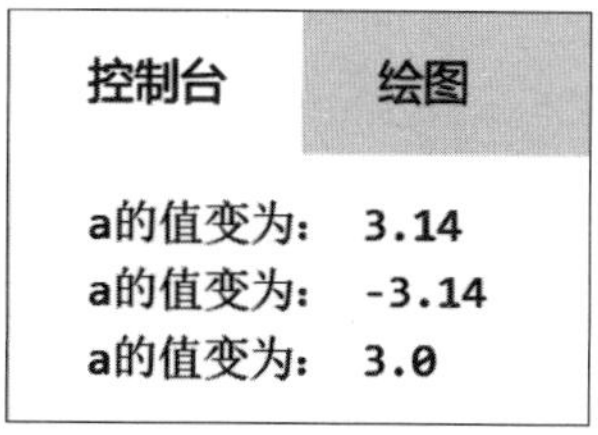

控制台	绘图
a的值变为:	3.14
a的值变为:	-3.14
a的值变为:	3.0

图 2-11　字符串转换为浮点型示例

3. str()函数

str()函数可以将对象转换为字符串,转换规则如下。

- 布尔型转换为字符串：如果被转换的值为 True,那么转换之后的值变为"True";如果被转换的值为 False,那么转换之后的值变为"False"。代码如下所示。

【例 2-17】 布尔型转换为字符串示例。

```
a = False
a = str(a)
print("a的值变为:", a)
```

```
a = True
a = str(a)
print("a的值变为:", a)
```

程序运行结果如图 2-12 所示。

- 整型转换为字符串：转换的方式很简单，直接将数字全部转换为字符类型。代码如下所示。

【例 2-18】 整型转换为字符串示例。

```
a = 314
a = str(a)
print("a的值变为:", a)

b = -314
b = str(b)
print("b的值变为:", b)

c = 3.14159
c = str(c)
print("c的值变为:", c)
```

程序运行结果如图 2-13 所示。

控制台　绘图

a的值变为:　False
a的值变为:　True

图 2-12　布尔型转换为字符串示例

控制台　绘图

a的值变为:　314
b的值变为:　-314
c的值变为:　3.14159

图 2-13　整型转换为字符串示例

4. bool() 函数

bool() 函数可以将对象转换为布尔型数据。任何对象都可以转换为布尔型数据。转换规则为所有表示空的对象都转换为 False，其余对象转换为 True。表示空的值有 0、None 等。

2.2.4　案例实现

由上述可知，首先需要通过 input() 函数获取用户输入，但是该函数会将用户输入以字符串的形式返回，那么就需要将字符串转换为 float 型。而停车费与停车时长关联，将 float 转换为 int 类型，直接取整，省略小数点后的所有内容，就可以计算出停车费，最后将结果输出即可。

完整的代码如下所示。

```
hour = float(input("请输入停车时长:"))
    parking_fee = int(hour);
    print("需缴纳的停车费:", parking_fee)
```

程序运行结果如图 2-14 所示。

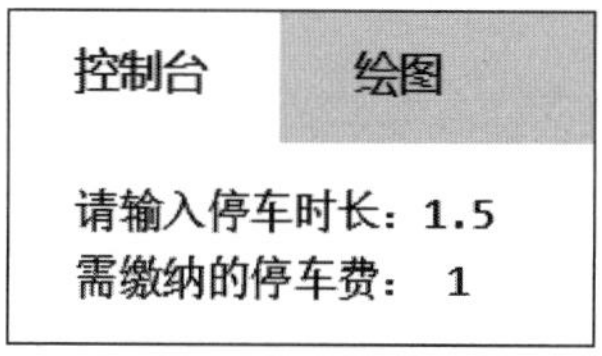

控制台	绘图

请输入停车时长：1.5
需缴纳的停车费： 1

图 2-14　停车费抹零行为运行结果

2.3　实现加密器

数据加密的基本过程,就是对原来为明文的文件或数据按某种算法进行处理,使其成为不可读的一段字符,这段字符通常称为"密文"。通过将明文变为密文这样的方法,达到保护数据不被非法窃取和非法阅读的目的,如 MD5、DES、RSA 都是很常见的加密算法。

可以通过程序实现一个简单的数字加密器,加密规则是:加密结果＝(整数 * 10+5)/2＋3.14159。本节将带领大家学习运算符的相关知识,通过学习完成该数字加密器的编程。

对数据的变换称为运算,表示运算的符号称为运算符,参与运算的数据被称为操作数。举一个简单的例子,4+5,这是一个加法运算,"+"称为运算符,4 和 5 称为操作数。使用运算符将操作数连接而成的式子称为表达式。接下来针对 Python 中的运算符进行详细讲解。

2.3.1　算术运算符

算术运算符(见表 2-2)主要用于算术计算,例如,+、-、*、/都属于算术运算符。接下来,以 a＝20、b＝10 为例进行各种算术计算。

表 2-2　算术运算符

运算符	描　　述	实　　例
+	加:两个对象相加	a+b 的计算结果为 30
-	减:一个数减去另一个数	a-b 的计算结果为 10
*	乘:两个数相乘或是返回一个被重复若干次的字符串	a * b 的计算结果为 200 'a' * 10 的计算结果为 'aaaaaaaaaa'
/	除:a 除以 b	a/b 的计算结果为 2.0
%	取余:返回除法的余数	a%b 的计算结果为 0

运算符	描　述	实　例
**	幂：返回 a 的 b 次幂	a**b 为 20 的 10 次方,计算结果为 10240000000000
//	取整除：返回商的整数部分	a//b 的计算结果为 2

为了便于大家更好地理解算术运算符,接下来通过示例演示 Python 算术运算符的操作。

【例 2-19】 算术运算符示例。

```
a = 20
b = 10
c = 0
#加法运算
c = a + b
print("1--c的值为:", c)
#减法运算
c = a - b
print("2--c的值为:", c)
#乘法运算
c = a * b
print("3--c的值为:", c)
#除法运算
c = a / b
print("4--c的值为:", c)
#取余运算
c = a % b
print("5--c的值为:", c)
#取整除运算
c = a // b
print("6--c的值为:", c)
#修改变量 a、b、c
a = 2
b = 3
c = a ** b                    #幂的运算
print("7--c的值为:", c)
a = '*' * 10
print("8--a的值变为:", a)
```

在例 2-19 中,通过使用不同的算术运算符对变量 a、b、c 进行计算,并将计算结果输出。程序的运行结果如图 2-15 所示。

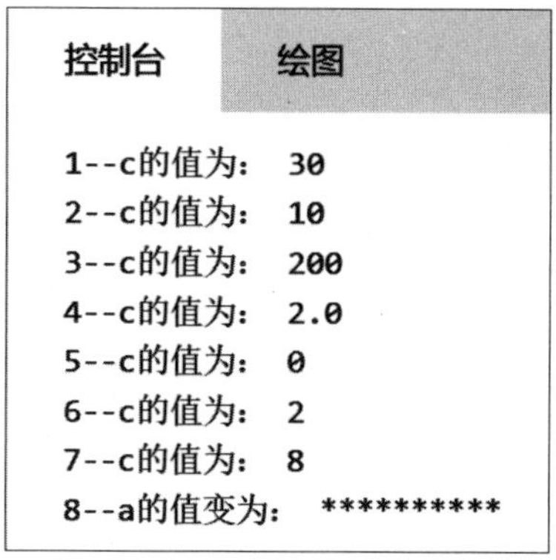

图 2-15 算术运算符示例

2.3.2 赋值运算符

赋值运算符主要用来为变量赋值。使用时,可以直接把赋值运算符"="右边的值赋给左边的变量,也可以进行某些运算后再赋值给左边的变量。Python 中常用的赋值运算符见表 2-3。

表 2-3 Python 中常用的赋值运算符

运 算 符	描 述	实 例
=	简单的赋值运算	c = a
+=	加法赋值运算符	c+=a 等效于 c=c+a
-=	减法赋值运算符	c-=a 等效于 c=c-a
*=	乘法赋值运算符	c*=a 等效于 c=c*a
/=	除法赋值运算符	c/=a 等效于 c=c/a
%=	取模赋值运算符	c%=a 等效于 c=c%a
**=	幂赋值运算符	c**=a 等效于 c=c**a
//=	取整赋值运算符	c//=a 等效于 c=c//a

为了便于大家更好地理解赋值运算符,接下来通过示例演示 Python 赋值运算符的操作。

【例 2-20】 赋值运算符示例。

```
a = 20
b = 10
c = 0
#加法赋值运算
c += a
print("1--c的值为:", c)
```

```
#乘法赋值运算
c *=a
print("2--c的值为:", c)
#除法赋值运算
c /=a
print("3--c的值为:", c)
#先修改变量 c 的值,然后进行取余赋值运算
c = 2
c %=a
print("4--c的值为:", c)
#先修改变量 c 和 a 的值,然后进行幂赋值运算
c = 3
a = 2
c **=a
print("5--c的值为:", c)
#取整除赋值运算
c //=a
print("6--c的值为:", c)
```

在例 2-20 中,分别使用不同的赋值运算符对变量 a、b、c 进行计算,并将计算结果输出。程序的运行结果如图 2-16 所示。

控制台	绘图
1--c的值为:	20
2--c的值为:	400
3--c的值为:	20.0
4--c的值为:	2
5--c的值为:	9
6--c的值为:	4

图 2-16 赋值运算符示例

2.3.3 比较运算符

比较运算符用于比较两个数,其返回的结果只能是 True 或 False。表 2-4 列举了 Python 中的比较运算符。

表 2-4 Python 中的比较运算符

运算符	描　　　述	实　　　例
==	检查两个操作数的值是否相等,如果相等,则条件成立	如 a＝3,b＝3,则(a==b)为 True
!=	检查两个操作数的值是否不相等,如果不相等,则条件成立	如 a＝1,b＝3,则(a!＝b)为 True

运算符	描　　述	实　　例
>	检查左操作数的值是否大于右操作数的值,如果是,则条件成立	如 a=7,b=3,则(a>b)为 True
<	检查左操作数的值是否小于右操作数的值,如果是,则条件成立	如 a=7,b=3,则(a<b)为 False
>=	检查左操作数的值是否大于或等于右操作数的值,如果是,则条件成立	如 a=3,b=3,则(a>=b)为 True
<=	检查左操作数的值是否小于或等于右操作数的值,如果是,则条件成立	如 a=3,b=3,则(a<=b)为 True

为了便于大家更好地理解比较运算符,接下来通过示例演示 Python 比较运算符的操作。

【例 2-21】　比较运算符示例。

```
a = 20
b = 10
c = 0
#比较 a 和 b 的值是否相等
if (a ==b):
    print("1--a 等于 b")
else:
    print("1--a 不等于 b")
#比较 a 和 b 的值是否不相等
if (a !=b):
    print("2--a 不等于 b")
else:
    print("2--a 等于 b")
#比较 a 是否小于 b
if (a <b):
    print("4--a 小于 b")
else:
    print("4--a 大于或等于 b")
#比较 a 是否大于 b
if (a >b):
    print("5--a 大于 b")
else:
    print("5--a 小于或等于 b")
#修改变量 a 和 b 的值
a = 5
b = 20
#比较 a 是否小于或等于 b
if (a <= b):
```

```
    print("6--a 小于或等于 b")
else:
    print("6--a 大于 b")
#比较 b 是否大于或等于 a
if (b >=a):
    print("7--b 大于或等于 a")
else:
    print("7--b 小于 a")
```

例 2-21 中使用了 if-else 判断语句,这种语句在后面的章节
会详细讲解。这里只需把它理解为一种判断的语句,含义是"如
果……否则……"。如果 if 后面的表达式结果为 True,程序就会
执行 if 后面的语句,否则会执行 else 后面的语句。这里,对照程
序深刻理解比较运算符的使用即可。程序的运行结果如图 2-17
所示。

控制台	绘图
1--a不等于b	
2--a不等于b	
4--a大于或等于b	
5--a大于b	
6--a小于或等于b	
7--b大于或等于a	

图 2-17　比较运算符示例

2.3.4　逻辑运算符

逻辑运算符用来表示日常交流中的"并且""或者""取反"等
思想。Python 支持逻辑运算符,表 2-5 列举了 Python 中的逻辑
运算符。

表 2-5　Python 中的逻辑运算符

运算符	描　　述
and	and 运算符可以对符号两侧的值进行与运算,只有在符号两侧的值都为 True 时,才会返回 True,只要有一个值为 False,就返回 False
or	or 运算符可以对符号两侧的值进行或运算,只有在符号两侧的值都为 False 时,才会返回 False,只要有一个值为 True,就返回 True
not	not 运算符可以对符号右侧的值进行非运算,对于布尔值,非运算会对其进行取反操作,即 True 变为 False,False 变为 True;对于非布尔值,非运算会先将其转换为布尔值,然后再取反

为了便于大家更好地理解逻辑运算符,下面通过示例演示 Python 逻辑运算符的操作。
【例 2-22】　逻辑运算符示例。

```
#与运算
result1 = 1==1 and 2>1
result2 = 1==1 and 2<1
print('result1, result2: ', result1, result2)
#或运算
result3 = 1==1 or 2<1
result4 = 2==1 or 2<1
print('result3, result4: ', result3, result4)
```

```
#非运算
result5 = not 1==1
relult6 = not 2<1
print('result5, result6: ', result5, relult6)
```

在例 2-22 中,逻辑运算符对符号两侧的表达式进行不同的逻辑运算,如 1==1 and 2>1,1==1 表达式的结果为 True,2>1 表达式的结果为 True,二者进行与运算后结果为 True。

程序运行结果如图 2-18 所示。

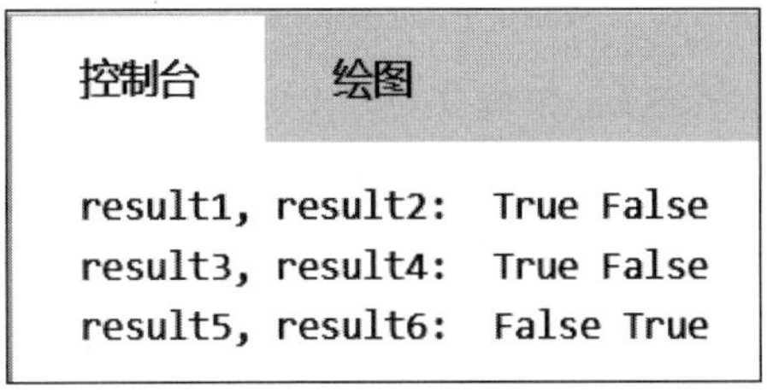

控制台	绘图

```
result1, result2:   True False
result3, result4:   True False
result5, result6:   False True
```

图 2-18　逻辑运算符示例

2.3.5　运算符的优先级

前面介绍了不同的运算符,如果某个表达式中同时使用了多个运算符,这些运算符的优先级是不同的。所谓运算符的优先级,是指在表达式计算中哪一个运算符先计算,哪一个后计算,这与数学上的四则混合运算遵循"先乘除,后加减"是一个道理。表 2-6 按高优先级到低优先级的顺序列出了 Python 中的运算符。

表 2-6　运算符的优先级

运　算　符	描　　　述
**	指数(最高优先级)
*　/　%　//	乘,除,取模和取整除
+　-	加法,减法
<=　<　>　>=	比较运算符
==　!=	等于运算符
=　%=　/=　//=　-=　+=　*=　**=	赋值运算符
and　or　not	逻辑运算符

为了便于大家更好地理解运算符的优先级,接下来通过示例演示 Python 运算符的优先级。

【例 2-23】　运算符优先级示例。

```
a = 20
b = 10
c = 15
```

```
d = 5
e = 0
e = (a + b) * c / d                    #等价于(30 * 15) / 5
print("(a + b) * c / d 运算结果为:", e)
e = ((a + b) * c) / d                  # (30 * 15) / 5
print("((a + b) * c) / d 运算结果为:", e)
e = (a + b) * (c / d)                  # (30) * (15/5)
print("(a + b) * (c / d) 运算结果为:", e)
e = a + (b * c) / d                    #20 + (150/5)
print("a + (b * c) / d 运算结果为:", e)
```

Python 中运算符的优先级越高,越优先计算;如果优先级一样,则自左向右计算,也可以像四则混合运算那样使用圆括号()改变运算符的优先级,括号内的运算符先执行。可以嵌套多层括号,里层括号的优先级比外层括号的优先级高。建议编写程序时尽量使用括号限定运算次序,避免运算次序发生错误。

在例 2-23 中,分别使用了不同的运算符进行计算,并将计算结果输出。程序的运行结果如图 2-19 所示。

2.3.6　案例实现

首先通过 input()函数获取用户输入的数据,并将该数据转换为 int 型,按照加密算法对该整数进行加密,并将结果输出即可。

完整的代码如下所示。

```
num = int(input("请输入一个整数:"))
result = (num * 10 +5)/2 + 3.14159;
print(result)
```

程序运行结果如图 2-20 所示。

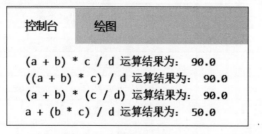

图 2-19　运算符优先级示例

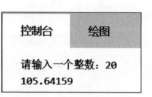

图 2-20　加密器运行结果

2.4　大小写转换

编程实现字母的大小写转换。要求从键盘输入任意大写字母,计算机都能将其转换为小写字母并输出到屏幕上。

字符在计算机中是以 ASCII 码（American Standard Code for Information Interchange，美国信息交换标准编码）存储的。标准 ASCII 码用一个字节的低 7 位存储 7 位二进制数（最高位的二进制为 0），表示所有的大写字母、小写字母、数字、标点符号，以及在美式英语中使用的特殊控制字符。如字符"c"的 ASCII 码值为 99，字符"C"的 ASCII 码值为 67，要将大写的字符"C"转换为小写，将字符"C"的 ASCII 码值加上 32 即可。其他大写字母也是如此。想要顺利完成此案例，还需认真学习 ASCII 码相关的知识。

2.4.1　ASCII 码

我们通常使用的英文字符编码是 ASCII 码。ASCII 码是一个编码标准，其内容符合把英文字母、数字、标点、字符转换成计算机能识别的二进制数的规则，并且得到了广泛认可和使用。

由 ASCII 码进行编码的字符分为两类。

- 非打印控制字符：ASCII 码表上的数字 0～31 及 127（共 33 个）是控制字符或通信专用字符，包括控制符：LF（换行）、CR（回车）、FF（换页）、DEL（删除）、BS（退格）、BEL（响铃）等；通信专用字符：SOH（文头）、EOT（文尾）、ACK（确认）等。例如，ASCII 码值为 8、9、10 和 13 分别转换为退格、制表、换行和回车字符。它们并没有特定的图形显示，但根据不同的应用程序，会对文本显示有不同的影响。
- 打印字符：数字 32～126（共 95 个）是字符，其中，32 是空格，48～57 为 0～9 的阿拉伯数字，65～90 为 26 个大写英文字母，97～122 为 26 个小写英文字母，其余为一些标点符号、运算符号等。

2.4.2　ord()与 chr()

Python 解释器内置了很多函数，ord()函数以一个字符（长度为 1 的字符串）作为参数，返回对应的 ASCII 码数值。而 chr()是 ord()的逆函数，以一个范围在 0～255 的整数作为参数，返回当前整数对应的字符。

语法格式如下所示。

```
ord(c)
chr(i)
```

要求输出字符 a 对应的 ASCII 码以及 ASCII 码为 78 的对应字符，如例 2-24 所示。

【例 2-24】　ord()函数与 chr()函数的使用示例。

```
code = ord('a')
print(code)
char = chr(78)
print(char)
```

程序运行结果如图 2-21 所示。

2.4.3 案例实现

在 ASCII 码表中,26 个英文字母的大小写 ASCII 码值相差 32(小写字母比对应的大写字母大 32)。当从键盘输入大写字母时,输出时加上 32 就能转换为对应小写字母的 ASCII 码值,最后通过 chr()函数返回当前整数对应的字符。

完整代码如下所示。

```
char = input("请输入一个大写字母:")
char_num = ord(char)
char_num += 32                    #转换成小写
print(chr(char_num))
```

程序运行结果如图 2-22 所示。

图 2-21   ord()函数与 chr()函数示例

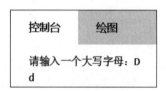

图 2-22   大小写转换运行结果

2.5 精彩实例

2.5.1 求周长和面积

1. 案例描述

从键盘输入一个圆的半径 r,输出圆的周长和面积。要求使用实型数据进行计算。

2. 案例分析

圆周长的计算公式:$2\pi r$;圆面积的计算公式:πr^2;从键盘输入一个圆的半径 r,直接套入上述公式完成计算。在运算过程中将会用到本章所讲的算术运算符。

3. 案例实现

```
#输入半径 r
r = float(input("请输入半径:"))          #计算圆的面积和周长
area = 3.14 * r * r
circumference = 2 * 3.14 * r
print("圆的面积是:%.2f" %area)
```

```
print("圆的周长是:%.2f" %circumference)
```

在上述程序中出现了"%.2f"这样的操作符,这是 Python 字符串输出的格式化符号。"%f"表示浮点数占位符,"%.nf"小数点后的数字 n 表示要保留的小数位数。代码中,"%.2f"表示对运算结果 area 和 circumference 保留两位小数进行输出。更多的字符串格式化符号在后面的章节中会详细讲解。程序的运行结果如图 2-23 所示。

2.5.2　从尾到头

1. 案例描述

从键盘输入一个三位整数 num,将其个、十、百位倒序生成一个数字输出。例如,若输入 123,则输出 321。请编程实现该功能。

2. 案例分析

一个三位数,将其个、十、百位倒序形成一个数,则需要分别求出它的个、十、百位数字。求出个、十、百位数字后,将其倒序即可。

个位数字对 10 取模,十位数先除以 10 取整除再对 10 取模,百位数字直接除以 100 取整除。

3. 案例实现

```
#获取从键盘输入的整数
num = int(input("请输入一个整数:"))          #计算每个位数上的数值
a = num %10
b = num //10%10
c = num//100
print(100 * a+10 * b+c)
```

程序的运行结果如图 2-24 所示。

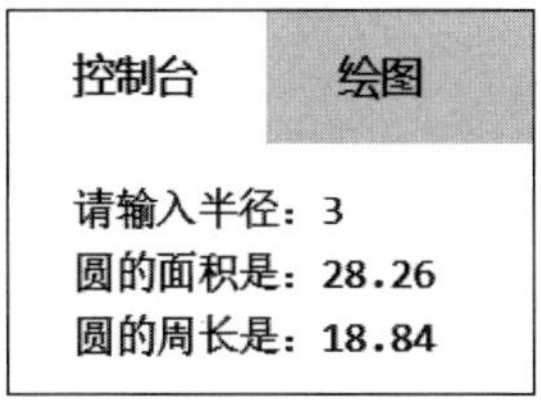

图 2-23　求周长和面积程序的运行结果

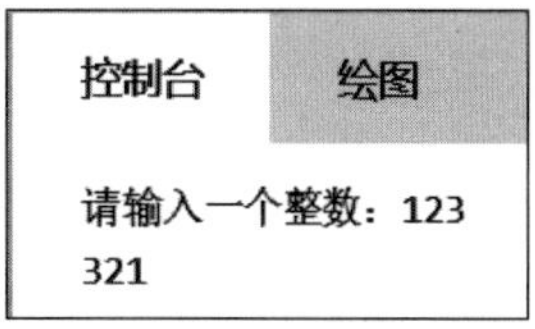

图 2-24　从尾到头程序的运行结果

2.6　本章小结

本章主要讲解了 Python 语言的数据类型及运算符,其中包括变量、基本数据类型与运算符等。通过本章的学习,读者应掌握 Python 语言中关于数据类型及运算符的一些知识。

熟练掌握本章内容,可以为以后的学习打下坚实的基础。

2.7 实战

实战一:计算 BMI

BMI 指数是体重(kg)除以身高(m)的平方得出的数字,是国际上常用的衡量人体胖瘦程度以及是否健康的一个标准,编程完成通过键盘输入获取身高与体重,计算并打印 BMI 值。

实战二:输出整数

补充代码,要求最后输出的 num3 为整数。

```
num1 = 30
num2 = 7
num3 =_____ num1/num2 _____
print(type(num3))
```

实战三:计算平均分

定义 3 个变量(Java、Python、SQL)代表王浩的 3 门课程成绩,编写程序实现:
- 计算 Java 课和 SQL 课的分数之差。
- 计算 3 门课程的平均分(结果保留两位小数)。
实现效果如图 2-25 所示。

实战四:预测儿子身高

请根据输入的父亲和母亲的身高,预测儿子的身高并打印出来。计算公式为

儿子身高 = (父亲身高 + 母亲身高) * 0.54

计算结果保留两位小数,最终输出效果要求如图 2-26 所示。

控制台	绘图
Java和SQL的成绩差为: 6	
3门课程的平均分为:94.67	

图 2-25 计算平均分

控制台	绘图
请输入父亲的身高:1.84	
请输入母亲的身高:1.63	
预测儿子的身高为:1.87	

图 2-26 预测儿子身高

第 ③ 章

Python 的流程控制语句

　　结构化程序设计是面向过程程序设计的基本原则,其观点是采用"自顶向下、逐步细化、模块化"的程序设计方法。Python 程序的流程控制有顺序、选择、循环 3 种基本结构。Python 提供了丰富的流程控制语句来实现程序的各种结构方式。

　　顺序结构是最简单、最常用的基本结构。顺序结构的程序是自上而下顺序执行各条语句,如赋值语句、输入输出语句等。但大多时候,程序的执行不是简单的逐行执行,需要对各种情况进行判断,如猜拳游戏中谁胜谁负问题;再如计算三角形面积时,三条边若构不成三角形,就不能使用海伦公式(利用三角形的三边长直接求出三角形面积的公式)计算。所以,程序执行过程中经常需要判断,这就是下面介绍的选择结构。

3.1　猜拳游戏

相信大家都玩过猜拳游戏,其中"石头、剪刀、布"是猜拳的一种,在游戏规则中,石头胜剪刀,剪刀胜布,布胜石头。接下来模拟一个用户和计算机进行猜拳比赛的案例。

实现这个案例的主要控制语句就是分支语句,下面先熟悉分支语句的功能和应用。

3.1.1　单分支 if 语句

单分支结构是最简单的一种选择结构,其语法格式如下。

```
if 条件表达式:
    语句块
```

注意:

- 条件表达式后面的":"是不可缺少的,它表示一个语句块的开始,后面几种形式的选择结构和循环结构中的":"也都必须有。
- 在 Python 语言中,代码的缩进非常重要。缩进是体现代码逻辑关系的重要方式,所以,在编写语句块的时候务必注意代码缩进,且同一个代码块必须保证相同的缩进量。
- 当条件表达式成立,结果为 True 的时候,语句块将被执行;如果条件表达式不成立,语句块不会被执行,程序会继续执行后面的语句(如果有),执行过程如图 3-1 所示。这里,语句块有可能被执行,也有可能不被执行,是否执行依赖于条件表达式的判断结果。

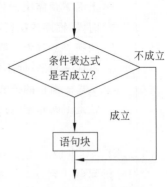

图 3-1　单分支选择结构

下面通过一个示例详细了解 if 语句的执行过程。

【例 3-1】　用户输入任意两个整数 a 和 b,比较大小,保证输出的 a 是较大者。输入的两个数中如果 $a>b$,直接输出即可,如果 $a<b$,交换后输出。

```
#exam3-1,数的比较
a=int(input("input a integer:"))
b=int(input("input a integer:"))
print("输入值 a=%d"%a,",b=%d"%b)
if a<b:
    a,b=b,a                          #实现交换
print("比较后输出的值 a=%d"%a,",b=%d"%b)
```

输入 12 和 23,程序运行结果如图 3-2 所示。

3.1.2　双分支 if-else 语句

有时候不仅要考虑条件满足的情况,同时也要处理条件不满足的情况,这时就需要双分支结构。Python 使用关键字 if-else 实现双分支条件控制,基本形式如下。

```
if 判断条件:
    语句块 1
else:
    语句块 2
```

判断条件成立时执行语句块 1,判断条件不成立时执行 else 语句下的语句块 2,执行过程如图 3-3 所示。

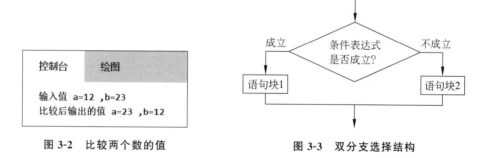

图 3-2　比较两个数的值　　　　　图 3-3　双分支选择结构

【例 3-2】　在多项式累加计算中,经常会有加减间隔的运算,如 $1+1/2-1/3+1/4-1/5+\cdots$,通过观察可以发现,偶数项为加(正),奇数项(第一项除外)为减(负)。现在假定累加器初值 s=1,任意输入一个整数 n(n≥2),判断其奇偶性。如果是奇数,则 s=s-1/n;如果是偶数,则 s=s+1/n,最后输出累加器值。

首先分析问题。判断一个整数的奇偶性,就要看这个数是否能被 2 整除,如果能整除,就是偶数,否则就是奇数。是否整除通过求余运算符%实现。

```
#exam3-2判断奇偶
s=1.0
n=int(input("input a integer:"))
if n%2==0:
```

```
    print("偶数:累加 ",end="")        #使用 end=""输出后不换行
    s=s+1/n
else:
    print("奇数:相减 ",end="")
    s=s-1/n
print("sum={}".format(s))
```

分别输入奇数 5 和偶数 8,程序运行结果如图 3-4 所示。

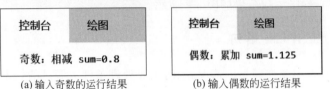

(a) 输入奇数的运行结果   (b) 输入偶数的运行结果

图 3-4　判断奇偶

【例 3-3】　输入 3 条线段的长度 a、b、c,对用户输入的数据做合法性检查,并求出 3 条线围成的三角形面积。

首先分析问题。三角形三边长的充分必要条件: 3 条边任意两边之和大于第三边;三角形面积根据海伦公式:$s=\sqrt{p(p-a)(p-b)(p-c)}$ 计算,其中 p 为三角形的半周长。

```
#exam3-3  三角形面积
import math
a=int(input("请输入三角形边长 a="))
b=int(input("请输入三角形边长 b="))
c=int(input("请输入三角形边长 c="))
if (a+b>c and b+c>a and a+c>b):
    p=(a+b+c)/2
    s=math.sqrt(p * (p-a) * (p-b) * (p-c))
    print("三角形面积为:{:.2f}".format(s))
else:
    print("三条边不能构成三角形")
```

math 是 Python 提供的一个内置库,其中含有平方根函数 sqrt()。

输入三边长 3、4、5,程序运行结果如图 3-5(a)所示。输入三边长 3、2、1,程序运行结果如图 3-5(b)所示。

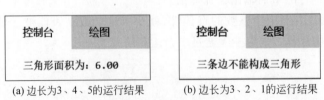

(a) 边长为3、4、5的运行结果 (b) 边长为3、2、1的运行结果

图 3-5　计算三角形面积

3.1.3 多分支 **if-elif-else** 语句

根据一个条件的结果控制一段代码块的执行用单分支 if 语句,条件失败时执行另一代码块用 else 语句。如果需要检查多个条件,并在不同条件下执行不同代码块,就要使用多分支 elif 子句,它是具有条件判断功能的 else 子句,相当于 else if。多分支结构的语法形式如下。

```
if 判断条件 1:
    执行语句块 1
elif 判断条件 2:
    执行语句块 2
elif 判断条件 3:
    执行语句块 3
...
else:
    执行语句块 n
```

【例 3-4】 根据用户的身高和体重计算用户的 BMI 指数,并给出相应的健康建议。BMI 指数,即身体质量指数,是用体重(kg)除以身高(m)的平方得出的数字,计算公式如下:

```
BMI=体重÷身高²
```

BMI 是目前国际上常用的衡量人体胖瘦程度以及是否健康的一个标准。下面先来看标准的数值 BMI。

```
过轻:低于 18.5
正常:18.5~24
过重:24~28
肥胖:28~32
过于肥胖:32 以上
```

此程序示例代码如下。

```
#exam3-4 计算 BMI 指数
height=eval(input("请输入您的身高(m):"))
weight=eval(input("请输入您的体重(kg):"))
BMI=weight/height/height
print("您的 BMI 指数是: {:.1f}".format(BMI))
if BMI<18.5:
    print("您的体型偏瘦,要多吃多运动哦!")
elif 18.5 <= BMI<24:
    print("您的体型正常,继续保持呦!")
elif 24 <= BMI <28:
    print("您的体型偏胖,有发福迹象!")
```

```
elif 28 <= BMI <32:
    print("不要悲伤,您是一个迷人的胖子!")
else:
    print("什么也别说了,您照照镜子就知道了……")
```

输入身高 1.8m,体重 60kg,程序运行结果如图 3-6 所示。

思考一下,将代码"elif 18.5 ＜= BMI<24:"变为"elif BMI<24:"是否可行? 如果可行,请将代码优化后再次运行此程序。

当条件表达式需要多个条件同时判断时,使用 or(或)表示两个条件中只要有一个成立判断条件即为真;使用 and(与)表示两个条件同时成立时判断条件才为真。可连续使用 and和 or 联立多个条件表达式。

【例 3-5】 判断闰年。能整除 4 且不能整除 100 的为闰年,或能整除 400 的为闰年。

首先分析问题。年份变量为 year,year ％ 4 ＝＝ 0 和 year ％ 100!＝0 同时满足为闰年,或者满足条件 year ％ 400 ＝＝ 0 的为闰年。

示例代码如下。

```
#exam3-5 判断闰年
year = int(input("请输入一个年份:"))
if (year %4) ==0 and (year %100) !=0 or (year %400) ==0:
    print("{0}是闰年".format(year))
else:
    print("{0}不是闰年".format(year))
```

输入一个年份：2020,程序运行结果如图 3-7 所示。

图 3-6　计算用户的 BMI 指数　　　　图 3-7　判断闰年

3.1.4　if 嵌套

在上述的 if 选择结构中,语句块本身也可以是一段 if 语句,这样就形成了 if 语句的嵌套结构。

【例 3-6】 使用键盘输入一个三位数的正整数,输出其中最大的一位数字是多少。例如,输入 386,输出 8;输入 290,输出 9。

可以将此问题分解成两步:第一步,从用户输入的三位数中分离出百位数、十位数和个位数分别是多少;第二步,从百位数、十位数和个位数中找最大的一个数字。

示例代码如下。

```
#exam3-6 输出一个三位数的正整数中最大的一位数字
num=int(input("请输入一个三位正整数:"))
a=str(num)[0]                    #取 num 的百位数字
b=str(num)[1]                    #取 num 的十位数字
c=str(num)[2]                    #取 num 的个位数字
if a>b:
    if a>c:
        max_num=a
    else:
        max_num=c
else:
    if b>c:
        max_num=b
    else:max_num=c
print(str(num)+"中的最大数字是:"+max_num)
```

输入一个三位正整数 123,程序运行结果如图 3-8 所示。

此程序中有几个地方需要注意。

代码中分离一个三位整数的方法利用了字符串的切片操作。在切片之前需要使用 str() 函数将输入的数据从整数型转换为字符串。在代码最后一行的输出中使用了字符连接符"+",同样需要对 num 做类型转换。

分离一个三位数的整数,也可以利用整除"//"和求余"%"运算符实现。

| 控制台 | 绘图 |

123中的最大数字是:3

图 3-8　输出三位数中最大的一位数字

```
a = num//100                     #取 num 的百位数字
b = num//10%10                   #取 num 的十位数字
c = num%10                       #取 num 的个位数字
```

此程序采用了 if 结构的嵌套,外层 if 和 else 分支中的语句块都由一组内层 if 结构组成。

当然,从三位整数中找最大的数字,也可以用 Python 语言的内置函数 max() 解决,对应语句为 max_num=max(a,b,c)。本程序这样写是为了讲解 if 嵌套语句。

求一个三位数中的最大数字,本身并不是一个复杂的问题,但解决这个问题的种种尝试和实现方法却体现了程序设计的一些重要思想:绝大多数的计算问题,都有多种解决方法。这就意味着求一个问题时不要急于编写你脑海中的第一个想法,你的任务是首先找到一个正确的算法,之后力求清晰、高效地让代码变得赏心悦目,让阅读和维护代码变得简单、轻松、高效。

3.1.5　猜拳游戏案例实现

此案例的实现将用到随机数,下面简单介绍 random 库中生成随机数的函数。

1. random()

Python 语言内置的 random 库提供了各式各样的生成随机数的方法,不仅可以生成整数随机数、浮点型随机数,也可以生成符合正态分布、指数分布等要求的随机数。random 随机函数见表 3-1。

表 3-1　random 随机函数

函　　　数	描　　　述
randint(a,b)	生成一个[a,b]区间的整数,例如: >>>random.randint(10,100) 45
randrange(m,n,[,k])	生成一个[m,n)之间以 k 为步长的随机整数,例如: >>>random.randrange(10,100,10) 60
getrandbits(k)	生成一个 k 比特长的随机整数(转换为十进制的数值范围就是 2 的 k 次方),例如: >>>random.getrandbits(8)　#范围:0~255,即 2 的 8 次方 230
choice(seq)	从序列 seq 中随机选择一个元素,例如: >>>random.choice([1,2,3,4,5,6,7,8,9]) 8

shuffle(seq)	将序列 seq 中的元素随机排列并返回,例如:
	>>> seq=[1,2,3,4,5,6,7,8,9]
	>>> random.shuffle(seq)
	>>> seq
	[7, 3, 8, 4, 6, 1, 9, 5, 2]

2. 案例实现

分别用数字 0、1、2 代表石头、布和剪刀,游戏者选择一个数字后,计算机随机产生一个 0~2 的数字,然后按照游戏规则判断输赢。

示例代码如下。

```
import random                          #引入 random 库,使用随机函数
print('欢迎参与猜拳游戏')
print('请进行猜拳:')
print('石头--0')
print('布--1')
print('剪刀--2')
print('退出游戏--9')
sel = int(input("\n 你选择的是:"))        #sel 表示用户的选择
if sel!=9:
    com = random.randint(0, 2)          #产生 0~2 范围内的随机数作为计算机的选择
```

```
print("计算机选择的是:", com)
if (com ==0 and sel ==1) or(com ==1 and sel ==2)or(com ==2and sel ==0):
    print("你赢了!\n")
elif com ==sel:
    print("平局!\n")
else:
    print("你输了!\n")
else:                                    #选择 9,游戏结束
    print("游戏结束!\n")
```

当用户输入数字 2 时,程序运行结果如图 3-9 所示。注意此猜拳结果是随机的,因为程序的猜拳是随机的。

图 3-9 猜拳游戏

这个游戏现在只能玩一局,学完循环语句后,将游戏选择放在 while 循环里可以实现多局游戏,请读者自行完成。

3.2 洪乞丐要钱

有一个乞丐姓洪,他每天在天桥上向路人要钱,第一天要了 1 元,第二天要了 2 元,第三天要了 4 元,第四天要了 8 元,以此类推。问:洪乞丐去的第十天收入是多少?

3.2.1 range()函数

迭代一个范围内的数字是十分常见的操作,Python 提供了一个内置的函数 range(),它可以返回包含一个范围内的数值的数组,适合放在 for 循环头部。range()函数有以下 3 种调用方法。

1. range(n)

range(n)得到的迭代序列为 0,1,2,3,…,n−1。例如,range(100)表示序列 0,1,2,
3,…,99。当 n≤0 时,序列为空。

2. range(m,n)

range(m,n)得到的迭代序列为 m,m+1,m+2,…,n−1。例如,range(11,16)表示序
列 11,12,13,14,15。当 m≥n 时,序列为空。

3. range(m,n,d)

range(m,n,d)得到的迭代序列为 m,m+d,m+2d,…,按步长值 d 递增,如果 d 为负,
则递减,直至那个最接近但不包括 n 的等差值。因此,range(11,16,2)表示序列:11,13,15;
range(15,4,−3)表示序列:15,12,9,6。这里的 d 可以是正整数,也可以是负数,正整数表
示增量,而负数表示减量,也有可能出现空序列的情况。

如果 range()产生的序列为空,那么用这样的迭代器控制 for 循环的时候,其循环体一
次也不执行,循环立即结束。

3.2.2　for 循环

for 语句用一个循环控制器(Python 语言中称为迭代器)描述其语句块的重复执行方
式,它的基本语句格式是

```
for 变量 in 迭代器:
    语句块
```

其中,for 和 in 都是关键字。语句中包含了 3 部分,其中最重要的是迭代器。由关键字 for
开始的行称为循环的头部,语句块称为循环体。与 if 结构中的语句块情况类似,这里语句块
中的语句也是下一层的成分,同样需要缩进,且语句块中各个语句的缩进量必须相同。

迭代器是 Python 语言中的一类重要机制,一个迭代器描述一个值序列。在 for 语句中,
变量按顺序取得迭代器表示的值序列中的各个值,对每一个值都将执行语句块一次。由于
变量取到的值在每一次循环中不一定相同,因此,虽然每次循环都执行相同的语句块代码,
但执行的效果却随变量取值的变化而变化。

【例 3-7】　求 1~100 中所有整数的和。此程序将应用 range()函数产生 1~100 的序
列,累加器在 for 循环里实现累加。

```
#exam3-7 求 1~100 中所有整数的和
sum=0
for i in range(1,100+1):
    sum=sum+i
print("sum=",sum)
```

程序运行结果如图 3-10 所示。

Python 的字符串本身就是一种迭代类型,可以直接放在 for 语句中使用。例如,执行代码:

```
for s in "abcde":
    print(s, end=" ")
```

运行结果如下。

```
a b c d e
```

在 for 循环的循环体 print 语句中,s 作为变量,可以按顺序取到"abcde"中的每一个字符,反复执行语句"print(s, end＝" ")",就输出了每一个字符,并在每次表达式输出后以一个空格结束。

【例 3-8】　统计英文句子中大写字符、小写字符和数字各有多少个。

此程序可应用字符串函数 upper()、lower() 和 digit() 实现,使用分支语句逐个进行字符判断,并用 count_upper、count_lower、count_digit 3 个变量完成计数。

```
#exam3-8 统计英文句子中大写字符、小写字符和数字各有多少个
str=input("请输入一句英文:")
count_upper=0
count_lower=0
count_digit=0
for s in str:
    if s.isupper(): count_upper=count_upper+1
    if s.islower(): count_lower=count_lower+1
    if s.isdigit(): count_digit=count_digit+1
print("大写字符:",count_upper)
print("小写字符:",count_lower)
print("数字字符:",count_digit)
```

输入英文"This boy is 12 years old.",程序运行结果如图 3-11 所示。

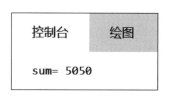

图 3-10　求 1～100 中所有整数的和

图 3-11　字符统计

3.2.3　pass 语句

pass 是空语句,是为了保持程序结构的完整性,一般用作占位语句,有保证格式完整和

语义完整的作用。

【例 3-9】 输出字符串"Python"中的每个字母。

```python
#exam3-9 输出字符串"Python"中的每个字母
for letter in 'Python':
    if letter == 'h':
        pass
        print('这是 pass 块')
    print('当前字母:', letter)
print("Good bye!")
```

程序运行结果如图 3-12 所示。

3.2.4 案例实现

分析问题:洪乞丐第一天要了 1 元,第二天要了 2 元,第三天要了 4 元,第四天要了 8 元,设第 1 天 money 为 1 元,则第 2 天 money 为 2 乘以第 1 天的 money,结果为 2 元,第 3 天 money 为 2 乘以第 2 天的 money,结果为 4 元,第四天 money 为 2 乘以第 3 天的 money,结果为 8 元,以此类推,可知第 i 天的钱数就是 2 乘以第 $i-1$ 天的钱数。下面利用 for 循环实现累乘。

示例代码如下。

图 3-12 输出字符串"Python" 中的每个字母

```python
#洪乞丐在天桥向路人要钱
day=10
money=0
for i in range(1,day+1):
    if i==1:
        money=1                #可以理解为 2 的零次幂
    else:
        money=2 * money        #可以理解为 2 的 i 次幂
print("after 10 days,money={}".format(money))
```

程序运行结果如图 3-13 所示。

控制台　　绘图

after 10 days,money=512

图 3-13 洪乞丐要钱

3.3　牛顿迭代法

多数方程没有精确根式解（就是没有像二次方程那样精确的求根公式），但工作生活中还是有诸多求解高次方程的真实需求，数学家们为求解这些方程提供了很多方法，牛顿迭代法（Newton's method）就是其中一种。牛顿迭代法又称为牛顿-拉夫逊（拉弗森）方法（Newton-Raphson method），是牛顿在 17 世纪提出的一种在实数域和复数域上近似求解方程的方法，其最大优点是在方程 $f(x)=0$ 的单根附近具有平方收敛，而且该方法还可以用来求方程的重根、复根。

例如，求解方程 $2x^3-4x^2+3x-6=0$，用牛顿迭代法求解方程时可不断地将值代入牛顿迭代公式。牛顿迭代方程如式（3-1）所示。

$$x_{k+1}=x_k-\frac{f(x_k)}{f'(x_k)}(k=0,1,2,\cdots) \tag{3-1}$$

例如：给定一个初值 x_0，计算出新值 x_1，然后再次代入 x_1 计算出 x_2，如此循环，直至满足前后两次 x 的差的绝对值小于要求的计算精度时结束迭代，此时 x 的值就是方程的近似根。

本案例要求使用牛顿迭代法求解方程 $2x^3-4x^2+3x-6=0$ 的根。

3.3.1　while 循环

在 for 语句中关注的是迭代器生成的遍历空间，然而有的时候循环的初值和终值并不明确，但却有清晰的循环条件，这时采用 while 语句比较方便。

while 语句中用一个表示逻辑条件的表达式控制循环，当条件成立时反复执行循环体，直到条件不成立时循环结束。while 语句的语法比较简单，如下所示。

```
while 条件表达式：
    语句块
```

同样，条件表达式后面的冒号"："不可省略，语句块要注意缩进。执行 while 语句的时候，先求条件表达式的值，如果值为 True，就执行循环体语句一次，然后重复上述操作；当条件表达式的值为 False 时，while 语句执行结束，执行过程如图 3-14 所示。

显然，while 语句可以实现 for 语句的所有计算。例 3-10 用 while 语句实现求 1～100 中所有偶数的和。

【**例 3-10**】　利用 while 语句求 1～100 中所有偶数的和。

先来分析问题。在 1～100 中，首先对第一个数 i=1 判断奇偶性，如果是偶数，则累加，然后将计数器 i 加 1，如果 i <= 100，继续判断第 2 个数、第 3 个数……，对所有的偶数循环累加，直到 i 为 101 时结束循环。

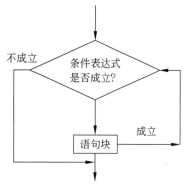

图 3-14　while 循环结构

```
#exam3-10 求 1~100 中所有偶数的和
sum=0
i=1
while i <= 100:
    if i%2==0:
        sum=sum+i
    i=i+1
print("sum=", sum)
```

程序运行结果如图 3-15 所示。

图 3-15　用 while 语句求 1～100 中所有偶数的和

与前面的 for 语句相比,使用 while 语句的时候,必须自己管理循环中使用的变量 i,程序中的"i=i+1"就是对变量 i 在做增量操作。如果去掉"i=i+1"这条命令,变量 i 的值将一直等于 1,循环条件"i≤=100"将一直成立,这个循环就一直无法结束,变成了"死循环"。for 与 while 相比,如果循环比较规范、循环中的控制比较简单、事先可以确定循环次数,那么用 for 语句写的程序往往更简单、更清晰。

3.3.2　案例实现

现在要使用牛顿迭代法(如式(3-1))计算函数 $f(x)=2x^3-4x^2+3x-6$,该函数的导数 $f'(x)=6x^2-8x+3$,由于事先不能确定循环次数,所以使用 while 循环,当两次计算的 x 差值小于预设值 10^{-8} 时跳出循环,此时得到的 x 值就是方程的近似根。

假定初值 x0=1.5,示例代码如下。

```
#牛顿迭代法求解高次方程根
x0=1.5
x1 = 1.5-(2*1.5**3-4*1.5**2+3*1.5-6)/(6*1.5**2-8*1.5+3)
while abs(x1-x0)>1e-8:              #新值和旧值之差的绝对值小于计算精度
    x0=x1
    f=2*x0**3-4*x0**2+3*x0-6       #原函数
    f1=6*x0*x0-8*x0+3             #函数导数
    x1=x0-f/f1                    #牛顿迭代公式
    print(x1, '\t', x0)
print("方程的近似根:x={}".format(x1))
```

程序运行结果如图 3-16 所示。

```
控制台        绘图

2.061002178649238        2.3333333333333335
2.0025568612220073       2.061002178649238
2.0000047429959844       2.0025568612220073
2.0000000000163607       2.0000047429959844
2.0         2.0000000000163607
方程的近似根：x=2.0
```

图 3-16　牛顿迭代法

3.4　"逢七拍腿"游戏

"逢七拍腿"游戏的规则是：参与游戏者排成一圈，由某人开始依次从 1 开始顺序数数，数到含有 7 或 7 的倍数的人要拍腿表示越过，例如，数到 7、14、17 这类数字的人都不能数出该数字，要拍一下腿，然后下一人继续数后面的数字。请编程模拟这个游戏过程，计算从 1 数到 100，一共有多少人要拍腿。

本案例将使用到 continue 循环控制语句。

3.4.1　continue 语句

前面学习了 for 语句和 while 语句，while 语句是在某一条件成立时循环执行一段代码块，而 for 语句是迭代一个集合的元素并执行一段代码块。然而，有时可能需要提前结束一次迭代，进行新的一轮迭代。在循环体中，如果遇到某种情况希望提前结束本次循环，并继续进行下次循环时，可以使用 continue 语句。下面的例子展示了 continue 循环控制语句的使用方式和效果。

【例 3-11】 continue 示例。

```
for i in range(1,10+1):
    if i %3 ==0:
        continue
    print(i,end=' ')
```

程序运行结果如图 3-17 所示。

当 i 是 3 的倍数的时候，执行 continue 语句。continue 语句的作用是结束这一轮循环，程序跳转到循环头部，根据头部的要求继续循环，因此输出了不是 3 的倍数的所有数字。

图 3-17　continue 示例

3.4.2　案例实现

"逢七拍腿"游戏中，遇到含有 7 或 7 的倍数的数字时要拍腿，现在要计算从 1 数到 100

有多少人拍腿,可以在 for 循环中判断某个数是否符合拍腿要求,若不符合,则跳过累加拍腿人次,继续循环下一个数。注意,这个案例可以使用不同的方法实现,这里给出的仅为 continue 示例。

```
total = 0                                    #记录拍腿次数的变量
for number in range(1,101):                  #创建一个 1~101(不包括 101)的循环
    #非 7 的倍数或非 7 为尾数时,跳过 total 的累加,继续循环判断下一个数
    if number %7 !=0 and not str(number).endswith("7"):
        continue                             #继续下一次循环
    total += 1

print("从 1 数到 100 共拍腿",total,"次。")       #显示拍腿次数
```

程序运行结果如图 3-18 所示。

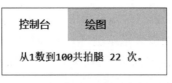

图 3-18　逢七拍腿

3.5　判断素数

对于一个大于 1 的数,如果除 1 和它自身外,不能被其他整数整除,就称这个数为素数;否则称为合数。编程,判断一个正整数 $n(n \geq 2)$ 是否为素数。

本案例将使用到 break 循环控制语句。

3.5.1　break 语句

若要在循环中提前跳出循环,继续执行循环后的代码,则要使用 Python 中的 break 语句。break 语句的作用是结束当前循环,然后跳转到循环后的下一条语句继续执行。continue 语句与 break 语句的不同之处在于,break 将结束本次循环并跳出循环,而 continue 仅是提前结束当前这次循环,继续进行下一次循环。

需要注意的是,break 只会退出 break 语句所在层的循环,也就是说,当程序为多层嵌套的循环结构时,break 语句只会跳出其所在的循环,而外层循环将继续进行迭代。

【例 3-12】 break 示例。

```
for i in range(1,10+1):
    if i %3 ==0:
        break
    print(i,end=' ')
```

程序运行结果如图 3-19 所示。

当 i 是 3 的倍数的时候,执行 break 语句,跳出当前循环,执行当前循环后的下一条语句,因此仅输出了数字 1 和 2。

3.5.2　案例实现

先来分析问题,用素数的定义判断 n 是否为素数,可用 n 除以 $2,3,\cdots,n-1$,如果均不能整除,退出循环时循环变量等于 $n-1$,否则中间退出时循环变量 $i<n-1$。

```
#exam3-11  判断一个正整数 n(n>=2)是否为素数
n=int(input("输入一个正整数 n(n>=2):"))
for i in range(2,n):          #n 除以 2,3,4,…,n-1
    if n%i==0: break          #只要一个整除,就说明不是素数,结束循环
if i==n-1:
    print(n,"是素数")
else:
    print(n,"不是素数")
```

输入一个正整数 9,程序运行结果如图 3-20 所示。

图 3-19　break 示例　　　　　　　　　图 3-20　案例实现图

对于输入的正整数 n 来说,判断它是否为素数,就是在 $2\sim n-1$ 的范围中寻找 n 的约数。如果在循环遍历的过程中发现有一个整数 i 是 n 的约数,即 i 把 n 整除了,那就不必再循环遍历下去,因为此时已经可以判定 n 不是素数,程序中使用 break 语句退出了循环。注意,当遇到 break 语句退出循环的时候,遍历还未结束,此时的 i 仍然在 $2\sim n-1$ 范围。如果 n 是素数,循环情况又会怎样呢? 当 n 是素数的时候,循环体中的 if 条件永远不会成立,break 语句永远执行不到,只有当 i 的取值超出 range() 的迭代范围时,循环才会退出,因此,退出循环时 i 的值一定等于 $n-1$。for 语句后的 if-else 结构正是根据 i 的取值判断循环的执行情况,从而得到 n 的判定结果。

3.6　精彩实例

3.6.1　冰雹猜想

1. 案例描述

1976 年的一天,《华盛顿邮报》于头版头条报道了一条数学新闻。其中记叙了这样一个故事:

20 世纪 70 年代中期,美国各所名牌大学校园内,人们都像发疯一般,夜以继日,废寝忘食地玩一种数学游戏。这个游戏十分简单,任意写出一个正整数 N,并且按照以下规律进行变换:

- 如果是一个奇数,则下一步变成 3N+1。
- 如果是一个偶数,则下一步变成 N/2。

不单单是学生,甚至教师、研究员、教授都纷纷加入。为什么这种游戏的魅力经久不衰?因为人们发现,无论 N 是怎样一个数字,最终都无法逃脱回到谷底 1。准确地说,是无法逃出落入底部的 4-2-1 循环,永远也逃不出这样的宿命。这就是著名的"冰雹猜想"。

2. 案例分析

冰雹猜想又名拉兹猜想或 3N+1 猜想,指对于每一个正整数,如果它是奇数,则对它乘 3 再加 1;如果它是偶数,则对它除以 2,如此循环,最终都能够得到 1。

例如,取自然数 N=6。6 是偶数,要先用 2 除,6÷2=3;3 是奇数,要将它乘 3 之后再加 1,3×3+1=10;按照上述法则继续操作:10÷2=5,5×3+1=16,16÷2=8,8÷2=4,4÷2=2,2÷2=1。从 6 开始经历了 3→10→5→16→8→4→2→1,最后得 1。

取自然数 N=19。按照上面的法则算,可以得到下面一串数字:19→58→29→88→44→22→11→34→17→52→26→13→40→20→10→5→16→8→4→2→1。

3. 案例实现

```
#冰雹猜想
pos=int(input("please input a number:"))
print(pos,"->",end="")
while pos!=1:
    if pos%2==0:
        pos=int(pos/2)
        print(pos,"->",end="")
    elif pos%2==1:
        pos=int(pos * 3+1)
        print(pos,"->",end="")
```

输入 19,程序运行结果如图 3-21 所示。

控制台	绘图		
19 ->58 ->29 ->88 ->44 ->22 ->11 ->34 ->17 ->52 ->26 ->13 ->40 ->20 ->10 ->5 ->16 ->8 ->4 ->2 ->1 ->			

图 3-21 冰雹猜想

3.6.2 九九乘法表

1. 案例描述

打印直角三角形形状的 9×9 乘法表。

2. 案例分析

使用循环嵌套结构打印 9×9 乘法表,一共 9 行,第一行打印 1 * 1,第二行打印 1 * 2 到 2 * 2,第三行打印 1 * 3 到 3 * 3,以此类推。

3. 案例实现

```
for x in range(1,10):
    y=1
    while y<=x:
        print("%s*%s=%s" %(y,x,x*y),end=" ")    #打印一个表达式不换行
        y+=1
    print("")                                    #换行作用
```

程序运行结果如图 3-22 所示。

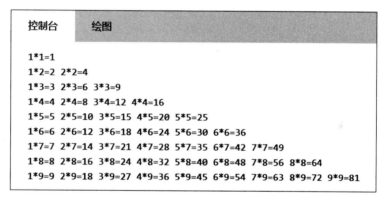

控制台　　绘图

```
1*1=1
1*2=2 2*2=4
1*3=3 2*3=6 3*3=9
1*4=4 2*4=8 3*4=12 4*4=16
1*5=5 2*5=10 3*5=15 4*5=20 5*5=25
1*6=6 2*6=12 3*6=18 4*6=24 5*6=30 6*6=36
1*7=7 2*7=14 3*7=21 4*7=28 5*7=35 6*7=42 7*7=49
1*8=8 2*8=16 3*8=24 4*8=32 5*8=40 6*8=48 7*8=56 8*8=64
1*9=9 2*9=18 3*9=27 4*9=36 5*9=45 6*9=54 7*9=63 8*9=72 9*9=81
```

图 3-22　九九乘法表

3.6.3　素数之和

1. 案例描述

一个偶数总能表示成两个素数之和,如 $6=3+3,10=7+3,16=5+11$ 等。试将 $10\sim20$ 的偶数表示成素数之和的形式。

2. 案例分析

3.5 节的案例采用数学定义判断一个数 n 是否为素数,其实循环除法不用除到 $n-1$,除到 n 的平方根 $\sqrt{n}$ 即可,因此,该算法可以进一步优化。我们把判断 n 是否为素数的代码写成函数形式(函数的讲解具体见第 6 章)以便于简化问题。

下面定义了判断 n 是否为素数的函数 prime(),该函数是一个执行特定功能的命名程序段,Python 中使用 def 命令定义一个函数,prime 是用户自定义的函数名,其后的(n)是函数的参数列表。函数的具体内容这里不讲解了,参见本书第 6 章。

```
def prime(n):                          #定义一个函数,判断一个正整数 n(n≥2)是否为素数
    k=int(math.sqrt(n))                #求 n 的平方根
    for m in range(2,k+1):
        if n%m==0:
            return False               #只要 n 能被一个数整除,n 就不是素数
    return True                        #若所有数都不能整除 n,则返回真值
```

3. 案例实现

假定偶数 $i=10$,首先找出 10 以内的第 1 个素数 j,然后判断 $i-j$ 是否为素数,如果是,则成功;如果不是,则找出 10 以内的第 2 个素数,再判断 $i-j$ 是否为素数,如此循环,直到 i 的一半停止。

```
import math
def prime(n):                          #定义一个函数,判断一个正整数 n(≥2)是否为素数
    k=int(math.sqrt(n))                #求 n 的平方根
    for m in range(2,k+1):
        if n%m==0:
            return False               #只要 n 能被一个数整除,n 就不是素数
    return True                        #若所有数都不能整除 n,则返回真值

for i in range(10,20+1,2):
    for j in range(2,int(i/2)+1):      #从 2 到 i 的一半,一一判断素数
        if prime(j)==True and prime(i-j)==True:
            print("{:^4}={:^4}+{:^4}".format(i,j,i-j))
```

程序运行结果如图 3-23 所示。

控制台	绘图

```
10  = 3    + 7
10  = 5    + 5
12  = 5    + 7
14  = 3    + 11
14  = 7    + 7
16  = 3    + 13
16  = 5    + 11
18  = 5    + 13
18  = 7    + 11
20  = 3    + 17
20  = 7    + 13
```

图 3-23 素数之和

3.6.4 完数

1. 案例描述

找出 1000 内的所有完全数。完全数(perfect number)又称完美数或完备数,是一些特殊的自然数,它所有的真因子(即除自身以外的约数)的和(即因子函数)恰好等于它本身。第一个完全数是 6,第二个完全数是 28,第三个完全数是 496,后面的完全数还有 8128、33550336 等。

2. 案例分析

外层循环遍历 1～1000 的所有整数,内层循环对每一个 i 取它的真因子,如果 j 能被 i 整除,j 就是 i 的真因子,就将其累加在 sum 中。退出内层循环后,判断和 sum 是否等于该数 i 自己,如果是,则将此数输出。在本题中,对每一个 i 取到的整数值做以下 3 件事。

- 将存放因子之和的变量 sum 值初始化为 0。
- 通过 for 循环求 i 的真因子 j,并将其累加在 sum 中。
- 判断 sum 与该整数是否相等。

3. 案例实现

```
#找出 1000 内所有的完全数
print("1000 内的完全数有:")
for i in range(2,1001):
    sum=0
    for j in range(1,i):       #真因子不包括 i 本身
        if i%j==0:             #j 是 i 的因子
            sum=sum+j
    if i==sum:
        print(i,end="    ")
```

程序运行结果如图 3-24 所示。

图 3-24　1000 内的完数

3.7 本章小结

本章讲述了 Python 中的流程控制语句:分支结构和循环结构。通过本章的学习,要求掌握分支结构的执行过程、循环结构的执行过程,单分支、双分支、多分支结构的应用,while

语句、for 语句的应用,理解 break 及 continue 语句对循环控制的影响。

3.8 实战

实战一:百万富翁

一个百万富翁遇到一个陌生人,陌生人找他谈一个换钱的计划,该计划如下:

我每天给你 10 万元,而你第一天只需给我 1 分钱,第二天我仍给你 10 万元,你给我 2 分钱,第三天我仍给你 10 万元,你给我 4 分钱,……,你每天给我的钱是前一天的两倍,直到满一个月(30 天),百万富翁很高兴,欣然接受了这个契约。编程实现每天富翁和陌生人互给的钱数。

实战二:水仙花数

水仙花数(narcissistic number)也被称为超完全数字不变数(Pluperfect Digital Invariant,PPDI)、自恋数、自幂数、阿姆斯壮数或阿姆斯特朗数(armstrong number),是指一个三位数,它的每位上的数字的 3 次幂之和等于它本身(例如,$1^3 + 5^3 + 3^3 = 153$)。找出所有的水仙花数。

提示:三位数在 100~999 范围内,关键是将其个位、十位和百位解出来。

实战三:兔子数列

斐波那契数列(Fibonacci sequence)又称黄金分割数列,因数学家列昂纳多·斐波那契(Leonardo Fibonacci)以兔子繁殖为例而引入,故又称为"兔子数列",指的是这样一个数列:1,1,2,3,5,8,13,21,34,……在数学上,斐波纳契数列以如下递归的方法定义:$F(1) = 1$,$F(2) = 1$,$F(n) = F(n-1) + F(n-2)$ $(n \geqslant 2, n \in \mathbf{N}^*)$,$\mathbf{N}^*$ 表示不含 0 的自然数集。

提示:从第 3 项开始,每一项等于前两项之和,递推过程通过循环完成,注意循环中第 1 项和第 2 项的迭代新值。

第 4 章

字符串概述

在处理的数据信息里,除了数值型数据外,还有大部分数据,如姓名、地址、公司信息等,都是字符型数据。Python 提供的字符串运算符和处理函数,为计算机处理字符数据提供了很大便利。本章将重点介绍字符串的特点、转义字符和字符串函数的应用。

4.1 输出公司信息

公司的名称、地址、联系方式以及运营范围等信息都以字符串形式表示,如果要输出显示这些信息,首先要了解字符串的表示和输入输出等操作。下面介绍什么是字符串以及如何描述字符串的输出格式。

4.1.1 字符串

字符串是由数字、字母、下画线组成的一串字符,用来表示文本数据,一般记为

$$s = "a_1a_2 \cdots a_n" \ (n \geq 0)$$

字符串需要用引号引起来,引号可以是单引号,也可以是双引号。示例如下所示。

【例 4-1】 字符串示例。

```
s1 = "Hello, Haotest!"
print(s1)                   #Hello, Haotest!
s2 = 'Hello, Haotest!'
print(s2)                   #Hello, Haotest!
s3 = 'I\'m Smith!'          #使用了转义字符\
print(s3)                   #I'm Smith!
s4 = "I'm Smith!"
print(s4)                   #I'm Smith!
```

使用字符串,要注意以下事项。

1. 引号不能混用

Python 中字符串左右的引号要一致,不能混用单引号、双引号。例如,在 Python 中输入 s='hello'语句会报如下错误:

```
SyntaxError: EOL while scanning string literal
```

2. 相同的引号不能嵌套使用

引号在嵌套使用时,不能使用相同类型的引号表达嵌套。如果要用 s 变量表示字符串:子曰"学而时习之,不亦说乎?",那么正确的表达示例如下。

【例 4-2】　嵌套引号使用示例。

```
s1='子曰"学而时习之,不亦说乎?"'        #单引号里嵌套双引号
print(s1)                              #子曰"学而时习之,不亦说乎?"
s2='子曰\'学而时习之,不亦说乎?\''       #嵌套使用同样的引号时,可使用转义字符进行转义
print(s2)                              #子曰'学而时习之,不亦说乎?'
s3="子曰\"学而时习之,不亦说乎?\""       #嵌套使用同样的引号时,可使用转义字符进行转义
print(s3)                              #子曰"学而时习之,不亦说乎?"
```

注意：s1 字符串最右侧的两个引号分别是一个双引号和一个单引号,分别与前面的双引号和单引号匹配。而下面的两种表达都是错误的：

```
s="子曰"学而时习之,不亦说乎?""          #错误的引号嵌套
s='子曰'学而时习之,不亦说乎?''          #错误的引号嵌套
```

3. 单引号和双引号都不能跨行使用

Python 中,单引号和双引号都不能跨行使用,如果需要跨行,须加反斜杠符号"\"。看下面的代码。

【例 4-3】　跨行字符串表示。

```
S1="白日依山尽,\
黄河入海流"
S2='欲穷千里目,\
更上一层楼'
```

4. 合理使用三重引号

Python 中,三重引号既有单引号、双引号的作用,又有单双引号不具备的一些功能,代码如下所示。

【例 4-4】　三重引号示例。

```
"""下面三个字符串变量都使用了三重引号
此处的三重引号用作程序多行注释
本程序的作者是:Linan
日期:2020 年 2 月 10 日"""

s1 = """白日依山尽,
黄河入海流。
```

```
欲穷千里目,
更上一层楼。
"""
print(s1)                              #多行字符不需要用换行符

s2 = """Hello,what's your name?
My name is Linan. And you?
I'm Zhanghui!"""

print(s2)                              #字符串的单引号不需要用转义字符

s3 = """    *
   ***
*******"""
print(s3)                              #打印图形
```

程序运行结果如图 4-1 所示。

图 4-1　三重引号示例

4.1.2　转义字符

4.1.1 节的示例中使用到转义字符(即反斜杠"\"),其含义是表明其后的引号不再是字符串的定界符,而只是普通的字符。Python 中的字符串定义中经常会使用到特殊字符,此时可以使用转义字符"\"修饰这些特殊字符。Python 中常用的转义字符见表 4-1。

表 4-1　Python 中常用的转义字符

转　义　字　符	描　　　述
\(在行尾时)	续行符
\\	反斜杠符号

续表

转 义 字 符	描 述
\\'	单引号
\\"	双引号
\\a	响铃
\\b	退格（Backspace）
\\e	转义
\\000	空
\\n	换行
\\v	纵向制表符
\\t	横向制表符
\\r	回车
\\f	换页
\\oyy	八进制数 yy 代表的字符，如\\o12 代表换行
\\xyy	十进制数 yy 代表的字符，如\\x0a 代表换行
\\other	其他字符以普通格式输出

【例 4-5】 转义字符应用示例。

```
print("we are\tstudying\n\"Python\"")        #转义字符\t,\n,\"
```

代码输出如图 4-2 所示。

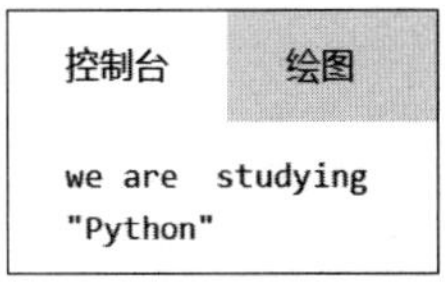

控制台	绘图

we are studying
"Python"

图 4-2 转义字符应用示例

4.1.3 格式化字符串

1. 使用"％"操作符

许多编程语言中都包含格式化字符串的功能，如 C 语言中的格式化输入输出。Python 中内置有对字符串进行格式化的操作，见表 4-2。

表 4-2 字符转换格式化符号

格式化字符	名 称
％c	转换成字符（ASCII 码值，或者长度为 1 的字符串）
％r	优先用 repr()函数进行字符串转换
％s	优先用 str()函数进行字符串转换
％d	转换成有符号十进制
％u	转换成无符号十进制

续表

格式化字符	名　称
％o	转换成无符号八进制
％x ％X	转换成无符号十六进制数
％e ％E	转换成科学记数法
％f ％F	转换成浮点型
％％	输出％

【例 4-6】　占位符"％"应用示例。

```
#十六进制形式输出
print("%x"%100)                    #输出 64
print("%X"%110)                    #输出 6E
#格式化操作浮点型和科学记数法
print("%f" %1000005)               #输出 1000005.000000
print("%e" %1000005)               #输出 1.000005e+06
#格式化操作整型输出
print("We are at %d%%"%100)        #输出 We are at 100%
```

转换符还可以包括字段宽度、精度以及对齐等功能，见表 4-3。

表 4-3　格式化操作符辅助指令

符　号	作　用
＊	定义宽度或者小数点精度
－	左对齐
＋	在正数前面显示加号（＋）
0	显示的数字前面填充"0"，而不是默认的空格
m.n	m 是显示的最小总宽度，n 是小数点后的位数

注意：字段宽度是转换后的值所保留的最少字符个数，精度则是结果中应该包含的小数位数。

【例 4-7】　格式化操作对小数和字符串使用精度指令应用示例。

```
print("%.3f" %123.12345)           #输出 123.123
print("%.5s" %"hello world")       #输出 hello
```

【例 4-8】　格式化操作使用加号指令示例。

```
print("%+d"%4)                     #输出 +4
print("%+d" %-4)                   #输出 -4
```

【例 4-9】 格式化操作使用最小宽度指令示例。

```
from math import pi            #导入变量 pi
print('%-10.2f'%pi)           #左对齐输出 3.14
print('%10.2f' %pi)           #右对齐输出 3.14
```

例 4-7～例 4-9 的输出结果如图 4-3 所示。

2. 使用字符串对象的 format()方法

从 Python 2.6 开始,新增了一种格式化字符串的方法 str.format(),它增强了字符串格式化的功能,基本语法是通过"{}"和":"替代之前的"％"。format()方法可以有多个输出项,位置可以按指定顺序设置。

当使用 format()方法格式化字符串的时候,首先需要在"{}"中输入":"(":"称为格式引导符),然后在":"后分别设置<填充字符><对齐方式><宽度>,见表 4-4。

表 4-4　format()方法中的格式设置项

设　置　项	可　选　值
<填充字符>	"＊","＝","－"等,但只能是一个字符,默认为空格
<对齐方式>	^(居中)、<(左对齐)、>(右对齐)
<宽度>	一个整数,指格式化后整个字符串的字符个数

【例 4-10】 format()方法应用示例。

```
print("{:.2f}".format(3.1415926))       #结果保留两位小数
print("{:.4f}".format(3.1415926))       #结果保留四位小数
print("{:=^30.4f}".format(3.1415926))   #宽度 30, 居中对齐,"="填充,保留四位小数
print('{:5d}'.format(24))               #宽度 5,右对齐,空格填充,整数形式输出
print('{:x>5d}'.format(24))             #宽度 5,右对齐,x 填充,整数形式输出
```

代码输出结果如图 4-4 所示。

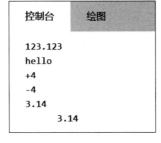

图 4-3　格式化输出示例

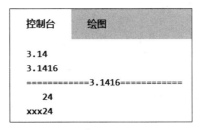

图 4-4　format()方法输出示例

4.1.4　案例实现

编写程序,利用 Python 中字符串的格式化输出方式,输出公司的名称、地址和联系方式。

```
#案例:输出公司信息
company_name="阿拉巴巴网络技术有限公司"
company_add='中国杭州市余杭区文一西路 969 号'
company_ini="马云说'让天下没有难做的生意'"
print("%s"%company_name,end="\t")
print("{:<s}\n{:^s}" .format(company_add,company_ini))
```

程序运行结果如图 4-5 所示。

控制台	绘图

阿拉巴巴网络技术有限公司　中国杭州市余杭区文一西路969号
马云说'让天下没有难做的生意'

图 4-5　输出公司信息

4.2　验证注册名是否唯一

在网上注册时,一般都要求注册名唯一。注册名的唯一性使得其可用来唯一标识某用户身份。

除了用户注册名,还有诸如学生的学号、申请邮箱时的用户名、银行卡号、身份证号、手机号码等字符串数据,都要求具有唯一性。

验证这些字符串的唯一性,其实就是比较新字符串与已有字符串是否相等。两个字符串是否相等的充要条件是长度相等,并且各个对应位置上的字符都相等。由于字母大小写的 ASCII 码不同,所以比较字符串时可能还需考虑字母的大小写问题。

4.2.1　lower()

Python 提供的 lower()函数可将字符串中的所有大写字符都转换为小写。lower()函数的语法如下。

```
str.lower()
```

【例 4-11】　lower()应用示例。

```
str ="THIS IS STRING EXAMPLE...WOW!!!";
print(str.lower())
```

代码运行结果如图 4-6 所示。

4.2.2 upper()

Python 提供的 upper() 函数可将字符串中的所有小写字符都转换为大写。upper() 函数的语法如下。

```
str.upper()
```

【例 4-12】 upper() 应用示例。

```
str ="this is string example...wow!!!";
print(str.upper())
```

代码运行结果如图 4-7 所示。

图 4-6 lower() 应用示例

图 4-7 upper() 应用示例

4.2.3 字符串运算符

可以对字符串(string)进行连接、切片、索引等运算。Python 中常用的字符串运算符见表 4-5。

表 4-5 Python 中常用的字符串运算符

运算符	描 述
+	字符串连接
*	重复输出字符串
[]	通过索引获取字符串中的字符
[:]	截取字符串中的一部分,遵循左闭右开原则,如 str[0,2] 是不包含第 3 个字符的
in	成员运算符,如果字符串中包含给定的字符,则返回 True
not in	成员运算符,如果字符串中不包含给定的字符,则返回 True
r/R	原始字符串,是指字符串中的各个字符都直接按照字面意思使用,没有转义字符、特殊字符或不能打印的字符。原始字符串除在字符串的第一个引号前加字母 r(可以大小写)外,与普通字符串的语法几乎相同
%	格式化字符串,参见 4.1.3 节

【例 4-13】 字符串运算符应用示例。

```
#exam4-12 字符串运算符应用
a = "Hello"
b = "Python"
print("a + b 输出结果:", a + b )
print( "a * 2 输出结果:", a * 2 )
print("a[1] 输出结果:", a[1] )
print("a[1:4] 输出结果:", a[1:4] )
if( "H" in a ) :
    print("H 在变量 a 中")
else :
    print("H 不在变量 a 中")
if( "M" not in a ) :
    print("M 不在变量 a 中" )
else :
    print("M 在变量 a 中")
print('Hello, \nPython')
print(r'\n')
print(R'Hello, \nPython')
```

程序运行结果如图 4-8 所示。

图 4-8 字符串运算符应用示例

4.2.4 案例实现

首先分析问题,验证注册名的唯一性,即查看新输入的注册名是否与已有注册名相同。本案例要求已注册的用户名首字母大写、其余字母小写,所以在接收到用户输入的新注册名时,也要先将新注册名变换成首字母大写其余字母小写的形式,然后再与已有注册名一一比较。本案例的实现使用了 in 运算符。完整示例如下。

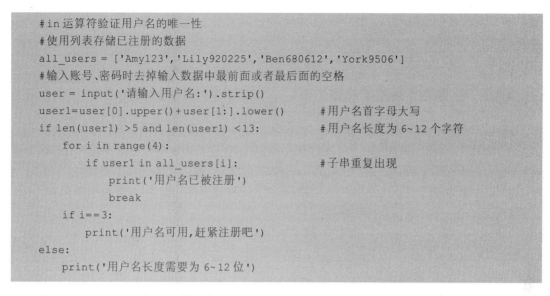

```
#in 运算符验证用户名的唯一性
#使用列表存储已注册的数据
all_users = ['Amy123','Lily920225','Ben680612','York9506']
#输入账号、密码时去掉输入数据中最前面或者最后面的空格
user = input('请输入用户名:').strip()
user1=user[0].upper()+user[1:].lower()              #用户名首字母大写
if len(user1) >5 and len(user1) <13:                #用户名长度为 6~12 个字符
    for i in range(4):
        if user1 in all_users[i]:                   #子串重复出现
            print('用户名已被注册')
            break
    if i==3:
        print('用户名可用,赶紧注册吧')
else:
    print('用户名长度需要为 6~12 位')
```

输入 Amy1231,程序运行结果如图 4-9(a)所示;输入 amy123,程序运行结果如图 4-9(b)所示。其他输入情况读者可自行验证。

(a) 输入Amy1231的运行结果　　　(b) 输入amy123的运行结果

图 4-9　验证注册名是否唯一

4.3　截取出生日期

虽然字符串作为一个整体可以表示完整的数据信息,但是有些字符串中的某些子串或者某一个字符也可能具有特殊意义,如身份证号中有代表持有人所属省份、地区、出生年月等的信息,学生学号中有代表学生入学年份、所属班级等信息。

本案例要求从居民身份证号中截取代表出生日期的 8 位字符。如何从身份证号这一字符串中截取有特殊含义的出生日期子串呢? 在 Python 中,截取子串的操作称为切片,本节将介绍与字符串切片有关的内容。

4.3.1　字符串的存储方式

字符串数据在内存中存储时,每个字符都要占用一个字节,因为字符在计算机中实际存储的是其 ASCII 码对应的二进制值,而每个 ASCII 值都是一个字节。例如字符串"abc",其在计算机中真正存储的是 a、b、c 各字母所对应的 ASCII 码(97、98、99)的二进制。

Python 中通常以字符串整体作为操作对象,例如,在字符串中查找某个子串,求取一个子串,在字符串的某个位置上插入一个子串以及删除一个子串等。字符串中每一位的单个

字符元素都是可以提取的,在 Python 中使用字符的索引位置标识每个字符,索引位置从 0 开始,顺序计数到最后一个字符。提取某个字符时可以使用该字符的索引位置,如 s = "abcdefghij",则s[1]表示字符"b",s[9]表示字符"j"。

4.3.2　使用切片截取字符串

Python 语言中字符串提供区间访问方式,具体语法格式为[头下标:尾下标],这种访问方式称为"切片"。若有字符串 s,s[头下标:尾下标]表示在字符串 s 中取索引值从头下标到尾下标(不包含尾下标)的字符串。切片方式中,若头下标默认,表示从字符串的开始取子串;若尾下标默认,表示取到字符串的最后一个字符;若头下标和尾下标均默认,则取整个字符串。

【例 4-14】　字符串切片操作应用示例。

```
s = "Hello Mike"
print(s[0:5])            #输出 Hello
print(s[6:-1])           #输出 Mik ,这里无法取到最后一个字符
print(s[:5])             #输出 Hello
print(s[6:])             #输出 Mike
print(s[:])              #输出 Hello Mike
```

字符串切片还可以设置取子字符串的顺序,再增加一个参数即可,将[头下标:尾下标]变成[头下标:尾下标:步长]。当步长值大于 0 的时候,表示从左向右取字符;当步长值小于 0 的时候,表示从右向左取字符。步长的绝对值减去 1,表示每次取字符的间隔是多少,具体操作如下。

【例 4-15】　字符串的复杂切片访问。

```
s="Hello Mike"
print(s[0:5:1])          #Hello,正向取
print(s[0:6:2])          #Hlo,正向取,间隔一个字符取
print(s[0:6:-1])         #为空,反向取,但是头下标小于尾下标无法反向取,因此输出为空
print(s[4:0:-1])         #olle,反向取,索引值为 0 的字符无法取到
print(s[4::-1])          #olleH,反向取,从索引值为 4 的字符依次取到开头字符
print(s[::-1])           #ekiM olleH,反向取整串
print(s[::-3])           #eMlH,反向取,间隔两个字符取
```

通过 s[::-1]的方式,可以很方便地求取一个字符串的逆序串。

4.3.3　split()

Python 的 split()函数通过指定分隔符对字符串进行分割,并返回一个列表,默认分隔符为所有空字符,包括空格、换行(\n)、制表符(\t)等。split()函数的语法如下。

```
split([sep=None][,count=S.count(sep)])
```

其中,sep 是可选参数,用于指定分隔符,默认为所有的空字符,包括空格、换行(\n)、制表符

（\t）等。count 也是可选参数，表示分割次数，默认为分隔符在字符串中出现的总次数。

【例 4-16】　split()使用方法示例。

```
S="this is string example......wow!!!"
print(S.split())                         #空格分割
print(S.split('i',2))                    #i 字符分割 2 次
print(S.split('w'))                      #w 字符分割
```

代码运行结果如图 4-10 所示。

控制台	绘图

```
['this', 'is', 'string', 'example......wow!!!']
['th', 's ', 's string example......wow!!!']
['this is string example......', 'o', '!!!']
```

图 4-10　split()使用方法示例

4.3.4　案例实现

首先分析问题，从身份证信息中提取出生日期，必须分析身份证信息的特点：身份证号由 17 位数字本体码和 1 位校验码组成，排列顺序从左至右依次为：6 位数字地址码，8 位数字出生日期码，3 位数字顺序码和 1 位数字校验码。所以，从身份证号的第 7 位开始取出 8 位数字即可获取出生日期。由于 Python 字符串下标从 0 开始，所以要截取的出生日期字符串下标从 6 开始。

```
str=input("输入你的身份证号:")
birth=str[6:14:1]
print("你的身份信息:",str)
print("你的出生日期:",birth)
year=birth[:4]                           #取前 4 位
month=birth[4:6]                         #取中间 2 位
day=birth[6:8]                           #取后 2 位
print("你的出生日期:{}年 {}月 {}日".format(year,month,day))
```

输入身份证号 130123192710121452(这个身份证号不代表某个具体公民的身份证号，仅作为示例用)，程序运行结果如图 4-11 所示。

控制台	绘图

你的身份信息：130123192710121452
你的出生日期：19271012
你的出生日期：1927年 10月 12日

图 4-11　截取出生日期

4.4 验证危险字符

姓名、学号、用户名等信息一般都是字符串,这些信息中可以使用字母、数字和下画线,而运算符和特殊标志符号一般不能使用。在名字、学号中使用"+"和"{}""""%"等特殊符号容易引起歧义,俗称"危险字符"或"不合法字符"。有些应用场景下对字符串的组成可能会有更特殊的要求,如学号只能由 0~9 的数字构成等,所以对字符串进行特殊字符的验证和过滤很有实际应用意义。

4.4.1 count()

count()函数用来返回一个字符串在另一个字符串中出现的次数,如果未出现,则返回 0。

【例 4-17】 count()使用方法示例。

```
s = "brid,fish,monkey,rabbit"
print(s.count('brid'))            #结果为 1
print(s.count('b'))               #结果为 3
print(s.count('tiger'))           #结果为 0,如果指定字符串不存在,则结果为 0
```

【例 4-18】 使用 count()实现注册名的唯一性验证(此示例实现的是 4.2 节的案例)。

```
#count()方法用于验证会员名的唯一性
all_users = ['Amy123','Lily920225','Ben680612','York9506']
user = input('请输入用户名:').strip()

if len(user) >5 and len(user) <13:           #用户名长度为 6~12 个字符
    user1=user[0].upper()+user[1:].lower()   #用户名首字母大写
    for i in range(4):
        if all_users.count(user1) >0:        #重复出现
            print('用户名已被注册')
            break
        else:
            print('用户名可用,赶紧注册吧')
            break
else:
    print('用户名长度需要为 6~12 位')
```

程序运行结果同图 4-9,这里不再赘述。

4.4.2 replace()

实现字符串替换可使用 replace()函数。replace()函数用来替换字符串中的指定字符或子字符串,且每次只能替换一个字符或子字符串,类似于 Word、记事本等文本编辑器的查找和替换功能。该方法不修改原字符串,而是返回一个新字符串。

【例 **4-19**】 replace()应用示例。

```
s = "你是我的小呀小苹果儿"
print(s.replace("小","small"))              #你是我的 small 呀 small 苹果儿
```

4.4.3 字符串内建函数

Python 提供了很多内部字符串处理函数见表 4-6。这些方法都包含了对 Unicode 字符的支持,有一些甚至专门用于 Unicode。

表 4-6 常用内建函数表

操 作 符	描 述
string.capitalize()	把字符串的第一个字符转换为大写
string.center(width,fillchar)	返回一个原字符串居中,并使用 fillchar 填充至长度 width 的新字符串
string.isalnum()	如果 string 至少有一个字符并且所有字符都是字母或数字,则返回 True,否则返回 False
string.isalpha()	如果 string 至少有一个字符并且所有字符都是字母,则返回 True,否则返回 False
string.isdigit()	如果 string 只包含数字,则返回 True,否则返回 False
string.isnumeric()	如果 string 中只包含数字字符,则返回 True,否则返回 False
string.endswith(obj, beg=0, end=len(string))	检查字符串是否以 obj 结束,如果 beg 或者 end 已指定,则检查指定的范围内是否以 obj 结束,如果是,则返回 True,否则返回 False
string.expandtabs(tabsize=8)	把字符串 string 中的 tab 符号转为空格,默认的空格数 tabsize 是 8
string.islower()	如果 string 中包含至少一个区分大小写的字符,并且所有这些(区分大小写)字符都是小写,则返回 True,否则返回 False
str1.find(str2, beg, end=len(str1))	检测字符串 str1 中是否包含子字符串 str2,如果指定 beg(开始)和 end(结束)范围,则检查是否包含在指定范围内,如果包含子字符串返回开始的索引值,则返回−1

【例 **4-20**】 字符串函数应用示例。

```
print('abc'.capitalize())                      #Abc

str1 = 'abc'
print(str1.center(6,'/'))                       #/abc//

str1 = 'name.py'
suffix = '.py'
print(str1.endswith(suffix, 1, 20))            #True
```

```
str1 = '小明,小红,小花'
str2 = '小花'
str3 = '小张'
print(str1.find(str2, 2), str1.find(str3, 2))    #6   -1
```

在 Unicode 编码中,一个汉字对应的长度为 1;在 UTF-8 编码中,一个汉字对应的长度为 3;在 GB-2312 编码中,一个汉字对应的长度为 2。示例如下。

【例 4-21】 汉字编码长度示例。

```
str1 = "人生苦短,我用 Python"
print(len(str1.encode()))         #27,等同于 len(str1.encode('utf-8'))
print(len(str1.encode('utf-8')))  #27
print(len(str1.encode('gbk')))    #20
print(len(str1))                  #13   Unicode 编码
```

4.4.4 案例实现

首先分析问题,假设姓名中只能有字母,学号中只能有数字,用户名中只能有字母、数字和下画线,不符合要求的字符被认为是具有某些特殊意义的字符,也就是危险字符。

1. 判断输入的姓名中是否包含不合法的危险字符

```
name=input("请输入姓名:")
while name.isalpha()==False:
    print("姓名有非法数字字符,请重新输入:")
    name=input("请输入姓名:")
print("姓名{}正确!".format(name))
```

例如,输入姓名 york123,程序提示"姓名有非法数字字符,请重新输入:";输入姓名 york,程序提示"姓名 york 正确!"。

2. 判断输入的学号中是否包含不合法的危险字符

```
number=input("请输入学号:")
while number.isnumeric()==False:
    print("学号必须是数字字符,请重新输入:")
    number=input("请输入学号:")
print("学号{}正确!".format(number))
```

输入学号 2020q12,程序提示"学号必须是数字字符,请重新输入:";输入学号 20200221,程序提示"学号 20200221 正确!"。

3. 判断输入的用户名中是否包含不合法的危险字符

```
while(1):
    user=input("请输入用户名:")
    if user.find('_'):                      #检查有没有下画线
        new_user=user.replace("_","x")  #用字母x替换下画线
    else:
        new_user=user
    if new_user.isalnum()==True :
        print("用户名 {} 正确!".format(user))
        break
    else:
        print("用户名中有危险字符,请重新输入:")
```

输入用户名 merry_98{＋,程序提示"用户名中有危险字符,请重新输入:";输入用户名 merry_98,程序提示"用户名 merry_98 正确!"。更多的验证请读者自行完成。

4.5　精彩实例

4.5.1　统计数字、字母和特别字符串的个数

1. 案例描述

请接收输入的一行字符,统计出字符串中包含数字、字母和特别字符串的个数。

2. 案例分析

分别定义变量,用来存储数字、字母的数量,循环遍历字符串,通过函数 isalpha()、isnumeric()判断字符类型。通过 count()统计特别字符串的个数。

3. 案例实现

```
s = input('请输入一串字符串:')
num = 0                                 #数字
alpha=0                                 #字母
love="python"                           #定义要统计的字符串,你最喜欢的字符串
for ch in s:
    if ch.isnumeric():
        num+=1
    if ch.isalpha():
        alpha+=1

like=s.count(love)
```

```
print("字符串中有字母:{}个,数字{}个,字符串{}{}个".format(alpha,num,love,like))
```

输入字符串：hello 123，i like python，are you like python?，程序运行结果如图 4-12
所示。

控制台	绘图
字符串中有字母:4个,数字3个,字符串python0个	

图 4-12　统计字符

4.5.2　判断车牌归属地

1. 案例描述

请编写程序,判断某个车牌的归属地。

2. 案例分析

普通车牌形如"冀Bxxxxx"7 个字符,第一位是汉字,代表该车户口所在的省级行政区,
为各省、直辖市、自治区的简称,如北京是京,上海是沪,湖南是湘,重庆是渝,山东是鲁,江西
是赣,福建是闽。车牌号的第二位字母为各地级市、地区、自治州、盟字母代码,通常由省级
车管所按各地级行政区划分排名,字母 A 为省会、首府或直辖市中心城区的代码,其后字母
排名不分先后。从车牌中截取第一个汉字便可判断出车辆归属地。

3. 案例实现

变量 carNo 和 carCap 分别存放车牌第一个汉字及其对应的省份,注意,一定是一一
对应。

```
carNo=["京","津","沪","渝","冀","豫","云","辽","黑","湘","皖","鲁","新","苏",
"浙","赣","鄂","桂","甘","晋","蒙","陕","吉","闽","贵","粤","青","藏","川","宁","琼"]
carCap=["北京","天津","上海","重庆","河北","河南","云南","辽宁","黑龙江","湖南",
"安徽","山东","新疆维吾尔","江苏","浙江","江西","湖北","广西壮族","甘肃","山西",
"内蒙古","陕西","吉林","福建","贵州","广东","青海","西藏","四川","宁夏回族","海南"]
car=input("请输入车牌号:")
str=car[0]                          #取出第一个汉字,采用 Unicode 编码
print("车牌号第一个汉字是:", str)
if str in carNo:                    #判断是否在车辆列表中
    k=carNo.index(str)             #返回列表序号,用来对应省份
    print("您的车辆归属地是:{}".format(carCap[k]))
else:
    print("您的车牌号有误!")
```

输入车牌号：琼 A555WY,程序运行结果如图 4-13 所示。

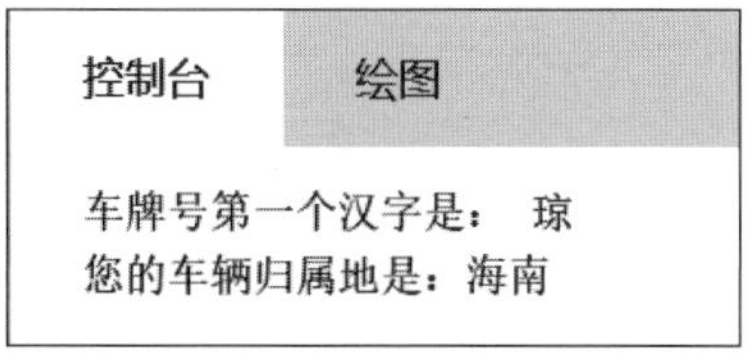

控制台	绘图

车牌号第一个汉字是： 琼
您的车辆归属地是：海南

图 4-13 判断车牌归属地

4.5.3 回文字符串

1. 案例描述

从左到右和从右到左读相同的字符串称为回文字符串,请编写程序,判断某个字符串是否是回文字符串。

2. 案例分析

可以基于回文字符串的概念判断一个字符串是否是回文字符串。首先判断第一个字符和最后一个字符是否相同,然后判断第二个字符和倒数第二个字符是否相同,以此类推,直到中间字符。

3. 案例实现

下面给出两种实现方法。
实现方法一:

```
str=input("please input a string:")    #输入一个字符串
length=len(str)                         #求字符串长度
left=0                                  #定义左右"指针"
right=length-1
while left<=right:                      #判断
    if str[left]==str[right]:
        left+=1
        right-=1
    else:
        break;
if left>right:
    print("yes")
else :
    print("no")
```

输入字符串：level,程序输出：yes;输入字符串：level1,程序输出：no。

从右向左读取的字符顺序串为原字符串的逆序串,如果一个字符串和其逆序串相等,则此字符串为回文字符串。下面给出第二种实现方法。

实现方法二：

```
str=input("请输入字符串:")
if (str==str[::-1]):
    print(str+"是回文串")
else:
    print(str+"不是回文串")
```

输入字符串：level，程序输出：level 是回文串；输入字符串：level1，程序输出：level1 不是回文串。

4.6　本章小结

本章讲述了 Python 的字符串运算符、转义字符、格式输出和字符串处理函数等内容，掌握这些知识和技能会为编程实现字符数据的处理提供很大帮助。

4.7　实战

实战一：统计英文字符串的单词数量

读取一段字符串，将其中的","""."""?""!"等标点符号替换成空格，然后使用 split() 函数将单词提取出来，统计出该字符串包含的单词个数。

例如，输入一段英文 while there is life,there is hope! can I help you?，运行结果如图 4-14 所示。

实战二：实现一个整数加法计算器

接收键盘输入的整数加法计算式，返回它们的和。例如，输入：5＋9，输出：5＋9＝14。输入：13＋25，输出：13＋25＝28。可参考如图 4-15 所示的输出。

图 4-14　统计英文字符串的单词数量

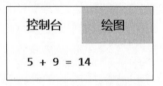

图 4-15　整数加法计算器

注意：input()接收的数据都会以字符类型数据返回。如果输入 5＋9，应把输入分割成两个字符 5 和 9，分别转换成数值，再进行计算。

实战三：表格输出规则数据

从键盘接收两个用户的信息输入，每个用户信息包括用户名、密码、邮箱（要求用户输入的长度不能超过 20 个字符,如果超过,则只有前 20 个字符有效)。将这两个用户的信息用表格形式输出。

例如,输入 aa,man 和 bb,woman,程序输出如图 4-16 所示。

图 4-16 表格输出规则数据

第

5

章

列表、元组和字典

大千世界的逻辑很复杂，要想编写出具有强大功能的程序，还需进一步学习如何表达更复杂的数据，进而构建具有更强大功能的程序。Python 提供了一种序列结构存储多项数据，这些数据在序列中有序存储，我们可以通过数据在序列中的位置检索到它，还可以对序列中的数据进行各种各样的操作。

Python 中常见的序列有字符串、列表(list)、元组和字典等。第 4 章讲解的字符串就是一种常见的序列。本章主要介绍 Python 中的列表、元组和字典。

5.1 管理水果列表

小明开了一个水果店,由于季节更换的原因,经常需要更新在售水果列表,增加新上市的水果或者删除不再销售的水果,按要求更新水果列表。

该案例可创建列表保存在售水果清单,再根据需要对清单中的水果进行增加或删除。下面将介绍创建列表及对列表进行增加元素和删除元素的操作,通过这些内容的学习,可解决更新水果列表这一案例的编程。

5.1.1 创建列表

列表是 Python 中重要的数据类型之一,是一组任意对象的有序集合。创建列表的语法很简单,使用中括号将用逗号分隔的不同的数据项标注起来即可,语法如下所示。

```
[ele1,ele2,ele3,…]
```

其中,ele1,ele2,ele3,…可以是任意类型的对象。看下面的示例。

【例 5-1】 创建包含 5 个字符串元素的列表。

```
fruits = ['苹果', '草莓', '香蕉', '梨', '百香果']
print(fruits)
```

在 Python 中也可以创建不含元素的空列表,即列表长度为 0 的列表。

【例 5-2】 创建空列表。

```
fruits1 = []                        #空列表,即 len(fruits1)为 0
fruits2 = list()
print(len(fruits1))
print(len(fruits2))
```

列表中的元素可以是简单对象,也可以是列表、元组等集合对象。

【例 5-3】 创建一个包含多个列表元素的列表。

```
#peoples 长度为 6,包含 6 个列表元素
peoples = [['张三', 1.84],['李四', 1.65],['王五', 1.90],['赵六', 1.88],['钱七',
1.92],['孙八', 1.77]]
print(len(peoples))
```

5.1.2 通过索引使用元素

列表中的各个元素都有各自的索引,可以通过索引使用列表中的元素。列表中的元素从左到右的索引顺序是[0,n−1],从右到左的索引顺序是[−1,−n],其中 n 是列表的长度。看下面的示例。

【例 5-4】 创建长度为 4 的 list1,包含 2 个数字元素、1 个字符串元素、1 个列表元素。

```
list1 = [2020, 10, '2020-1-1', ['hi', 1, 2]]
len(list1) ==4
#通过索引使用元素
print(list1[0] ==list1[-4] ==2020)          #输出 True
print(list1[2] ==list1[-2] =='2020-1-1')     #输出 True
print(list1[3] ==list1[-1] ==['hi', 1, 2])   #输出 True
```

列表中的元素是有序的。下面两个列表的比较说明了即使列表中包含的元素相同,但元素排序不同也是不同的列表。

【例 5-5】 两个列表的比较。

```
a=[1,2,3]
b=[3,2,1]
print(a==b)      #输出 False,== 判断两个列表的值是否相等
print(a is b)    #输出 False,is 判断两个列表是否为同一个对象
```

5.1.3 列表切片

在 Python 中处理列表的部分元素,称为列表切片。切片是列表的常用操作,对于一个列表,其切片操作的命令格式如下。

```
list_name[start:end:step]
```

其中,start、end 是元素的索引,start 是第一个截取的元素索引,end 是第一个不截取的元素索引,start:end 表示返回从第一个数字索引到第二个数字索引(不包括第二个数字索引的值)的一个新列表。step 是截取的步长,可取正值或负值。step 取正值时表示正向截取,正向截取列表时,start 的索引位置必须在 end 的索引位置的前面;step 取负值时表示反向截取列表,反向截取列表时,start 的索引位置必须在 end 的索引位置的后面。step 默认状态下取1,表示正向逐个截取元素。

1. 切片示例

【例 5-6】　切片示例 1。

```
list_a = [1, 2, 3, 4, 5, 6]
print(list_a[0:3])          #输出[1, 2, 3]
print(list_a[:3])           #start 默认时默认是 0,输出[1, 2, 3]
print(list_a[1:5])          #输出[2, 3, 4, 5]
print(list_a[1:7])          #给 end 赋一个比最后一个元素的索引更大的值表示取到最后
                            #一个元素,输出[2, 3, 4, 5, 6]
print(list_a[1:])           #end 默认时默认取到最后一个元素,输出[2, 3, 4, 5, 6]
print(list_a[:])            #start 和 end 都默认时表示取整个列表,输出[1, 2, 3, 4, 5, 6]
print(list_a[3:1])          #输出[],step 为正值时,正向切片列表,start 应该比 end 大,否
                            #则返回空列表
print(list_a[::2])          #step 为 2,输出[1, 3, 5]
```

　　上面的例子里,start、end 和 step 都为正值,但这 3 个值也可以为负值。我们知道,列表的索引也可以从右往左逆序编号为[−1,−n],因此,当 start 和 end 为负值时,表示是按列表的反方向对列表元素进行索引,−1 代表列表的倒数第一个元素,−2 代表列表的倒数第二个元素,以此类推。

【例 5-7】　切片示例 2。

　　本示例是 start 和 end 为负值,step 为正值的情况(注意,step 为正时,依然是正向截取列表)。

```
list_b = [1, 2, 3, 4, 5, 6]
list_b[-1]                  #输出 6
list_b[-2:]                 #输出[5, 6]
list_b[:-2]                 #输出[1, 2, 3, 4]
list_b[-2:-4]               #step 为正值,正向截取列表,输出空列表[]
list_b[-4:-2]               #输出[3, 4]
list_b[-3:-1]               #输出[4, 5]
```

【例 5-8】　切片示例 3。

本示例是 step 为负值(step 为负值时,反向截取列表)的情况。

```
list_c = [1, 2, 3, 4, 5, 6]
list_c[:-3:-1]              #输出[6, 5]
list_c[1::-1]              #输出[2, 1]
list_c[-2:-3:-1]            #输出[5]
list_c[-4:-3:-1]            #输出[]
list_c[1:4:-1]             #输出[]
list_c[1:-1:-1]            #输出[]
list_b[3:1:-1]             #输出[4, 3]
```

可以看到，step 为负值时，start 的索引位置必须在 end 的索引位置的后面，否则只能得到空列表，这正是因为 step 为负值时是反向截取列表的。反向截取列表时，start 默认为－1，也就是从列表倒数第一个元素开始截取，end 默认截取到列表的第一个元素。

2. 对水果列表进行切片

管理水果列表时，也需要用到列表的切片操作。下面通过指定要使用的第一个元素和最后一个元素的索引对水果列表创建切片，代码如下所示。

【例 5-9】 水果列表切片示例 1。

```
fruits = ['苹果','草莓','香蕉','梨', '百香果']
print(fruits[0:3])          #输出索引 0~2 的 3 个列表元素,['苹果', '草莓', '香蕉']
print(fruits[1:4])          #输出索引 1~3 的 3 个列表元素,['草莓', '香蕉', '梨']
print(fruits[:2])           #没有指定索引时,即从索引 0 开始,输出索引 0 和 1 的两个列
#表元素,相当于 fruits[0:2],['苹果', '草莓']
print(fruits[2:])           #输出含索引 2 及其后的所有元素,['香蕉', '梨', '百香果']
print(fruits[-2:])          #输出列表中的最后两个元素,['梨', '百香果']
```

下面的示例使用 for 循环对列表遍历，实现遍历列表中的部分元素功能，示例代码如下。

【例 5-10】 水果列表切片示例 2。

```
fruits = ['苹果','草莓','香蕉','梨', '百香果']
for fruits in fruits[:4]:
    print("My favorite fruits is " + fruits);
```

此程序使用 for 循环 fruits 列表中从索引 0 开始的 4 个元素，相当于遍历了 fruits［0：4］这个切片，最后打印出的即前面 4 个列表元素的值。代码运行结果如图 5-1 所示。

控制台	绘图

My favorite fruits is 苹果
My favorite fruits is 草莓
My favorite fruits is 香蕉
My favorite fruits is 梨

图 5-1 for 循环遍历列表

3. 复制列表

要复制列表，可创建一个包含整个列表的切片，即同时省略起始索引和终止索引对列表进行切片。这相当于让 Python 创建一个开始于第一个元素，终止于最后一个元素的切片，即复制整个列表。示例代码如下。

【例 5-11】 复制列表示例 1。

```
#列表复制示例代码
fruits = ['苹果','草莓','香蕉','梨', '百香果']
my_fruits = fruits [:]                    #省略起始索引和终止索引
print(fruits)
print(my_fruits)
fruits.append('猕猴桃')                    #往 fruits 中追加元素
```

```
my_fruits.append('西瓜')                    #往my_fruits中追加元素
print(fruits)
print(my_fruits)
```

代码运行结果如图 5-2 所示。

控制台	绘图

['苹果', '草莓', '香蕉', '梨', '百香果']
['苹果', '草莓', '香蕉', '梨', '百香果']
['苹果', '草莓', '香蕉', '梨', '百香果', '猕猴桃']
['苹果', '草莓', '香蕉', '梨', '百香果', '西瓜']

图 5-2 复制列表

Python 中的变量存储的是对列表对象的引用,而不是对象本身。看下面这段代码。

【例 5-12】 列表变量示例。

```
fruits = ['苹果','草莓','香蕉','梨', '百香果']
my_fruits = fruits
print(fruits)            #['苹果', '草莓', '香蕉', '梨', '百香果']
print(my_fruits)         #['苹果', '草莓', '香蕉', '梨', '百香果']
fruits.append('猕猴桃')
my_fruits.append('西瓜')
print(fruits)            #['苹果', '草莓', '香蕉', '梨', '百香果', '猕猴桃', '西瓜']
print(my_fruits)         #['苹果', '草莓', '香蕉', '梨', '百香果', '猕猴桃', '西瓜']
```

代码 fruits = ['苹果','草莓','香蕉','梨', '百香果']执行时,Python 先为列表对象['苹果', '草莓','香蕉','梨', '百香果']分配内存空间,然后将变量 fruits 指向该列表对象。代码 my_fruits = fruits 表示将 fruits 变量赋给 my_fruits 变量,此时 Python 只是将新变量 my_fruits 也指向 fruits 变量所指的列表对象['苹果','草莓','香蕉','梨','百香果'],即这两个变量都指向同一个列表对象。可见,无论通过哪个变量为所指的列表对象添加元素,其实都在给同一个列表对象添加元素。因此,最后两行代码的 print 输出结果相同。代码运行结果如图 5-3 所示。

控制台	绘图

['苹果', '草莓', '香蕉', '梨', '百香果']
['苹果', '草莓', '香蕉', '梨', '百香果']
['苹果', '草莓', '香蕉', '梨', '百香果', '猕猴桃', '西瓜']
['苹果', '草莓', '香蕉', '梨', '百香果', '猕猴桃', '西瓜']

图 5-3 变量指向列表对象示例

5.1.4 增加列表元素

小明的水果店里已经有一批水果，现在要增加一批水果。假如已有的水果列表为 fruits1，新增的水果列表为 fruits2，下面使用列表的加法功能实现两个列表的元素汇集。

【例 5-13】 列表的加法。

```
fruits1 = ['苹果','草莓','香蕉','梨','百香果']
fruits2 = ['猕猴桃','西瓜','樱桃']
fruits = fruits1 + fruits2
print(fruits1)    #['苹果','草莓','香蕉','梨','百香果']
print(fruits2)    #['猕猴桃','西瓜','樱桃']
print(fruits)     #['苹果','草莓','香蕉','梨','百香果','猕猴桃','西瓜','樱桃']
```

可以看出，列表的加法就是把两个列表所包含的元素合并在一起，形成一个汇总所有元素后的列表。

给已有的列表中添加元素也可使用 append() 方法，该方法把传入的参数追加到原列表的最后，示例代码如下。

【例 5-14】 列表的 append() 方法。

```
fruits = ['苹果','草莓','香蕉','梨','百香果']
fruits.append('猕猴桃')
print(fruits)
fruits.append(['西瓜','樱桃'])
print(fruits)
```

append() 方法既可追加单个值，也可追加列表或其他对象。将列表这类对象作为 append() 方法的参数时，append() 方法将列表作为一个独立的元素追加到原列表中，从而形成嵌套列表。

若要将追加的列表中的元素作为单独元素追加到原列表中，可以使用另一个增加列表元素的方法 extend()，示例代码如下。

【例 5-15】 列表的 extend() 方法。

```
fruits = ['苹果','草莓','香蕉','梨','百香果']
fruits. extend (['猕猴桃'])
print(fruits)  #输出['苹果','草莓','香蕉','梨','百香果','猕猴桃']
fruits. extend (['西瓜','樱桃'])
print(fruits)  #输出['苹果','草莓','香蕉','梨','百香果','猕猴桃','西瓜','樱桃']
```

注意：fruits. extend (['猕猴桃']) 不能写成 fruits. extend ('猕猴桃')，extend() 方法将把"猕猴桃"作为字符序列分别一一追加到 fruits 列表中，最终 fruits 列表会变成['苹果','草莓','香蕉','梨','百香果','猕','猴','桃']。

若希望在列表中间增加新元素，可使用 insert() 方法。insert() 方法有两个参数：第一个参数指明插入位置；第二个参数是要增加的数据。看下面的示例。

【例 5-16】　列表的 insert()方法。

```
fruits = ['苹果','草莓','香蕉','梨', '百香果']
fruits. insert (2,'猕猴桃')
print(fruits)  #输出['苹果', '草莓', '猕猴桃', '香蕉', '梨', '百香果']
fruits. insert (4,['西瓜','樱桃'])
print(fruits)  #输出['苹果', '草莓', '猕猴桃', '香蕉', ['西瓜', '樱桃'], '梨', '百香果']
```

5.1.5　查找列表元素

查找列表元素包括查找列表中的某个元素出现的位置，统计某个元素在列表中出现的次数，检查某个元素是否存在于列表中等。下面的代码分别展示了上述各种查找列表元素的方法。示例代码如下。

【例 5-17】　查找列表元素示例。

```
#使用 index()方法定位元素
list_a = [12,15,'a','b','c',15,9]
print(list_a.index(12))        #0
print(list_a.index(15))        #1,定位第一个 15 出现的位置
print(list_a.index(15,2))      #5,从索引 2 开始定位 15 出现的位置
print(list_a.index(15,2,4))    #在索引 2 和索引 4 之间定位 15,返回 ValueError 错误

#使用 count()方法统计元素出现的次数
list_b = [12,15,'a','b','c',15,9]
print(list_b.count(15))        #2

#使用 in 运算符判断列表是否包含某个元素
list_c = [12,15,'a','b','c',15,9]
print(12 in list_c)            #True
print(112 in list_c)           #False
print(112 not in list_c)       #True
```

5.1.6　修改列表元素

可以通过给列表的元素赋值的方式修改列表元素。示例代码如下所示。

【例 5-18】　修改列表元素示例 1。

```
list_a = list(range(1,10))
print(list_a)                  #输出[1, 2, 3, 4, 5, 6, 7, 8, 9]
list_a[1] = list_a[1]+1
print(list_a)                  #输出[1, 3, 3, 4, 5, 6, 7, 8, 9]
```

```
list_a[-1] = 100
print(list_a)                    #输出[1, 3, 3, 4, 5, 6, 7, 8, 100]

list_a[:3] = ['a','b','c']
print(list_a)                    #输出['a', 'b', 'c', 4, 5, 6, 7, 8, 100]
```

利用切片功能对列表进行赋值时,并不要求新赋值的元素个数与切片的元素个数相同,这表明可以利用这种方式实现在列表中增加元素或者删除元素的效果。示例代码如下。

【例 5-19】 修改列表元素示例 2。

```
list_b = list(range(1,10))
print(list_b)                    #输出[1, 2, 3, 4, 5, 6, 7, 8, 9]
list_b[2:2]=['x','y','z']
print(list_b)                    #输出[1, 2, 'x', 'y', 'z', 3, 4, 5, 6, 7, 8, 9]

list_b[-7:]=[]
print(list_b)                    #输出[1, 2, 'x', 'y', 'z']

list_b[:2]=['x','y','z']
print(list_b)                    #输出['x', 'y', 'z', 'x', 'y', 'z']
```

5.1.7 删除列表元素

删除列表中的元素可以使用 del 语句,此语句既可删除列表中的单个元素,也可删除列表的中间一段元素。示例代码如下。

【例 5-20】 删除列表元素示例 1。

```
list_1 = ['I', 'am', 'very', 'happy']
del list_1[0]
print(list_1)                    #输出['am', 'very', 'happy']
del list_1[1:2]
print(list_1)                    #输出['am', 'happy']
list_2 = list(range(1,10))
del list_2[2:-2:2]
print(list_2)                    #输出[1, 2, 4, 6, 8, 9]
del list_2                       #del 语句删除变量
print(list_2)
```

list_2 被 del 删除后,再用 print 输出时,弹出如图 5-4 所示的出错信息,说明 list_2 已不存在。

```
Traceback (most recent call last):
  File "<program.py>", line 10, in <module>
    print(list_2)
NameError: name 'list_2' is not defined
```

图 5-4 对象不存在出错提示

在 Python 中还可以用列表的 remove()方法删除与指定值能第一个匹配上的元素,示例代码如下。

【例 5-21】　列表的 remove()方法。

```
list_1 = ['I', 'am', 'very', 'happy', 'very', 'happy']
list_1.remove('I')
print(list_1)                    #输出['am', 'very', 'happy', 'very', 'happy']
list_1.remove('very')
print(list_1)                    #输出['am', 'happy', 'very', 'happy']
```

Python 中还提供了 clear()方法,此方法用于清空列表。示例代码如下。

【例 5-22】　列表的 clear()方法。

```
list_1 = list_2 = list(range(1, 5))
list_1.clear()                   #清空 list_1
print(list_1)                    #输出[]
del list_2                       #销毁 list_2
print(list_2)                    #使用 list_2 会报 NameError:类型的错误
```

5.1.8　案例实现

本程序先显示水果店已有水果,再根据小明输入的水果对已有水果列表进行更新,若水果店已有此水果,则仅更新该水果的质量,若水果店无此水果,则将该水果添加到已有水果列表里。示例代码如下。

```
print("水果店已有水果:")
fruits = [['苹果',100],['梨',120],['香蕉',150]]
print(fruits)

list1=[]
a=len(fruits)
for i in range(a):
    list1.append(fruits[i][0])

name = input("水果名:")
weight = int(input("质量:"))

print("更新后的水果列表:")
if name in list1:
    index1=list1.index(name)
    fruits[index1][1]+=weight
    print(fruits)
else:
```

```
fruits.append([name,weight])
print(fruits)
```

运行程序,当小明输入"苹果;100"时,程序运行结果如图 5-5 所示。

控制台　　绘图

水果店已有水果:
[['苹果', 100], ['梨', 120], ['香蕉', 150]]
更新后的水果列表:
[['苹果', 200], ['梨', 120], ['香蕉', 150]]

图 5-5　添加苹果

输入"西瓜;100"时,程序运行结果如图 5-6 所示。

控制台　　绘图

水果店已有水果:
[['苹果', 100], ['梨', 120], ['香蕉', 150]]
更新后的水果列表:
[['苹果', 100], ['梨', 120], ['香蕉', 150], ['西瓜', 100]]

图 5-6　添加西瓜

5.2　阿拉伯数字转换为汉字大写数字

在生活和工作中,经常需要把阿拉伯数字转换为汉字大写数字,下面的程序使用元组实现阿拉伯数字转换为汉字大写数字的功能。

此程序要求根据输入的阿拉伯数字输出对应的汉字大写数字。例如,3628.78 对应的汉字大写数字为叁陆贰捌点柒捌。我们需要将汉字大写数字"零""壹""贰""叁""肆""伍""陆""柒""捌""玖"存储起来,由于这些大写数字在程序中存储后不需要进行修改,因此可以考虑将其存储为元组。

元组与列表比较相像,但元组是一种静态数据类型,列表是一种动态数据类型,这意味着元组的元素是不可修改的,不可以对元组元素进行增加、删除和修改的操作,而列表中的元素是可以进行增加、删除和修改的。

在实际编程应用中,如果存储的数据和数量不变,只是固定地保存多个数据项,而不需要修改这些数据项,那么可以使用元组。元组相对于列表更加轻量级,性能稍优。

5.2.1　创建元组

创建元组的语法也很简单,使用圆括号将用逗号分隔的不同的数据项标注起来即可,语

 88

法如下所示。

```
(ele1,ele2,ele3,…)
```

其中,ele1,ele2,ele3,…可以是任意类型的对象。

像列表一样,元组中的元素也是有序的,可以通过位置进行索引和分片。看下面的示例。

【例 5-23】 创建元组示例 1。

```
fruits = ('苹果', '草莓', '香蕉', '梨', '百香果')  #创建了包含 5 个字符串元素的元组
print(fruits)                  #输出('苹果', '草莓', '香蕉', '梨', '百香果')
fruits1 = ()                   #空元组,即 len(fruits)==0
fruits2 = tuple ()
print(len(fruits1))            #输出 0
print(len(fruits2))            #输出 0
```

元组中的元素可以是简单对象,也可以是列表、元组等集合对象,示例代码如下。

【例 5-24】 创建元组示例 2。

```
tuple1 = (1, 2, 3, 4)
tuple2 = (12.5, ['张三', 1.84], 'abcd')
tuple3 = tuple('abcd')
print(tuple1)                  #输出(1, 2, 3, 4)
print(tuple2)                  #输出(12.5, ['张三', 1.84], 'abcd')
print(tuple3)                  #输出('a', 'b', 'c', 'd')

#peoples 长度为 7,包含 7 个元组元素
peoples = (('张三',1.84),('李四', 1.65),('王五', 1.90),('赵六', 1.88),('钱七',
1.92),('孙八', 1.77),('李九', 1.93))
print(len(peoples))            #输出 7
```

5.2.2 通过索引使用元素

通过有序的索引可遍历元组中所有的元素,同列表一样,元组也可以从前往后进行索引,索引顺序是[0,n−1],也可以从后往前索引,索引顺序是[−1,−n],其中 n 是元组的长度。

【例 5-25】 创建长度为 4 的 tuple1,其包含 2 个数字元素、1 个字符串元素、1 个列表元素。

```
tuple1=(2020, 10, '2020-1-1', ['hi', 1, 2])
len(tuple1) ==4
#通过索引使用元素
tuple1 [0] ==tuple1 [-4] ==2020
tuple1 [2] ==tuple1 [-2] =='2020-1-1'
tuple1 [3] ==tuple1 [-1] ==['hi', 1, 2]
```

元组中的元素是有序的。例 5-26 说明,即使元组中包含的元素相同,但元素排序不同也是不同的元组。

【例 5-26】 两个元组的比较。

```
a=(1,2,3)
b=(3,2,1)
print(a==b)                    #输出 False
print(a is b)                  #输出 False
```

5.2.3 元组切片

像列表一样,切片也是元组的常用操作。对于一个元组,其切片操作的命令格式如下。

```
tuple_name[start:end:step]
```

看下面的示例。

【例 5-27】 元组切片。

```
tuple_a = (1, 2, 3, 4, 5, 6)
print(tuple_a[0:3])            #输出(1, 2, 3)
print(tuple_a[:3])             #start 默认是 0,输出(1, 2, 3)
tuple_b = (1, 2, 3, 4, 5, 6)
print(tuple_b[-1])             #输出 6
print(tuple_b[-2:])            #输出(5, 6)
```

5.2.4 查找元组元素

查找元组中的元素包括查找元组中的某个元素出现的位置,统计某个元素在元组中出现的次数,检查某个元素是否在元组中等。下面的代码分别展示了上述各种查找元组元素的方法。

【例 5-28】 查找元组元素。

```
#使用 index()方法定位元素
tuple_a =(12,15,'a','b','c',15,9)
print(tuple_a.index(12))       #输出 0
print(tuple_a.index(15))       #输出 1,定位第一个 15 出现的位置
print(tuple_a.index(15,2))     #输出 5,从索引 2 开始定位 15 出现的位置
print(tuple_a.index(15,2,4))   #在索引 2 和索引 4 之间定位 15,返回 ValueError 错误
#使用 count()方法统计元素出现的次数
tuple_b =(12,15,'a','b','c',15,9)
print(tuple_b.count(15))       #输出 2

#使用 in 运算符判断列表是否包含某个元素
```

```
tuple_c = (12,15,'a','b','c',15,9)
print(12 in tuple_c)            #输出 True
print(112 in tuple_c)           #输出 False
print(112 not in tuple_c)       #输出 True
```

5.2.5 案例实现

前面我们学习了元组的相关知识,下面使用元组存储"零""壹""贰""叁""肆""伍""陆""柒""捌""玖",将用户输入的阿拉伯数字存储在 number 变量中,依次取出 number 中各个索引位置对应的字符,若该字符是小数点,则用"点"字代替,否则从 chinese_number 元组中通过索引取出对应的大写数字。

完整的代码如下所示。

```
#阿拉伯数字转换为汉字大写数字
#用圆括号定义元组
chinese_number = ("零", "壹", "贰", "叁", "肆", "伍", "陆", "柒", "捌", "玖")
print(chinese_number)

#定义元组也可以不用圆括号
chinese_number = "零", "壹", "贰", "叁", "肆", "伍", "陆", "柒", "捌", "玖"
print(chinese_number)

number = input("请输入一个阿拉伯数字:")
print("阿拉伯数字是:")
print(number)

print("汉字大写数字是:")
for i in range(len(number)):
    if "." in number[i]:
        print("点", end="")
    else:
        print(chinese_number[int(number[i])],end="")
```

若程序运行时输入 3628.78,则输出结果如图 5-7 所示。

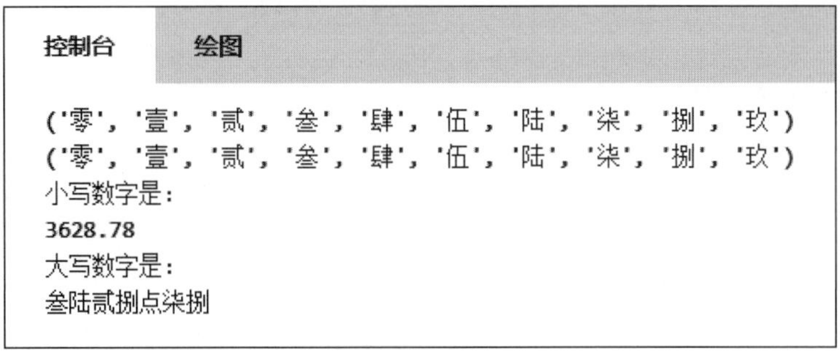

控制台	绘图

('零', '壹', '贰', '叁', '肆', '伍', '陆', '柒', '捌', '玖')
('零', '壹', '贰', '叁', '肆', '伍', '陆', '柒', '捌', '玖')
小写数字是:
3628.78
大写数字是:
叁陆贰捌点柒捌

图 5-7 阿拉伯数字转换为汉字大写数字

从公司职工数据中查询某个职工的信息是很常见的操作。本案例将创建一个简单的职工数据字典，可根据输入的职工姓名实现职工所属部门和地址的查询。

例如，某公司职工信息见表 5-1。

表 5-1　某公司职工信息表

name	department	address
Wangxiao	office1	BeiJing
Nina	office2	NanJing
Mading	office3	DaLian
Liming	office1	DaLian
Mahuan	office2	BeiJing
Luoman	office3	NanJing

我们将使用一个新的数据结构——字典完成此程序的编程。本节将讲述字典的创建，访问字典数据，对字典进行增加、删除、修改等常见操作。通过本节的学习，就能编出此案例的代码，完成相应的功能。

5.3.1　创建字典

字典是 Python 中重要的数据类型之一。字典是一种映射的集合，包含一系列的 key：value 对，key 与 value 间用英文冒号"："进行分隔，多个 key：value 之间用英文逗号分隔。字典中的 key 非常重要，其在同一个字典中不允许重复，因为程序对字典进行操作时都基于 key。像使用索引访问列表和元组中的元素一样，可以通过 key 访问字典中的 value。字典可以通过一对花括号{}定义，语法如下所示。

```
{key1:value1,key2:value2,…}
```

其中，key 必须唯一且不可变，value 允许不唯一且可修改。key 可以是字符串、数字或元组，但不能是列表；value 可以是任意数据类型。字典也可以使用 dict()函数定义。看下面的示例。

【例 5-29】 定义字典示例。

```
dict0 = {}                                              #空字典
print(type(dict0))
print(dict0)

dict1 = {'zhangsan': 1.84, 'lisi': 1.65, 'wangwu': 1.90}
```

```
print(type(dict1))
print(dict1)

dict2 = {'company': {'name': 'Haier', 'address': 'beijing'}}      #嵌套字典
print(dict2)

dict3 = {1: 'first', 2: 'second', 3: 'third', 4: 'fourth', 5: 'fifth'} #用数字作为 key
print(dict3)

#使用元组作为 key
dict4 = {('BeiJing', 'ShangHai'): 'China', ('NewYork', 'San Francisco'): 'America'}
print(dict4)

#嵌套字典保存通讯录信息
dict5 = {'wang': {'phone': '87086781', 'address': 'BJ'},
         'ling': {'phone': '80086561', 'address': 'NJ'},
         'miao': {'phone': '85286781', 'address': 'HZH'}}
print(dict5)

dict6 = dict()                                                    #空字典
print(dict6)

#使用赋值格式的键-值对创建字典
dict7 = dict(name =  'wang', phone = '87086781', address = 'BJ')
print(dict7)
```

上述代码运行后的输出结果如图 5-8 所示。

```
控制台        绘图

<class 'dict'>
{}
<class 'dict'>
{'zhangsan': 1.84, 'lisi': 1.65, 'wangwu': 1.9}
{'company': {'name': 'Haier', 'address': 'beijing'}}
{1: 'first', 2: 'second', 3: 'third', 4: 'fourth', 5: 'fifth'}
{('BeiJing', 'ShangHai'): 'China', ('NewYork', 'San Francisco'): 'America'}
{'wang': {'phone': '87086781', 'address': 'BJ'}, 'ling': {'phone': '80086561',
'address': 'NJ'}, 'miao': {'phone': '85286781', 'address': 'HZH'}}
{}
{'name': 'wang', 'phone': '87086781', 'address': 'BJ'}
```

图 5-8   创建字典

5.3.2   通过 key 访问 value

当要访问字典中的对象时,可通过 key 实现。

【例 5-30】 通过 key 访问 value。

```
dict1 = {'zhangsan': 1.84, 'lisi': 1.65, 'wangwu': 1.90}
print(dict1['zhangsan'])          #通过 key 访问 value
print(dict1['zhaoliu'])           #访问不存在的 key,出现 KeyError 错误
```

上述代码运行后的输出结果如图 5-9 所示。

```
控制台    绘图

1.84
Traceback (most recent call last):
  File "<program.py>", line 3, in <module>
    print(dict1['zhaoliu'])        # 访问不存在的key, 出现KeyError错误
KeyError: 'zhaoliu'
```

图 5-9　通过 key 访问 value

上面的代码中,当使用方括号语法访问不存在的 key 时,会出现 KeyError 错误。为避免这种错误,可使用 get()访问字典元素。get()方法根据 key 获取对应的 value,当使用 get()方法访问不存在的 key 时,该方法会返回 None,而不会导致错误。

【例 5-31】 使用 get()方法访问字典元素。

```
dict1 = {'zhangsan': 1.84, 'lisi': 1.65, 'wangwu': 1.90}

#获取'zhangsan'对应的 value
print(dict1.get('zhangsan'))
print(dict1.get('zhaoliu'))
```

上述代码运行后的输出结果如图 5-10 所示。

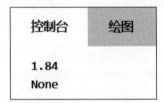

图 5-10　get()方法示例

in 或 not in 运算符可以用来判断字典里是否包含指定的 key。

【例 5-32】 in 或 not in 运算符示例。

```
dict1 = {'zhangsan': 1.84, 'lisi': 1.65, 'wangwu': 1.90}

#判断 dict1 是否包含名为'zhangsan'的 key
print('zhangsan' in dict1)                #True
```

```
#判断 dict1 是否包含名为'zhaoliu'的 key
print('zhaoliu' in dict1)              #False
print('zhaoliu' not in dict1)          #True
```

上述代码运行后的输出结果如图 5-11 所示。

items()、keys()、values()分别用于获取字典中的所有 key-value 对、所有 key、所有 value。这 3 个方法依次返回 dict_items、dict_keys 和 dict_values 对象,可使用 list()函数把这些对象转换成列表。例 5-33 的代码示范了这 3 个方法的用法。

【例 5-33】　items()、keys()、values()示例。

图 5-11　in 或 not in 运算符示例

```
dict1 = {'zhangsan': 1.84, 'lisi': 1.65, 'wangwu': 1.90}

#获取字典所有的 key-value 对,返回一个 dict_items 对象
ims = dict1.items()
print(type(ims))         #输出<class 'dict_items'>
print(ims)               #输出 dict_items([('zhangsan', 1.84), ('lisi', 1.65),
                         # ('wangwu', 1.9)])
#将 ims 转换成列表
list1 = list(ims)
print(type(list1))       #输出<class 'list'>
print(list1)             #输出[('zhangsan', 1.84), ('lisi', 1.65), ('wangwu', 1.9)]
#访问第 2 个 key-value 对
print(list1[1])          # ('lisi', 1.65)

#获取字典所有的 key,返回一个 dict_keys 对象
kys = dict1.keys()
print(type(kys))         #<class 'dict_keys'>
print(kys)               #输出 dict_keys(['zhangsan', 'lisi', 'wangwu'])
#将 dict_keys 转换成列表
list2 = list(kys)
print(type(list2))       #<class 'list'>
print(list2)             #['zhangsan', 'lisi', 'wangwu']
#访问第 2 个 key
print(list2[1])          #lisi

#获取字典所有的 value,返回一个 dict_values 对象
vals = dict1.values()
print(type(vals))        #<class 'dict_values'>
print(vals)              #输出 dict_values([1.84, 1.65, 1.9])
#将 dict_values 转换成列表
list3 = list(vals)
```

```
print(type(list3))      #<class 'list'>
print(list3)            #[1.84, 1.65, 1.9]
#访问第 2 个 value
print(list3[1])         #1.65
```

从上面的代码可以看出,程序调用字典的 items()、keys()、values()方法之后,都需要调用 list()函数将它们转换为列表,这样即可把这 3 个方法的返回值转换为列表。上述代码运行后的结果如图 5-12 所示。

控制台	绘图

```
<class 'dict_items'>
dict_items([('zhangsan', 1.84), ('lisi', 1.65), ('wangwu', 1.9)])
<class 'list'>
[('zhangsan', 1.84), ('lisi', 1.65), ('wangwu', 1.9)]
('lisi', 1.65)
<class 'dict_keys'>
dict_keys(['zhangsan', 'lisi', 'wangwu'])
<class 'list'>
['zhangsan', 'lisi', 'wangwu']
lisi
<class 'dict_values'>
dict_values([1.84, 1.65, 1.9])
<class 'list'>
[1.84, 1.65, 1.9]
1.65
```

图 5-12　items()、keys()、values()示例

fromkeys()方法使用给定的多个 key 创建字典,这些 key 对应的 value 默认都是 None;也可以额外传入一个参数作为默认的 value,该方法通常使用 dict 类直接调用。

【**例 5-34**】　fromkeys()方法示例。

```
#列表作为 fromkeys()的参数
employee = dict.fromkeys(['name', 'sex'])
print(employee)                    #输出{'name': None, 'sex': None}
#元组作为 fromkeys()的参数
scores = dict.fromkeys((80, 90))
print(scores)                      #输出{80: None, 90: None}
#元组作为 fromkeys()的参数,并指定默认的 value
grade = dict.fromkeys((80, 90), 'very good')
print(grade)                       #输出{80: 'very good', 90: 'very good'}
```

上述代码运行后的结果如图 5-13 所示。

```
控制台      绘图
{'name': None, 'sex': None}
{80: None, 90: None}
{80: 'very good', 90: 'very good'}
```

图 5-13 fromkeys()方法示例

5.3.3 增加字典元素

字典是可变数据类型,其数据可以根据需要进行增加、删除或修改。给字典添加元素非常简单,直接使用赋值命令给字典中不存在的 key 赋值即可。

【例 5-35】 增加字典元素示例。

```
employee = {}
employee['name'] = 'Wangxiao'
employee['department'] = 'office1'
print(employee)

employee1 = {}
employee1['name'] = ('Wangxiao','Nina','Liang')
employee1['weight'] = (60,50,70)
print(employee1)

employee2 = {}
employee2 = dict.fromkeys(['name', 'sex'])
employee2['name'] = ('Wangxiao','Nina','Liang')
employee2['sex'] = ('男','女','男')
employee2['weight'] = (60,50,70)
print(employee2)
```

上述代码运行结果如图 5-14 所示。

```
控制台      绘图
{'name': 'Wangxiao', 'department': 'office1'}
{'name': ('Wangxiao', 'Nina', 'Liang'), 'weight': (60, 50, 70)}
{'name': ('Wangxiao', 'Nina', 'Liang'), 'sex': ('男', '女', '男'), 'weight': (60, 50, 70)}
```

图 5-14 增加字典元素

5.3.4 删除字典元素

删除字典中的 key-value 对,可使用 del 语句。

【例 5-36】 del 语句示例。

```
fruits = {'apple':10,'pear':12,'orange':23}
print(fruits)                #输出{'apple': 10, 'pear': 12, 'orange': 23}
del fruits['pear']           #使用 key 删除字典元素
print(fruits)                #输出{'apple': 10, 'orange': 23}
```

上述代码运行结果如图 5-15 所示。

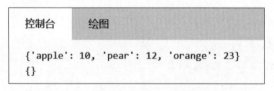

控制台	绘图

{'apple': 10, 'pear': 12, 'orange': 23}
{'apple': 10, 'orange': 23}

图 5-15　使用 del 语句删除字典元素

clear()方法用于清空字典中所有的 key-value 对。对一个字典执行 clear()方法之后，该字典就会变成一个空字典。

【例 5-37】 clear()方法示例。

```
fruits = {'apple':10,'pear':12,'orange':23}
print(fruits)                #输出{'apple': 10, 'pear': 12, 'orange': 23}
fruits.clear()
print(fruits)                #输出{}
```

上述代码运行结果如图 5-16 所示。

控制台	绘图

{'apple': 10, 'pear': 12, 'orange': 23}
{}

图 5-16　使用 clear()方法清空字典

5.3.5　修改字典元素

如果对字典中存在的 key-value 对赋值，新赋的 value 就会覆盖原有的 value，这样即可改变字典中 key-value 对的值。

【例 5-38】 修改字典元素示例。

```
fruits = {'apple':10,'pear':12,'orange':23}
print(fruits)                #{'apple': 10, 'pear': 12, 'orange': 23}
fruits['pear'] = 22          #使用 key 修改字典元素
print(fruits)                #{'apple': 10, 'pear': 22, 'orange': 23}
```

上述代码运行结果如图 5-17 所示。

控制台　绘图

```
{'apple': 10, 'pear': 12, 'orange': 23}
{'apple': 10, 'pear': 22, 'orange': 23}
```

图 5-17　修改字典元素

update()方法可使用一个字典所包含的 key-value 对更新已有的字典。在执行 update()方法时,如果被更新的字典中已包含对应的 key-value 对,那么原 value 会被覆盖;如果被更新的字典中不包含对应的 key-value 对,则该 key-value 对被添加进去。

【例 5-39】 update()方法示例。

```
fruits = {'apple':10,'pear':12,'orange':23}
print(fruits)        #输出{'apple': 10, 'pear': 12, 'orange': 23}
fruits.update({'pear':22, 'watermelon':50})      #使用 update()操作字典
print(fruits)        #输出{'apple': 10, 'pear': 22, 'orange': 23, 'watermelon': 50}
```

上述代码运行结果如图 5-18 所示。

控制台　绘图

```
{'apple': 10, 'pear': 12, 'orange': 23}
{'apple': 10, 'pear': 22, 'orange': 23, 'watermelon': 50}
```

图 5-18　使用 update()方法修改字典元素

5.3.6　案例实现

查询职工信息程序需要先定义职工信息字典,保存表 5-1 所示的 6 个职工信息。本程序采用嵌套字典的形式定义职工信息。在查找信息时,根据用户输入的职工姓名和目标查询的内容,在 employee 字典中查询,若找到,则输出相应的信息;若未找到,则输出未找到的信息提示。

```
#职工信息字典,使用嵌套字典表示
#字典使用人名作为键。每个人使用另一个字典表示,其键'department'和'address'分别表示
#部门和地址
employee = {'Wangxiao':{
                'department':'office1',
                'address':'BeiJing'
                },
        'Nina':{
```

```
            'department':'office2',
            'address':'NanJing'
            },
        'Mading':{
            'department':'office3',
            'address':'DaLian'
            },
        'Liming':{
            'department':'office1',
            'address':'DaLian'
            },
        'Mahuan':{
            'department':'office2',
            'address':'BeiJing'
            },
        'Luoman':{
            'department':'office3',
            'address':'NanJing'
            }
        }

#查找部门,还是地址?
name = input('input name:')
query = input('department (d) or address (a) ? ')

#判断接收的输入是 d,还是 a
if query =='d':
        key = 'department'
if query =='a':
        key = 'address'

#只有输入的名字在字典中才可以打印
if name in employee :
        print ("%s's %s is %s." %(name, key, employee[name][key]))
else:
        print ('Sorry,I do not know.')
```

输入 Luoman 和 a 后,程序运行结果如图 5-19 所示。

控制台	绘图

Luoman's address is NanJing.

图 5-19 查询职工信息

100

5.4　精彩实例

5.4.1　生成扑克牌

1. 案例描述

扑克牌共有 54 张,去除大王和小王后,剩下的 52 张牌有红、黑、梅、方 4 种牌型,每个牌型有 13 张牌。请编程实现一副扑克牌的生成。

2. 案例分析

使用元组定义扑克牌的牌型和牌面数字,将牌型元组中的花型和牌面数字元组中的数字一一组合形成一张牌,存放到扑克牌列表中。扑克牌列表中最终保存了除去大王和小王外的一副扑克牌。

3. 案例实现

```
#生成扑克牌
#扑克牌的牌型定义
puke_type=("♠", "♥", "♣", "♦")

#扑克牌的牌面数字定义
puke_number = ("A","2","3","4", "5", "6","7", "8", "9","10", "J", "Q","K")

#保存生成的扑克牌
puke_list = []
for i in puke_type:
    for j in puke_number:
        puke_list.append(i+j)
print(len(puke_list))
print(puke_list)
```

程序运行结果如图 5-20 所示。

控制台	绘图

52
['♠A', '♠2', '♠3', '♠4', '♠5', '♠6', '♠7', '♠8', '♠9', '♠10', '♠J', '♠Q', '♠K',
'♥A', '♥2', '♥3', '♥4', '♥5', '♥6', '♥7', '♥8', '♥9', '♥10', '♥J', '♥Q', '♥K',
'♣A', '♣2', '♣3', '♣4', '♣5', '♣6', '♣7', '♣8', '♣9', '♣10', '♣J', '♣Q', '♣K',
'♦A', '♦2', '♦3', '♦4', '♦5', '♦6', '♦7', '♦8', '♦9', '♦10', '♦J', '♦Q', '♦K']

图 5-20　生成扑克牌

5.4.2　组建篮球队

1. 案例描述

有一份人员名单,其中包含姓名和身高,现需要从中选出身高最高的前 5 名人员临时组建篮球队,请编写程序实现篮球队队员的选择。

2. 案例分析

可以定义嵌套列表 peoples 保存每个人的姓名和身高,再从 peoples 中将每个人的身高数据取出来存储到列表 height 中。列表的 sort()方法可以实现对列表元素的升序排序,利用 height.sort()方法对列表中的身高进行排序后,再使用切片取出身高最高的 5 名人员的身高,最后将 peoples 中每个人的身高与这 5 个最高的身高值进行对比,若某个人的身高在这 5 个值中,则将其姓名加到列表 team_members 中。

```python
peoples = [
    ['张三', 1.84],
    ['李四', 1.65],
    ['王五', 1.90],
    ['赵六', 1.88],
    ['钱七', 1.92],
    ['孙八', 1.77],
    ['李九', 1.93]
]
team_members = []

#请编写程序挑出前 5 名身高的成员,并放至 team_members 中,像这样:
#team_members = ['张三', '李四', '王五', '赵六', '钱七']
height = []
for people in peoples:
    height.append(people[1])

height.sort()
height = height[-5:]

for people in peoples:
    if people[1] in height:
        team_members.append(people[0])

print(team_members)
```

程序运行结果如图 5-21 所示。

```
控制台    绘图

['张三', '王五', '赵六', '钱七', '李九']
```

图 5-21　组建篮球队

5.4.3　小写报销金额转换为大写报销金额

1. 案例描述

财务报销时,报销单上需要填写小写报销金额和大写报销金额,要求输入的报销金额在十万元以内,可以输入角和分两位小数。请编程实现将用户输入的小写报销金额转换为大写报销金额。

2. 案例分析

本案例在 5.2 节阿拉伯数字转换为汉字大写数字的基础上做了进一步要求。例如,当用户输入小写报销金额 123.78 时,程序输出大写报销金额壹佰贰拾叁元柒角捌分。当用户输入小写报销金额 78987 时,程序输出大写报销金额柒万捌仟玖佰捌拾柒元。

3. 案例实现

```
#小写报销金额转换为大写报销金额
#定义元组
chinese_number = ("零","壹","贰","叁","肆","伍","陆","柒","捌","玖")
print(chinese_number)


chinese_unit1 = ("元","拾","佰","仟","万")
chinese_unit2 = ("分","角")


number = input("请输入一个小写报销金额:")
print("小写报销金额是:")
print(number)


#下面的代码用于判断报销金额是否含有小数,若含有小数,则将整数部分与小数部分进行分离
if "." in number:
    isdot = True                          #若是小数,则为真
    dotposition=number.index(".")         #定位小数点位置
    money_int = number[:dotposition]      #切片出整数
    money_decimal = number[dotposition+1:] #切片出小数
else:
    isdot = False                         #若非小数,则为假
    money_int = number[::]
```

103

```
print("大写报销金额是:")

#输出整数部分
for i in range(len(money_int)):
    print(chinese_number[int(money_int[i])] + chinese_unit1[len(money_int) - i
- 1],end="")

#输出小数部分
if isdot ==True:
    for i in range(len(money_decimal)):
        print(chinese_number[int(money_decimal[i])] + chinese_unit2[len(money_
decimal) - i - 1],end="")
```

程序运行时输入 78987,运行结果如图 5-22(a)所示。程序运行时输入 123.78,运行结果如图 5-22(b)所示。

控制台	绘图

('零', '壹', '贰', '叁', '肆', '伍', '陆', '柒', '捌', '玖')
('零', '壹', '贰', '叁', '肆', '伍', '陆', '柒', '捌', '玖')
小写报销金额是:
78987
大写报销金额是:
柒万捌仟玖佰捌拾柒元

(a) 运行时输入78987

控制台	绘图

('零', '壹', '贰', '叁', '肆', '伍', '陆', '柒', '捌', '玖')
('零', '壹', '贰', '叁', '肆', '伍', '陆', '柒', '捌', '玖')
小写报销金额是:
123.78
大写报销金额是:
壹佰贰拾叁元柒角捌分

(b) 运行时输入123.78

图 5-22　小写报销金额转换为大写报销金额

5.4.4　模拟用户登录

1. 案例描述

用户登录是非常常见的一个软件功能,此功能可以限制非法用户使用软件系统。请编程,模拟用户登录软件系统时的身份验证过程。

2. 案例分析

可将用户注册信息事先存放在字典中,当用户登录时从键盘上模拟用户输入的账号和密码,程序判断输入的用户名或密码是否正确,并输出相应的提示信息:

- 如果输入的用户名存在,且密码正确,则输出 success;
- 如果输入的用户名存在,但密码不正确,则输出 password error;
- 如果输入的用户名不存在,则输出 not found。

3. 案例实现

```python
#将用户信息存放在 users 字典中
users = {
    "alpha": "alpha123",
    "beta": "betaisverygood",
    "gamma": "1919191923",
    "zhangsan": "123456",
    "lisi": "123456",
    "admin": "ADMIN",
    "root": "Root123"
}

#从键盘接收用户登录输入的账号和密码
username = input()
password = input()

#判断输入的用户名或密码是否正确
if username in list(users.keys()):
    if password in list(users.values()):
        print("success")
    else:
        print("password error")
else:
    print("not found")
```

list(users.keys())以列表形式返回 users 字典中的 key,即返回['alpha', 'beta', 'gamma', 'zhangsan','lisi', 'admin', 'root'],username in list(users.keys())用于判断用户输入的 username 是否存在于此列表中。

list(users.values())以列表形式返回 users 字典中的 value,即返回['alpha123', 'betaisverygood', '1919191923', '123456', '123456', 'ADMIN', 'Root123'],password in list (users.values())用于判断用户输入的 password 是否存在于此列表中。

分别给程序输入正确的账号和密码、正确的账号和错误的密码、非法账号,程序运行结

果如图 5-23 所示。

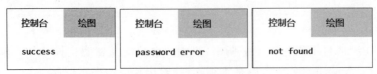

(a) 正确的账号和密码　　(b) 正确的账号和错误的密码　　(c) 非法账号

图 5-23　模拟用户登录

5.4.5　计算资产的折旧额

1. 案例描述

有 5 项资产的原值,现需要计算其年折旧额,请使用平均年限法计算,并求出年折旧额总和。资产原值数据见表 5-2。

表 5-2　资产原值数据

资 产 名 称	资产原值/元	报废时净残值/元	预计使用年限/年
房屋	10000000	1000000	50
卡车	250000	25000	10
大冰柜	50000	5000	10
服务器	900000	90000	20
大型空调机	100000	10000	10

2. 案例分析

程序要求如下所述。

- 5 项资产的年折旧额计算公式均为:年折旧额=(固定资产原值-预计净残值)/折旧年限。
- 计算出各个资产的年折旧额后,将这些年折旧额汇总求和。
- 定义列表保存原始表格中的数据,将列表中的数据作为初始数据,再根据列表中的数据完成计算。
- 输出计算结果。

3. 案例实现

```
asserts =[['房屋', 10000000, 1000000, 50],
        ['卡车', 250000, 25000, 10],
        ['大冰柜', 50000, 5000, 10],
        ['服务器', 900000, 90000, 20],
        ['大型空调机', 100000, 10000, 10]]
#print(asserts)
```

```
#col_name = ('资产名称', '资产原值', '报废时净残值', '预计使用年限', '年折旧额')

zhejiue = []
sum_zhejiue = 0
for i in range(0,len(asserts)):
    zhejiue.append((asserts[i][1]-asserts[i][2])/asserts[i][3])
    sum_zhejiue +=zhejiue[i]

print('各个资产的年折旧额为:')
for i in range(0,len(asserts)):
    print(asserts[i][0] + ':', end = '')    #print()中的end = ''实现不换行输出
    print(zhejiue[i], end = '')
    print('元')

print('年折旧额总和为:', end = '')
print(sum_zhejiue, end = '')
print('元')
```

程序运行结果如图 5-24 所示。

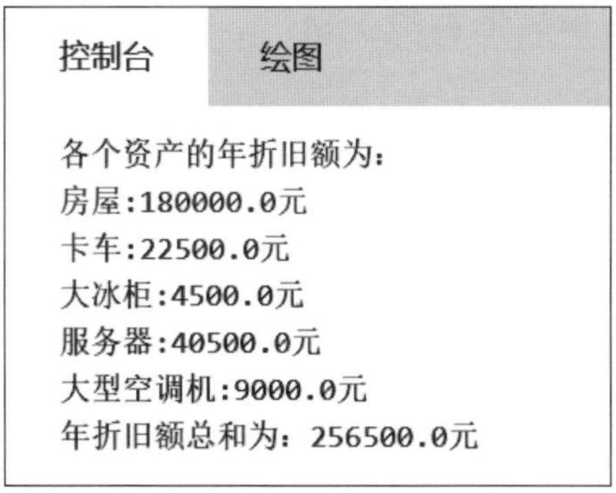

图 5-24　计算资产的折旧额

5.5　本章小结

　　本章重点讲解了 Python 的 3 种重要数据结构：列表、元组和字典。列表和元组是有序的，可通过索引访问其中元素的数据结构，但列表是可变数据结构，可以通过添加、删除、替换等方式修改列表中的元素，而元组是不可变数据结构，不能在程序中给元组添加元素，也不能删除和修改元组的元素。在数据量大的情况下，元组比列表的性能要优。若程序中需要定义的一组数据在程序运行过程中不需要修改其数据内容，建议定义为元组结构。字典是由一组无序的 key-value 对组成的数据结构，可以通过 key 操作字典中的数据。

5.6 实战

实战一：计算总分和平均分

小明刚结束期末考试，他将自己各科的分数（95，69，98，74，64，72，53，92，83）保存到列表 scores 中，现在，请帮他进行以下计算。

- 计算总分，并将计算结果保存到变量 total_score 中。
- 计算平均分，并将计算结果保存到变量 avg_score 中。

程序运行结果如图 5-25 所示。

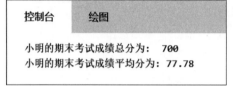

图 5-25　计算总分和平均分

实战二：求一组数的最大值和最小值

最值问题可谓经典中的经典了，说它是每个程序员都该掌握的知识一点也不为过。编写程序，根据输入的一组数求出这组数中的最大值和最小值，以及它们所在的位置（索引＋1）。

由用户从键盘输入这组数的总个数，然后将用户的各个数存入列表 list_pre 中，再从列表 list_pre 中求出最大值和最小值，并输出最值在列表的位置。

注意，输入列表 list_pre 中的数据不要包括重复值。

假设用户输入 10 个数[45，33，99，67，12，15，28，30，23，18]，程序运行后的输出内容如图 5-26 所示。

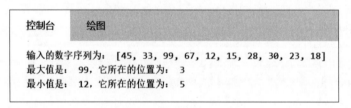

图 5-26　求一组数的最大值和最小值

实战三：竞选投票

某学校某班级要竞选班长，有 3 位候选人：王、赵、李。投票规则如下。

- 每个学生只能给这 3 个候选人的其中一人投一票，也可以弃权。
- 如果投的是王，则投 1。

- 如果投的是赵，则投 2。
- 如果投的是李，则投 3。
- 如果弃权，则投 0。

该班共有 50 人，投票结果如下（投票结果保存在 list_pre 列表中）。

```
list_pre=[2, 1, 3, 2, 1, 3, 1, 2, 0, 3, 1, 2, 2, 3, 2, 1, 2, 1, 3, 2, 0, 3, 1, 2, 2, 3, 0,
         2, 3, 2, 2, 1, 3, 1, 3, 0, 1, 1, 3, 2, 1, 1, 0, 3, 2, 3, 1, 1, 0, 2]
```

请编写程序，根据 list_pre 列表中的投票结果统计 3 位候选人的最终得票，并根据每个候选人总票数的高低确定谁当班长。

统计结果输出如图 5-27 所示。

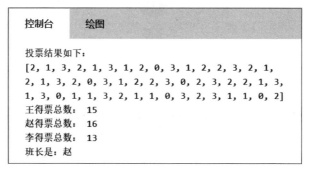

图 5-27　竞选投票统计结果

实战四：字频统计

统计一段文本里每个汉字的使用次数（标点符号不做统计），返回数据存放在字典中，形如{'哈'：3，'嘿'：5，'哼'：3}。

首先将不进行统计的标点符号存在列表 not_count 中，如下所示。

```
not_count=[ '，'， '  '， '。'， '！'， '？'， '：'， ' '''， '''， '"'， '"'， '（'， '）']
```

程序接收用户输入的文本，对文本中的每一个字符，判断其是否是 not_count 中的标点，若不是，则进一步统计其出现的次数。最后输出统计结果。

例如，输入文本信息"上海自来水来自海上。"，统计输出结果如图 5-28 所示。

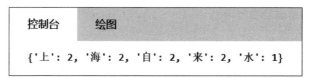

图 5-28　字频统计

第 6 章

Python 函数

　　Python 中为什么要使用函数呢？我们知道，随着软件规模的增大，程序代码的复杂度就会迅速增加。在软件项目开发过程中，如果不使用函数，整体软件项目的代码会出现复杂度增大、组织结构不够清晰、可读性差、代码冗余、可扩展性差等问题。相反，使用函数能提高应用的模块性和代码的重复利用率。

　　那么，什么是函数呢？函数是组织好的、可重复使用的、用来实现特定功能的一个命名的代码段。定义好函数后，可以通过函数名调用此函数，从而达到代码段的复用效果。Python 中提供了许多内建函数，如 print()、len()；同时，Python 也允许用户自己定义所需的函数，即用户自定义函数。本章通过 Python 函数的讲解，帮助读者了解 Python 中函数的定义方法和调用方法，理解参数的作用域等知识，提高读者的编程能力。

6.1　判断三角形的形状

判断三条线段能否构成一个三角形,需要满足两条规则:
- 三角形的三条边长必须大于零。
- 任意两边之和必须大于第三边。

请编写函数,实现判断 3 个数字能否构成三角形,并将判断结果返回。假设用户输入的 a、b、c 均为整数。函数的返回值说明如下。
- 三角形的三条边长必须大于零,若不满足,则返回数字−1,表示数据不合法。
- 任意两边之和必须大于第三边,若不满足,则返回数字 0,表示不能组成三角形;若满足,则返回数字 1,表示能组成三角形。

6.1.1　内置函数

Python 提供了大量的内置函数,前面章节的案例中已经使用了许多内置函数,下面再使用一个例子说明 Python 中内置函数的调用。

Python 中的内置函数已由 Python 事先定义好了,在编程中供用户调用完成相应的功能。下面的示例使用到 Python 中的几个内置函数。

【例 6-1】　Python 内置函数示例。

```python
fruits = ['苹果', '香蕉', '西瓜', '梨子', '芒果', '百香果']
like_fruits = True

#打印出 fruits 变量的类型
print(type(fruits))

#打印出 fruits 变量的长度
print(len(fruits))

#将 like_fruits 转换成整数并存储到 like 变量中
like = int(like_fruits)
print(like)
```

上述代码运行后的输出结果如图 6-1 所示。

控制台	绘图
fruits类型是: <class 'list'>	
fruits长度是: 6	
like的值是: 1	

图 6-1　内置函数使用示例

上例中使用了 Python 中内置的 print()函数、type()函数、len()函数和 int()函数。调用函数时的语法是：函数名(参数列表)。若某函数定义时没有参数，则调用这样的函数时不需要传入参数，但函数名后面的括号即使没有参数，也不可省略，需写成：函数名()的形式。有的函数定义时有参数，调用这样的函数时需要给函数传入参数，如 len(fruits)。

6.1.2　用户自定义函数

用户在 Python 中自定义函数要使用 def 关键字，一般格式如下。

```
def 函数名([参数列表]):
    函数体
    [return [返回值]]
```

Python 中，用户自定义函数时使用 def 命令，命令格式中必须有函数名和函数体，参数列表和返回值都不是必需的。看下面的示例。

【例 6-2】　用户自定义函数示例 1。

```
#定义无参函数
def say_hello():
    print('你好!')

#调用函数
say_hello()
```

程序运行结果如图 6-2 所示。

上例中的 say_hello()函数未定义形参，函数体由print('你好！')组成。定义好的函数只有在被调用时才会执行。调用用户自定义函数的方法和调用 Python 内置函数一样，语法是：函数名([参数列表])。例如：say_hello()。看下面有参数的示例。

图 6-2　无参自定义函数示例

【例 6-3】　用户自定义函数示例 2。

```
#定义有一个参数的函数
def say_hello(name):
```

```
    print('你好,', name)

#调用函数,传递参数
say_hello('张三')
#再次调用函数
say_hello('李四')
```

程序运行结果如图 6-3 所示。

此例定义了带有一个参数的函数 say_hello(name)。函数定义后,可以根据需要多次进行调用,上例中调用了两次 say_hello(name)函数,声明函数时定义的 name 参数称作形参,调用函数时将实际参数"张三""李四"分别传给形参 name。

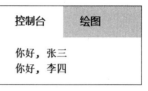

图 6-3　有参数的自定义函数示例

再看一个包括多个参数的函数定义和调用。

【例 6-4】 用户自定义函数示例 3。

```
def is_triangle(a, b, c):
    if a > 0 and b > 0 and c > 0:
        if (a+b > c) and (a+c > b) and (b+c > a):
            return 1
        else:
            return 0
    else:
        return -1

print(is_triangle(10,12,16))
```

is_triangle(a，b，c)函数根据传入的 a、b、c 三条边判断是否能构成三角形,函数内使用两个 if 分步判断三条边是否大于 0 以及任意两边之和是否大于第三边,若符合此要求,则返回 1,否则返回 −1。最后一行代码 print(is_triangle(10,12,16))打印输出 is_triangle(10, 12,16)的返回结果。

6.1.3　案例实现

判断三角形形状的程序将根据用户输入的 3 个数判断是否能构成三角形,以及可以构成什么类型的三角形。本案例将使用到下面的 Python 内置函数。

1. eval()

eval()函数用来执行一个字符串表达式,并返回表达式的值。

【例 6-5】 eval()函数示例。

```
x = 2
```

```
print(eval('2 * x+1'))              #输出 5
print(eval('pow(2,3)'))             #输出 8
print(eval('2 + 2 + 2'))            #输出 6
print(eval("True if x>0 else False"))   #输出 True
```

eval()函数去掉字符串的引号,将字符串内容解释为一个表达式,执行并返回表达式计算结果。

想了解更多 eval()用法的读者,可自行阅读相关资料或查看 Python 帮助。

2. eval(input())

对于命令 eval(input('输入两个数,逗号隔开:')),Python 首先执行内层函数 input(),以字符串形式返回用户的全部输入,如"12,13"。接着执行 eval(),eval()去掉字符串的引号,将(12,13)以元组形式返回,元组包括两个 int 型数据 12 和 13。a,b = eval(input('输入两个数,逗号隔开:'))将 eval()返回的元组进行序列解包后,将 12 和 13 分别赋给变量 a 和 b。

注意,Python 中把多个值赋给一个变量时,Python 会自动把多个值封装成元组,这称为序列封包。若把一个序列(如列表、元组、字符串等)直接赋给多个变量,则会把序列中的各个元素依次赋值给每个变量,此时要求元素的个数和变量的个数相同,这称为序列解包。

【例 6-6】 eval(input())示例。

```
#输入 12,演示 eval(input())
print(eval(input()))                    #输入 12 后,print 输出 12
print(type(eval(input())))              #输入 12 后,print 输出<class 'int'>

#输入 12,13,分步骤演示 input()和 eval()
str=input()                             #输入 12,13
print(eval(str))                        #输出(12,13)
print(type(eval(str)))                  #输出<class 'tuple'>
a, b = eval(str)                        #输出<class 'tuple'>
print('a 的值是:', a,',b 的值是:', b)      #a 的值是:12,b 的值是:13
#下面输出 a 的类型是: <class 'int'>,b 的类型是: <class 'int'>
print('a 的类型是:', type(a),',b 的类型是:', type(b)')

#输入 12,13,演示 eval(input())
#input 接收输入后返回字符串'12,13',eval 将字符串转换为元组(12, 13)
#元组序列解包将各元素分别赋值给变量 a,b
a, b = eval(input())
print('a 的值是:', a,',b 的值是:', b)      #a 的值是: 12 ,b 的值是: 13
#下面输出 a 的类型是: <class 'int'>,b 的类型是: <class 'int'>
print('a 的类型是:', type(a),',b 的类型是:', type(b)')
```

3. 案例实现

```
#判断是否能构成三角形
def is_triangle(a, b, c):
    if a >0 and b >0 and c >0:
        if (a+b >c) and (a+c >b) and (b+c >a):
            return 1                    #能组成三角形
        else:
            return 0                    #不能组成三角形
    else:
        return -1                       #数据不合法

#判断三角形类型
def triangle_type(a, b, c):
    if a ==b or b ==c or a ==c:
        if a ==b and b ==c:
            return '等边'               #等边三角形
        else:
            return '等腰'               #等腰三角形
    else:
        return '不等边'                 #不等边三角形

#调用函数,按序传递 3 个参数
#输入的 3 个数由 Python 自动进行序列封包,存入元组 gotinput
gotinput = eval(input('输入 3 个数,用逗号隔开:'))
print(type(gotinput))                   #输出 gotinput 的类型<class 'tuple'>
print(gotinput)                         #输出元组 gotinput 的值
a,b,c = gotinput            #Python 自动进行序列解包,将元组的各个元素按序赋给变量 a,b,c
print(a,b,c)                            #输出 a,b,c 的值
if is_triangle(a,b,c) ==0:
    print('{side1},{side2},{side3}:不能构成三角形!'.format(side1 = a, side2 = b,
side3 = c))
elif is_triangle(a,b,c) ==-1:
    print('{side1},{side2},{side3}:输入数据不合法!'.format(side1 = a, side2 = b,
side3 = c))
else:
    print('{side1},{side2},{side3}:能组成三角形!'.format(side1 = a, side2 = b,
side3 = c), end='')
    #下面调用 triangle_type(a,b,c)判断三角形类型
    print('组成了{tri}三角形!'.format(tri = triangle_type(a,b,c)))
```

　　当程序运行时,输入 3 个数(注意,这里不要输入字符,因为本程序没有对输入数据进行检验和控制),程序输出结果如图 6-4 所示。

控制台	绘图
0,1,1：输入数据不合法！	

(a) 不合法的输入

控制台	绘图
1,1,1：能组成三角形！组成了等边三角形！	

(b) 等边三角形

控制台	绘图
2,3,3：能组成三角形！组成了等腰三角形！	

(c) 等腰三角形

控制台	绘图
2,3,4：能组成三角形！组成了不等边三角形！	

(d) 不等边三角形

图 6-4　判断三角形

6.2　打印用户爱好

　　每个人的兴趣爱好都不相同，有的人兴趣爱好很多，有的人兴趣爱好很少。编写一个程序，实现打印不同人的兴趣爱好。要求定义两个函数：一个函数用于接收用户个人信息的输入；另一个函数用于打印输出用户的兴趣爱好。

　　假设接收用户输入的函数名为 input_info，该函数可以接收用户从键盘输入的个人信息，当接收到这些信息后，调用打印输出函数 personal_hobbies( ) 输出这些信息，如图 6-5 所示。可以看出，personal_hobbies( ) 函数需要接收用户的兴趣爱好信息，才能打印输出。实现这个函数不仅需要定义函数，还需要为函数定义参数。

图 6-5　函数调用时的参数传递示例

　　从 6.1 节的内容可知，定义函数时，参数是可选项，程序员可以根据需要为函数定义参数。函数的参数可以有 0 个，也可以有多个。本节重点学习函数参数的各种知识，以方便编程时根据需要灵活定义。

6.2.1　位置参数

　　Python 在调用函数时，默认情况下传递给函数的参数值和定义函数时的参数名是严格按照顺序匹配的,即实参和形参的位置顺序必须正确,同时调用时的参数数量必须和声明时的参数数量一样。前面讲过的示例都是这种形式的函数定义和调用方式。看下面的示例。

【例 6-7】　位置参数示例 1。

```
#比较两个数的大小
def compare_number(x,y):
    larger = x if x>y else y
    print('较大的数是:',larger)

#调用函数
compare_number(12,15)
```

程序执行结果如图 6-6 所示。

这样的代码在 6.1 节我们已经比较熟悉了,该代码定义了一个 compare_number(x,y)函数,它有两个参数 x 和 y。调用此函数时按顺序分别给这两个参数传入 12 和 15。但如果像下面这样调用 compare_number(),就会出现错误。

图 6-6　比较两个数的大小

【例 6-8】　位置参数示例 2。

```
#TypeError: compare_number() missing 1 required positional argument: 'y'
compare_number(15)

#TypeError: compare_number() missing 2 required positional arguments: 'x' and 'y'
compare_number()

#TypeError: compare_number() takes 2 positional arguments but 3 were given
compare_number(12,15,'abc')
```

6.2.2　关键字参数

调用函数时,除了按函数定义时的参数位置顺序传递参数外,Python 还提供了更加灵活的参数传递方式。一种比较常用的参数传递方式是根据函数定义时声明的参数名进行参数传递,即根据形参名进行参数传递,这种方式称为关键字参数。看下面的示例。

【例 6-9】　关键字参数示例。

```
#比较两个数的大小
def compare_number(x,y):
    larger = x if x>y else y
    print('较大的数是:',larger)

#调用函数
compare_number(x = 12, y = 15)              #关键字参数
compare_number(y = 15, x = 12)              #关键字参数可以调整参数传递顺序
```

此示例中,调用 compare_number(x = 12,y = 15)时使用了关键字参数传递的方式。此种传递参数的方式使用了函数定义时的形参名称 x、y。使用关键字参数允许函数调用时参数的顺序与声明时不一致,Python 解释器能够用参数名进行参数值匹配。如上例中,compare_number(y = 15,x = 12)也可以成功调用 compare_number()函数,不必按照定义时声明的参数顺序排列调用时的参数顺序。

函数调用时还可以混合使用按位置顺序传参和按关键字传参两种方式。例如 compare_number(12,y = 15),这种调用方式也是正确的。

需要注意的是,一旦在调用时混合使用了上述两种传参方式,则关键字参数必须位于位置参数的后面,也就是说,不能在关键字参数后面再出现按位置调用的参数,像 compare_number(x = 12,15)这种调用方式是非法的。

6.2.3　参数的默认值

参数的默认值指的是在定义函数时,可以为形参指定一个值,若调用此函数时没有为该参数传入值,则自动使用该默认值作为该形参的值。看下面的示例。

【例 6-10】　参数默认值示例。

```
#比较两个数的大小
def compare_number(x,y = 15):
    larger = x if x>y else y
    print('较大的数是:',larger)
compare_number(12)
```

定义 compare_number()函数时为 y 形参指定了默认值 15,在调用 compare_number()时仅传入一个 12,这个 12 按顺序传给 x,由于 y 没有传入值,因此 y 自动使用其默认值 15。此例说明,设置了默认值的形参在函数被调用时可以不必给该形参传值。

给形参设默认值时要注意:Python 要求将带默认值的参数定义在形参列表的最后。像 compare_number(x =12,y)这样的函数定义是非法的。

6.2.4　不定长参数

可以在定义函数时声明某个形参以便接收来自调用函数时传入的个数可变的实参值。这样,定义函数时的参数个数与调用函数时传入的参数个数可以不同。要达到这样的效果,必须在定义函数时声明某个参数是不定长参数,即不定长参数可接收个数可变的实参值。使用不定长参数意味着在调用函数时可以为函数传入任意多个参数值。

Python 中,不定长参数有两种声明形式:在参数名前添加一个星号(*)或两个星号(**),这两种形式都可以将该参数声明为不定长参数。不定长参数有以下 3 个特点。

• 不定长参数可以接收 0 个传入的实参值,也可以接收多个传入的实参值。
• 不定长参数可以处于形参列表的任意位置。
• 不定长参数将接收到的多个实参以元组(一个星号的不定长形参)或字典的形式(两个星号的不定长形参)进行保存。

看下面的示例。

【例 6-11】　不定长参数示例 1。

```
#显示个人兴趣爱好
def personal_hobbies(name, * hobbies):
    print('姓名:', name)
    print('爱好:', hobbies)

#调用函数
personal_hobbies('张三', '吃瓜', '唱歌', '远足')
```

personal_hobbies()函数定义了两个形参：一个是要求调用时按顺序传入值的形参 name,另一个是不定长参数 * hobbies。最后一行代码调用 personal_hobbies(),同时传入 4 个值,第一个值"张三"按顺序传给 name,后 3 个值序列封包为元组,传给 hobbies。程序运行结果如图 6-7 所示。

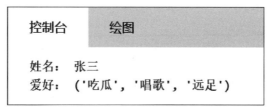

图 6-7　不定长参数示例 1

也可以不给不定长参数传参数,如 personal_hobbies('张三'),只是将"张三"按顺序传给 name,而 hobbies 是一个空元组。

定义函数时,若在形参前添加 **,则该形参可将调用函数时实参列表中使用关键字传参的值统一以字典的形式进行收集保存。看下面的示例。

【例 6-12】　不定长参数示例 2。

```
#显示个人兴趣爱好
def personal_hobbies(**hobbies):
    print('个人信息:\n', hobbies)

#调用函数
personal_hobbies(name = '张三', hobbies = ['吃瓜', '唱歌', '远足'])
```

此例中,personal_hobbies()函数定义了一个 **hobbies 参数,调用 personal_hobbies()时,使用 name 和 hobbies 作为关键字参数,Python 将这两个关键字参数封包为字典传给形参 hobbies。程序运行结果如图 6-8 所示。

同理,若执行 personal_hobbies(),则 hobbies 为空字典。

再扩充一下参数的知识。定义函数时,也可以在形参列表中单独列出" * "," * "之后的参数都是 keyword-only 参数,即星号后的参数在调用时必须按关键字传参。另外,Python 3.8

```
控制台        绘图

个人信息:
{'name': '张三', 'hobbies': ('吃瓜', '唱歌', '远足')}
```

图 6-8　不定长参数示例 2

新增了一个函数形参语法(注意 Python 版本),可以在形参列表中单独出现"/","/"之前的参数都是 positional-only 参数,即按位置传参。看下面的示例。

【例 6-13】　不定长参数示例 3。

```
def func(x1, x2, /, x3, x4, *, x5, x6):
    print(x1, x2, x3, x4, x5, x6)
```

此例中,形参 x1 和 x2 必须使用位置参数传参,x3 或 x4 可以使用位置或关键字传参,而 x5 或 x6 必须为关键字传参。

下面的调用方式是正确的:

```
func(10, 20, 30, x4=40, x5=50, x6=60)
```

但下面的调用方法会发生错误:

```
func(10, x2=20, x3=30, x4=40, x5=50, x6=60)      #x2 必须使用位置参数的形式
func(10, 20, 30, 40, 50, x6=60)                  #x5 必须使用关键字参数的形式
```

6.2.5　案例实现

此案例的实现将用到下面的内置函数。

1. split()

4.3.3 节曾讲过 split(),这里再举一例为理解本案例的实现方法做铺垫,看下面的示例。

【例 6-14】　split()函数示例。

```
str = "a b c"
print(str.split())              #以空格为分隔符,输出['a', 'b', 'c']
str = "a,b,c"
print(str.split(','))           #以逗号为分隔符,输出['a', 'b', 'c']
str=input()                     #输入 12,13
print(type(str))                #input 接收到的是字符串类型,输出<class 'str'>
print(str)                      #输出 12,13
ll=str.split(',')               #以逗号为分隔符对 str 切片,返回列表,列表元素为字符串
print(type(ll))                 #输出<class 'list'>
print(ll)                       #输出['12', '13']
```

2. map()

map()会根据提供的函数对指定序列做映射。map()函数的语法是：map(function，iterable，⋯)，map()对 iterable 参数序列中的每一个元素调用 function()函数，返回包含所有 function()函数返回值的新序列。

参数 iterable 可以是一个或多个序列。序列可以理解为可以进行切片、相加、相乘、索引、成员资格的数据结构(用关键字 in、not in 判断某个元素在不在这个序列)。例如，列表、元组、字符串就是常见的序列(Python 中内置的 3 种数据结构：列表、元组、字典中，只有字典不是序列)。

需要注意的是，map()函数的返回值在 Python 2.x 中返回列表；在 Python 3.x 中返回迭代器，此时需要使用 list()将返回值转换为列表。看如下示例。

【**例 6-15**】　map()函数示例。

```
#输入 12,13,演示 split()和 map()
list1 = input().split(',')          #用逗号分隔输入的数据,返回列表
print(list1)                         #输出['12', '13']
print(type(list1[0]))                #输出 list1 第一个元素的数据类型,<class 'str'>
list2 = map(int, list1)              #对 list1 中的每个元素执行 int()操作
print(list2)                         #输出<map object at 0x7f13aef0ac18>
list3 = list(list2)                  #将 map()的结果转换为列表
print(list3)                         #输出[12, 13]
print(type(list3[0]))                #输出 list3 第一个元素的数据类型,<class 'int'>
#print('======')
#输入 12,13,演示 map(int, input().split(','))
print(list(map(int, input().split(','))))   #输出[12, 13]
```

3. 案例实现

此程序中将使用 input()函数一次性接收用户输入的 3 个值，多个值之间使用逗号分隔，使用 input().split(',')对输入的值进行切片，再进一步使用 map()将字符串映射为 int 型。

本案例的实现代码如下所示。共定义了两个函数，input_info()用于接收用户从键盘输入的数据，然后将数据利用关键字参数传递给 personal_hobbies()函数，后者利用不定长参数(**hobbies)进行参数的接收。

```
#输出用户信息函数,使用不定长参数接收参数,**表示以字典形式接收
def personal_hobbies(**hobbies):
    print('===================================')
    print('姓名:', hobbies['name'])
    print('爱好:', hobbies['hobby'])
    print('===================================')
```

```
#接收用户输入函数
def input_info():
    #person_name是姓名信息,例如输入:张三
    person_name = input('姓名:')
    #person_info是兴趣爱好列表,例如输入:唱歌,跳舞,打豆豆
    person_info = input('若有多项兴趣爱好,请用英文逗号分隔:').split(',')
    #调用personal_hobbies(),使用关键字传递参数,输出个人兴趣爱好
    personal_hobbies(name = person_name, hobby = person_info)

#调用input_info()函数
input_info()
```

输入姓名张三,爱好为唱歌、跳舞、打豆豆,程序运行结果如图6-9所示。

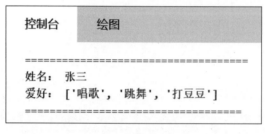

图6-9　打印用户爱好

6.3　用不同的传参机制交换变量的值

交换变量的值是把事先存放在两个变量中的值进行交换,例如,有两个变量 x 和 y,将 x 的值赋给 y,将 y 的值赋给 x,这样就完成了 x 和 y 的交换。这个程序非常简单,本节将使用这个案例讲解 Python 中的参数传递。

在 Python 中,我们必须明确掌握函数的参数传递机制,否则在编写程序的过程中,可能经常出现写完的程序代码在测试时,其实际结果和预期结果不一样的情况。而这个不一致很大一部分原因是不了解函数的传参机制,不清楚参数在传递过程中的变化过程而最终导致程序出错。

6.3.1　Python 的参数传递

函数的参数传递是把调用者的一些参数传递给被调用者,以使被调用者执行相应的任务。那么,参数的传递原理是什么呢?

Python 的参数传递是赋值传递,或者叫作对象的引用传递。Python 里所有的数据类型都是对象,整数 1 是对象,字符串'python'是对象,元组('a','b','c')是对象,列表['a','b','c']是对象,{'name':'zhangsan','age': 20}是对象,变量 x 也是对象。Python 中变量的赋值是将该变量指向对应的对象,如 x = 1 是将变量 x 指向对象 1,y = 2 是将变量 y 指向对象 2。参数传递时,只是让形参变量与实参变量指向相同的对象而已。

　　Python 中的数据分为可变类型和不可变类型。当代表实参的变量指向不可变类型对象时,那么传递该实参变量给形参变量时,形参变量也指向同一个不可变类型对象,此时一旦在函数体内给形参变量重新赋值(注意是赋值),则形参变量就会断开对原值的指向,转而指向新的对象,因此,对形参变量的修改不会影响到原来的实参变量。但是,当代表实参的变量指向可变类型对象时,那么传递该实参变量给形参变量时,形参变量也指向同一个可变类型对象,此时若在函数体内修改了此可变类型对象,形参变量和实参变量的值都会跟着发生变化。注意,这里说的是在函数内修改可变类型对象(例如,使用 append 给列表添加元素),而不是给形参变量重新赋值一个新的可变类型对象。

　　上面的讲解并不容易理解,首先记住,Python 的参数传递机制与所传参数指向不可变类型对象还是指向可变类型对象有关,而且与形参是否重新赋值有关。下面通过示例理解 Python 的参数传递机制。

　　【例 6-16】　Python 的参数传递机制示例 1。

```
def fun(b):
    b = 2                           #为 2 分配空间,并让 b 指向 2,b 不再指向 1
    print('b = ',b)                 #输出 2

a = 1                               #为 1 分配空间,并让 a 指向 1
fun(a)                              #调用 fun()函数,将 a 传给 b,b 也指向 1
print('a = ',a)                     #a 依旧指向 1,因此输出 1
```

　　程序运行结果如图 6-10 所示。

　　此示例 b 的值为 2,a 的值为 1,在函数 fun()中对 b 的修改并没有影响到 a,这是因为 a 和 b 指向的是不可变对象 1,当在函数内给 b 重新赋值时,Python 为新值 2 重新分配了空间,并使 b 重新指向 2。此时,a 变量指向 1,而 b 变量指向 2,即当传递的变量保存的是不可变对象时,函数体内对形参变量的修改不会影响到实参变量的值。

图 6-10　传递不可变对象
——整数

　　Python 中不可变类型有整型(int)、长整型(long int)、浮点型(float)、布尔型(bool)、字符串(string)、元组(tuple),可变类型有列表(list)、字典(dict)、集合(set)。上面举了整型参数的示例,下面看一下元组的示例。

　　【例 6-17】　Python 的参数传递机制示例 2。

```
def fun(b):
    b = ('python','haotest','I like both of them')
    print('b = ', b)

a = ('python','haotest')
fun(a)
print('a = ', a)
```

程序运行结果如图 6-11 所示。

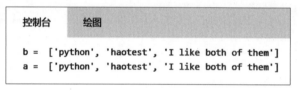

控制台	绘图
b = ('python', 'haotest', 'I like both of them')	
a = ('python', 'haotest')	

图 6-11　传递不可变对象——元组

假如实参变量指向了可变类型对象,结果会怎么样呢？看下面的示例。

【例 6-18】　Python 的参数传递机制示例 3。

```
def fun(b):
    b.append('I like both of them')    #在原列表元素的最后添加新元素
    print('b = ', b)                   #输出b = ['python', 'haotest', 'I like both of them']

a = ['python','haotest']    #给列表对象分配空间,并使a指向它
fun(a)                      #调用fun()函数,将a传给b,b也指向列表对象
print('a = ', a)           #输出a = ['python', 'haotest', 'I like both of them']
```

程序运行结果如图 6-12 所示。

控制台	绘图
b = ['python', 'haotest', 'I like both of them']	
a = ['python', 'haotest', 'I like both of them']	

图 6-12　传递可变对象——列表 1

对上例稍做修改,形成下面的新示例,仔细阅读,理解它们的区别是什么。

【例 6-19】　Python 的参数传递机制示例 4。

```
def fun(b):
    b = ['python','haotest','I like both of them']    #给新列表分配空间,并使b指向它
    print('b = ', b)                   #输出b = ['python', 'haotest', 'I like both of them']

a = ['python','haotest']    #给列表对象分配空间,并使a指向它
fun(a)                      #调用fun()函数,将a传给b,b也指向列表对象
print('a = ', a)           #输出a = ['python', 'haotest']
```

程序运行结果如图 6-13 所示。

控制台	绘图
b = ['python', 'haotest', 'I like both of them']	
a = ['python', 'haotest']	

图 6-13　传递可变对象——列表 2

　　这个输出结果又是为什么呢？这里的重点是 Python 的内存管理机制。Python 为列表对象分配内存空间，然后让变量指向该空间，形成变量对列表对象的引用。fun() 函数给 b 重新赋值时，Python 先为新列表分配空间，再将 b 指向此新列表，此时 b 不再指向原列表。因此，重新赋新值时要注意，由于 Python 要为新值重新开辟空间，所以变量的指向就会发生变化，赋值使变量指向新开辟的空间。而图 6-12 所示的示例中执行 b.append('I like both of them') 时，是给可变类型的列表对象添加了元素，即只是在原有列表['python','haotest']的基础上使用 append() 方法进行了列表元素的添加，在 Python 的内存管理中，添加元素后的列表还是原来的列表，其列表地址是不变的。

　　至此，本节给大家详细讲解了 Python 的传参机制。归根结底，Python 的传参机制就是赋值传递，又称对象的引用传递。它将实参变量赋值给形参变量，由于 Python 中的变量就是对对象的引用，所以传递的也就是这种引用关系。而造成形参是否会对实参带来影响的其实是 Python 中变量所指的对象类型，如果变量指向不可变对象，则形参变量的重新赋值不会对实参变量带来影响，即重新赋值后的形参变量和实参变量指向了不同的对象；而如果变量指向可变对象，则形参变量的重新赋值也不会对实参变量带来影响，但若仍然是对形参所指的原可变对象进行操作，则形参变量的变化会对实参变量带来影响，此时形参和实参还指向同一个对象。

6.3.2　Python 变量及赋值

　　Python 中参数传递机制是赋值传递，即将实参变量的值赋给形参变量。为了进一步了解参数传递机制，下面介绍 Python 中的变量赋值机制。

　　Python 中一切都是对象，1、'a'、['a','b','c']等都是对象。当将一个对象赋值给一个变量时，这个变量其实是指向了这个对象，即变量中存放的是对象的引用。看下面的示例。

　　【例 6-20】　Python 的变量赋值机制示例 1。

```
print('列表对象的地址:', id(['zhangsan', 123]))
x = 21
print('变量 x 所指对象的地址:', id(x))
y = 'hello'
print('变量 y 所指对象的地址:', id(y))
```

　　代码运行结果如图 6-14 所示。其中，id(object) 函数是返回对象 object 在其生命周期内位于内存中的地址，当 id(object) 函数作用于常量对象时，返回该对象在生命周期内的内存地址，当 id(object) 函数作用于变量这样的对象时，返回变量指向对象的地址。Python 为每个对象分配内存，代码第 1 行，Python 首先为列表对象['zhangsan',123]分配内存，然后进行地址输出。代码第 2 行，Python 给 21 分配内存，并将变量 x 指向对象 21。代码第 3 行输出 x 所指对象的地址。代码第 4 行、第 5 行的执行和第 2 行、第 3 行的执行方式相同。

　　再看下面给变量赋值的示例。

控制台　绘图

列表对象的地址：140060746189384
变量x所指对象的地址：140061241321216
变量y所指对象的地址：140060746378968

图 6-14　变量及地址示例

【例 6-21】 Python 的变量赋值机制示例 2。

```
a = 1                      #为对象1开辟内存空间,并将变量a指向对象1
print('id(a):', id(a))     #输出变量a所指对象的内存地址
b = a                      #使变量b和变量a指向同一对象1
a = a + 1                  #取出a的值加1后,为新值2重新分配内存空间,并使a指向新地址
print('id(b):', id(b))     #输出变量b所指对象的内存地址
print('id(a):', id(a))     #输出变量a所指对象的内存地址
print('a = ', a, ', b = ',b)
```

程序运行结果如图 6-15 所示。

控制台　**绘图**

id(a): 140061241320576
id(b): 140061241320576
id(a): 140061241320608
a ＝ 2 , b ＝ 1

图 6-15　变量重新赋值后的地址示例

第 1 行代码 a ＝ 1,Python 为对象 1 分配内存空间,并让 a 指向对象 1,第 2 行输出 a 所指对象的地址,如图 6-16 所示。

第 3 行代码 b ＝ a 表示将变量 a 赋值给 b,这意味着让变量 b 也指向 1 这个对象 (Python 中,对象可以被多个变量所指向或引用),如图 6-17 所示。

图 6-16　内存分配示例　　　　图 6-17　变量赋值示例 1

要注意第 4 行代码 a ＝ a＋1,这个赋值完成后变量 a 的值是 2,但这个 2 并没有将原来的对象 1 覆盖。因为 Python 中的 int、str 数据类型是不可变的,也就是说,这个赋值并不是将 a 所指的 1 修改为 2,因为 1 这个对象是不可变对象,此处 Python 的赋值是重新创建一个对象 2,让变量 a 重新指向新对象 2,不再指向对象 1。但原来的对象 1 仍然存在,并且变量 b 依旧指向 1 这个对象。因此,第 5 行代码输出的是 b 对象仍然指向对象 1 的地址,而第 6 行

代码输出的是 a 对象指向对象 2 的地址。最终第 7 行输出的是：a 值变成 2，而 b 值仍为 1，如图 6-18 所示。

这个简短的示例说明，在 Python 中，b＝a 这个赋值语句并不表示重新为变量 b 创建了新对象，而是同一个对象 1 被 a 和 b 这两个变量指向或引用，即变量 a 和 b 是指向同一个 int 对象的两个变量。指向同一个对象的不同变量并不意味着被绑定在一起，当其中一个变量被重新赋值后，Python 会为这个变量重新创建新对象并分配新内存空间，因此并不会影响其他变量的值。

图 6-18　变量赋值示例 2

特别要记住的是，此例中的对象 1 和对象 2 是 Python 中的不可变数据类型。

Python 中有不可变数据类型和可变数据类型，下面是一个关于列表这类可变对象的示例。

【例 6-22】　Python 的变量赋值机制示例 3。

```python
list1 = [1,2,3,4]                                    #第 1 行
list2 = list1                                        #第 2 行
print('添加元素前:')                                  #第 3 行
print('list1的值: ', list1)                          #第 4 行
print('list2的值: ', list2)                          #第 5 行
print('list1指向: ', id(list1))                      #第 6 行
print('list2指向: ', id(list2))                      #第 7 行
list1.append(5)                                      #第 8 行
print('添加元素后:')                                  #第 9 行
print('list1的值: ', list1)                          #第 10 行
print('list2的值: ', list2)                          #第 11 行
print('list1指向: ', id(list1))                      #第 12 行
print('list2指向: ', id(list2))                      #第 13 行
print('list1和list2的值是否相等: ', list1 ==list2)    #第 14 行
print('list1和list2是否指向同一对象: ', list1 is list2)  #第 15 行
```

第 1 行代码让 list1 指向可变对象［1，2，3，4］，第 2 行赋值让 list2 也指向可变对象［1，2，3，4］，如图 6-19 所示。

Python 中的列表是可变对象，当代码第 8 行执行 list1.append(5) 时，Python 并不会创建新的列表对象，只是在原列表的末尾插入了新的元素，由于 list1 和 list2 同时指向这个列表对象，所以此列表的变化会同时反映在 list1 和 list2 上，如图 6-20 所示，因此，从代码第 10 行和第 11 行的输出中可以看到 list1 和 list2 的输出值同时被改变了，如图 6-21 所示。

图 6-19　变量赋值示例 3　　　　　　图 6-20　变量赋值示例 4

注意第 14 行代码和第 15 行代码，前者是判断两个变量的值是否相等，后者是判断两个变量是否指向同一对象。

```
控制台        绘图

添加元素前:
list1的值:    [1, 2, 3, 4]
list2的值:    [1, 2, 3, 4]
list1指向:    139722809682376
list2指向:    139722809682376
添加元素后:
list1的值:    [1, 2, 3, 4, 5]
list2的值:    [1, 2, 3, 4, 5]
list1指向:    139722809682376
list2指向:    139722809682376
list1和list2的值是否相等:   True
list1和list2是否指向同一对象:   True
```

图 6-21　列表对象地址示例

此外,在 Python 中变量可以被删除,而对象无法被删除。因此,当删除一个变量后,其所指向的对象仍然存在,但是该变量已不可被访问。当 Python 的垃圾回收机制发现某对象没有被引用时,就会回收此对象占用的空间。

6.3.3　案例实现

这里将使用两种传参机制实现变量值的交换。

1. 使用不可变对象进行参数值传递

```python
def swap(a, b):
    #下面代码实现 a、b 变量的值交换
    print("swap 函数交换前,a 和 b 的值分别是", a, b)
    a, b = b, a
    print("swap 函数交换后,a 和 b 的值分别是", a, b)


x = 21
y = 12
print('调用 swap 函数交换前,x 和 y 的值分别是', x, y)
swap(x, y)
print("调用 swap 函数交换结束后返回到调用者,x 和 y 的值分别是", x, y)
```

程序运行结果如图 6-22 所示。

从此例可以看出,调用者中的 x 和 y 的值一直保持着原来的 21 和 12,而函数 swap()中 a 和 b 的值发生了交换,但这并不影响 x 和 y 的值。

如前所述,这其实是因为 Python 中的内存管理机制造成的。下面的代码在上例的基础上增加了 id(object)函数来返回 object 在内存中的地址。通过下面的代码,可以更清晰地理解 Python 中的不可变对象在函数调用时的参数传递机制。

控制台　　绘图

调用swap函数交换前，x和y的值分别是 21 12
swap函数交换前，a和b的值分别是 21 12
swap函数交换后，a和b的值分别是 12 21
调用swap函数交换结束后返回到调用者，x和y的值分别是 21 12

图 6-22　使用不可变对象做参数交换两数示例 1

```python
def swap(a , b):
    #下面代码实现 a、b 变量的值交换
    print('以下是 swap 函数的输出')
    print('+' * 55)
    print('(j) 在 swap 中交换前,a 和 b 的值分别是:', a, b)
    # (2) 下面输出 a 和 b 指向的对象地址
    print('(2)在 swap 中交换 a,b 前,a 和 b 分别指向:', id(a),id(b))

    a, b = b, a                              #交换两数

    print('(jj) 在 swap 中交换 a,b 后,a 和 b 的值分别是:', a, b)
    # (3) 下面输出 a 和 b 指向的对象地址
    print('(3)在 swap 中交换 a,b 后,a 和 b 分别指向:', id(a),id(b))
    print('+' * 55 + '\n\n')


print('以下是调用者的输入和输出')
print('=' * 55)
x = 21
y = 12
print('(i) 调用 swap 前,x 和 y 的值分别是:', x,  y)
#(1) 下面输出 x 和 y 指向的对象地址
print('(1) 调用 swap 前,x 和 y 分别指向:', id(x),id(y))
print('=' * 55 + '\n\n')

#调用 swap()函数
swap(x , y)

print('以下从 swap 返回后,调用者输出')
print('=' * 55)
print("(ii) 调用 swap 后返回到调用者中,变量 x 和 y 的值分别是", x, y)
#(4) 下面输出 x 和 y 指向的对象地址
print('(4) 调用 swap 后,x 和 y 分别指向:', id(x),id(y))
print('=' * 55 + '\n\n')
```

程序运行结果如图 6-23 所示。

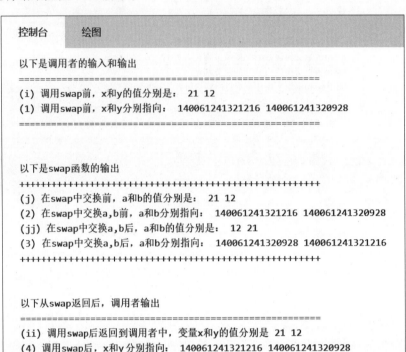

图 6-23　使用不可变对象做参数交换两数示例 2

下面分析此程序的输出(下面的编号均指输出中的编号)。

(1)说明变量 x 指向不可变对象 21 的内存地址,变量 y 指向不可变对象 12 的内存地址。

(2)说明 a 接收了 x 的赋值,b 接收了 y 的赋值,a 指向了 21,b 指向了 12。

(1)和(4)说明调用者在调用 swap()函数前或后,x 和 y 的指向没有发生变化,(i)和(ii)也说明了 x 和 y 的值没有发生变化。

(3)说明在函数 swap()里,a 和 b 的指向互调,即 a 指向 12,b 指向 21。(j)和(jj)说明在函数 swap()里,a 和 b 的值发生了变化。

综上所述,实参 x 和 y 指向的对象是不可变类型,当将值传给形参 a 和 b 后,a 和 b 的重新赋值不会影响到 x 和 y。实参和形参之间相互独立,互不影响。

2. 可变对象的参数值传递

```python
def swap(list2):
    #下面代码实现 list2 元素的交换
    print('=' * 55)
    print("(3) swap 函数里交换前 list2 的元素是:", list2)
    print("(4) swap 函数里交换前 list2 指向:", id(list2))
    list2[1], list2[0] = list2[0], list2[1]        #修改可变对象列表中的元素
    print("(5) swap 函数里交换后 list2 的元素是:", list2)
```

```
        print("(6) swap 函数里交换后 list2 指向:", id(list2))
        print('=' * 55 + '\n\n')


print('以下是调用者的输入和输出')
print('=' * 55)
x = 21
y = 12
list1 = [x, y]
print('(1) 调用 swap 交换前,list1 的元素是:', list1)
print('(2) 调用 swap 前,list1 指向:', id(list1))
print('=' * 55 + '\n\n')


# 调用 swap()函数
swap(list1)


print('以下从 swap 返回后,调用者输出')
print('=' * 55)
print('(7) 调用 swap 后,交换结束后返回到调用者,list1 的元素是', list1)
print('(8) 调用 swap 后,list1 指向:', id(list1))
print('=' * 55 + '\n\n')
```

程序运行结果如图 6-24 所示。

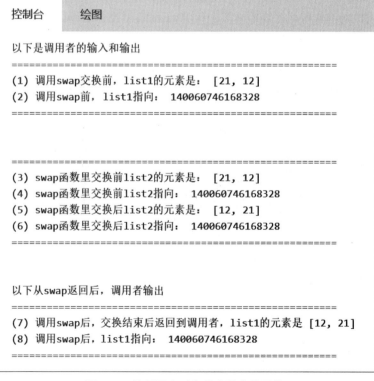

图 6-24　使用可变对象做参数交换两数

从程序的输出可以看出,list1 变量指向列表,调用 swap( )函数前,list1 的元素是[21,12],传参后,list2 也指向同一个列表,交换列表中的两个元素后,list2 的值发生变化,但list2 的指向并没有改变,说明 list2 指向的还是同一个列表对象。返回调用者后,list1 的值发生了变化,但其仍然指向同一个列表对象。这说明,将可变对象作为参数进行传递时,在函数体里对可变对象元素的修改也会影响到调用者。

6.4 转换秒为时间

1 天有 86 400 秒,那么 100 000 秒相当于多长时间呢? 考虑如何用函数实现将一个指定的秒数转换为[天,时,分,秒]的数据格式,并将其返回给调用者。本案例主要考查如何运用函数的返回值将函数的计算结果传递给函数的调用者。

6.1.2 节给出了函数的定义格式,函数使用 def 定义,每个函数在执行完函数体后可以使用 return 语句退出函数,并给调用者带回返回值。当然,return 语句不止用在函数运行结束时,也可以根据需要把 return 放在函数的任意位置,函数在运行时只要遇到 return 语句,就会立即结束运行并返回到调用者。

return 语句在函数中是可选项,其使用方式有:

- 函数中没有 return 语句时,函数会给调用者返回 None。
- 函数中包括 return 语句时,也分两种情况:其一是 return 后面有返回值,此时 return 语句将此返回值作为函数的结果返回给调用者;其二是 return 后面没有返回值,只有 return 语句本身,这种没有返回值的 return 语句也会给调用者返回 None。

不带返回值的函数前面已经给出多个示例,下面重点说明带返回值的 return 语句的使用。

6.4.1 返回 None

函数中没有 return 语句时,函数会给调用者返回 None。看下面的示例。

【例 6-23】 没有 return 语句的函数。

```
def fun(b):
    b = 2

a = 1
a = fun(a)                          #调用 fun()
print(a)                            #输出 None
```

6.4.2 返回一个值

下面的示例中,return 语句返回一个参数值。

【例 6-24】 利用 return 语句返回一个参数值。

```
#计算各个数的和
```

```
def plus(numbers):
    number_plus = 0
    for i in range(len(numbers)):
        number_plus = number_plus + int(numbers[i])

    return number_plus                    #返回求和的结果

#模块接收输入并调用函数
number_list = input('输入多个数,用英文逗号分隔:').split(',')
num = plus(number_list)                   #调用函数,接收函数的返回值
print(num)
```

plus()函数使用 return 语句返回求和的结果 number_plus,此值被调用者的 num 变量接收。输入 1、2、3,程序运行结果如图 6-25 所示。

图 6-25　return 语句返回一个值

6.4.3　返回多个值

有的函数会返回多个值,在调用者的代码里,可以把返回的这几个值放到一个元组里,也可以用多个变量接收多个返回值。

【例 6-25】　返回多个值的函数。

```
#计算各个数的和、积
def calc(numbers):
    number_plus = 0
    number_product = 1
    for i in range(len(numbers)):
        number_plus = number_plus + int(numbers[i])
        number_product = number_product * int(numbers[i])

    return number_plus, number_product #返回多个数的和、积

#模块接收输入、调用函数、输出结果
number_list = input('输入多个数,用英文逗号分隔:').split(',')
num = calc (number_list)               #调用函数,将函数的两个返回值保存到元组 num 中
print('num 的类型是:', type(num))
print('和是:', num[0], '积是:', num[1])
```

函数 calc()将多个数的和、积返回给调用者,调用者使用 1 个 num 接收这两个返回值,此时 Python 将这两个返回值序列封包为元组后赋值给 num。

给程序输入 1、2、3,程序输出结果如图 6-26 所示。

当然,也可以使用两个变量接收这两个返回值,例如,将上例中模块内的代码修改如下(calc()函数内容不变)。

```
控制台        绘图

num的类型是：  <class 'tuple'>
(6, 6)
```

图 6-26   return 语句返回多个值示例 1

```
number_list = input('输入多个数,用英文逗号分隔:').split(',')
num1, num2 = calc (number_list)        #调用函数,将函数的两个返回值保存到元组 num 中
print('num1的类型是:', type(num1), '\nnum2 的类型是:', type(num2))
print('和是:', num1, '积是:', num2)
```

程序运行结果如图 6-27 所示。

```
控制台        绘图

num1的类型是：   <class 'int'>
num2的类型是：   <class 'int'>
和是：  6 积是：  6
```

图 6-27   return 语句返回多个值示例 2

6.4.4   返回表达式

return 语句还可以返回复杂的表达式,例如,6.4.3 节中的程序可以修改为下面的形式。

【例 6-26】   使用 return 语句返回复杂表达式。

```
#计算各个数的和、积
def calc(x, numbers):
    number_plus = 0
    number_product = 1
    for i in range(len(numbers)):
        number_plus = number_plus + int(numbers[i])
        number_product = number_product * int(numbers[i])

    #只返回一个值,要么返回和,要么返回积
    return number_plus if x ==1  else number_product

#模块内接收输入、调用函数、输出结果
number_list = input('输入多个数,用英文逗号分隔:').split(',')
x = int(input('如果要求和,就输入 1;如果要求积,就输入 0:'))
num = calc (x, number_list)                #调用函数,将函数的两个返回值分别保存到变量中
print('和是:', num) if x ==1 else print('积是:', num)
```

输入 11、2、3 后,再输入 0 表示求这 3 个数的积,程序运行结果如图 6-28 所示。

6.4.5　函数中包含多条 return 语句

函数中还可以使用多条 return 语句,程序每运行到一条 return 语句,立即返回到调用者。

【例 6-27】　包含多条 return 语句的函数。

```
#计算各个数的和、积
def calc(x, numbers):
    number_plus = 0
    number_product = 1
    for i in range(len(numbers)):
        number_plus = number_plus + int(numbers[i])
        number_product = number_product * int(numbers[i])

    if x ==1:
        return number_plus            #这里可以返回
    else:
        return number_product         #这里也可以返回

#模块内接收输入、调用函数、输出结果
number_list = input('输入多个数,用英文逗号分隔:').split(',')
x = int(input('如果要求和,就输入 1;如果要求积,就输入 0:'))
num = calc (x, number_list)           #调用函数,将函数的两个返回值分别保存到变量中
print('和是:', num) if x ==1 else print('积是:', num)
```

输入 11、2、3 后,再输入 1 表示求这 3 个数的和,程序运行结果如图 6-29 所示。

图 6-28　return 语句返回表达式　　　图 6-29　函数中使用多条 return 语句返回结果

6.4.6　案例实现

下面编写代码实现将秒转换为时间的程序功能,程序将用到以下的函数定义。

```
def convert_from_seconds (seconds):
    pass                              #pass 用于表示函数体还未编写
```

函数中,参数 seconds 是一个整数,表示待转换的秒数。函数运行后将返回一个列表,列表内存储的值分别为[天,时,分,秒],且 $0 \leqslant 秒 \leqslant 59, 0 \leqslant 分 \leqslant 59, 0 \leqslant 时 \leqslant 23, 天 \geqslant 0$。

案例的完整代码如下所示。

```
#定义一个 convert_from_seconds()函数, 参数为 s, 返回表示时间的列表
def convert_from_seconds(s):
    days = s // 86400
    hours = s // 3600 % 24
    minutes = s // 60 % 60
    seconds = s % 60
    return [days, hours, minutes, seconds]

#接收输入的秒
times = int(input('输入要转换的秒:'))
results = convert_from_seconds(times)
print('{t}秒是{d}天{h}小时{m}分钟{s}秒'.format(t = times, d = results[0], h =
results[1],m = results[2], s = results[3]))
```

输入167890, 程序运行结果如图6-30所示。

控制台	绘图
167890秒是1天22小时38分钟10秒	

图 6-30 转换秒为时间

6.5 统计成绩函数

统计成绩函数的功能是根据给定的某个班级的某科成绩列表 scores, 统计大于指定分数线的人数。例如, 统计成绩大于 85 分以上的人数。

这个程序并不难, 相信各位读者可以做出来。这里使用这个例子讲述 Python 中的变量作用域。因此, 本程序的实现会用到全局变量、局部变量等知识。

6.5.1 变量作用域

变量的作用域决定在哪一部分程序可以访问哪个特定的变量名称。Python 的作用域一共有 4 种, 从小到大分别是 L(Local)局部作用域、E(Enclosed)闭包函数外的函数中、G(Global)全局作用域、B(Built-in)内建作用域。Python 以 L→E→G→B 的规则查找, 即若在局部作用域找不到, 就去局部作用域外的局部作用域找(例如, 函数外的调用者、闭包函数外的函数), 如果再找不到, 就去全局作用域找, 最后去内建作用域找。Python 的 4 个作用域见表 6-1。

表 6-1　Python 的 4 个作用域

作　用　域	英 文 解 释	英 文 简 写
局部作用域(函数内)	Local	L
外部嵌套函数的作用域	Enclosed	E
函数定义所在模块的作用域	Global	G
Python 内置模块的作用域	Built-in	B

6.5.2　局部变量和全局变量

1. 局部变量

在函数体里定义的变量,包括函数的形参,都是局部变量。局部变量只能在函数体里使用,在函数体外访问函数内的局部变量就会报错。因此,局部变量的作用域在函数内部。

2. 全局变量

和局部变量相对,全局变量是定义在模块内的变量,因此具有更大的作用域。若一个模块中包含函数,则模块中定义的变量为全局变量,函数中定义的变量为局部变量。若模块中定义了嵌套函数,则内层函数定义的变量是局部变量,外层函数定义的变量是对于模块来说是外层函数的局部变量,对于内层函数来说是闭包外的全局变量。

全局变量是公共变量,在函数内外都可以使用。看上去全局变量比局部变量使用起来方便,不需要考虑作用域可能带来的错误,但是优点恰恰就是缺点,因为所有代码都可以修改全局变量,因此,由全局变量带来的错误更难定位,也让程序变得更不安全。另外,全局变量在整个程序运行期间都会一直生存,会一直占着内存。一般建议编程时尽量少用全局变量。

注意:在函数内可以直接读取全局变量的值;若函数内的局部变量与全局变量重名,则局部变量遮盖全局变量,即函数内局部变量起作用;若在函数中对全局变量重新赋值,则需要先用 global 声明变量后再赋值;函数外的代码不可访问函数内的局部变量。

6.5.3　变量作用域举例

编程时,变量作用域会影响到我们到底能在多大范围访问程序中命名的变量。例如,在函数内部声明的变量,在函数外部是否能够访问?在模块中声明的变量,在函数内部是否能够访问?这些都和变量作用域有关。

下面以打招呼函数为例,说明程序中变量作用域对使用变量的影响。

1. 带参数的 say_hello()函数

【例 6-28】　带参数的 say_hello()函数。

```
def say_hello(name):                 #定义 say_hello()函数,此处 name 是形参,是局部变量
    name = 'zhangsan'
    print('Hello, ', name)           #输出局部变量 name 的值


name = '张三'                         #name 是模块内定义的变量
say_hello(name)                      #调用 say_hello()函数,此处 name 是实参


print('你好, ', name)                 #输出当前模块内的 name 变量
```

say_hello()函数接收实参 name 的值,在函数内对形参 name 重新赋值,这里形参和实参即使同名,也属于不同的变量。函数内定义的形参 name 是函数的局部变量,函数外定义的 name 变量是全局变量。由 Python 先局部后全局的变量查找顺序可知,say_hello()中 print('Hello, ', name)输出的是局部变量 name 的值。当从函数 say_hello()返回后,say_hello()中的 name 变量从内存中清除,在模块中 print('你好, ', name)将输出模块内变量 name 的值。程序运行结果如图 6-31 所示。

2. 不带参数的 say_hello()函数

【例 6-29】 不带参数的 say_hello()函数。

```
def say_hello():
    print('Hello, ', name)           #输出全局变量 name


name = '张三'                         #name 变量在模块中定义,为全局变量,在函数中可以访问
say_hello()                          #调用 say_hello()函数
print('你好, ', name)                 #输出全局变量 name
```

程序运行结果如图 6-32 所示。

控制台	绘图
Hello, zhangsan	
你好, 张三	

控制台	绘图
Hello, 张三	
你好, 张三	

图 6-31　带参数的 say_hello()函数　　　　图 6-32　不带参数的 say_hello()函数

模块中的变量为全局变量,在函数中也可以访问。但要注意的是,在函数中访问只是读取全局变量的值,在函数中不能直接对全局变量赋值。对全局变量赋值可参考例 6-30 和例 6-31。

3. 局部变量与全局变量

【例 6-30】 局部变量与全局变量示例。

```
def say_hello():
    name = 'zhangsan'                       #局部变量 name
    print('Hello, ', name)                  #输出局部变量 name


name = '张三'                                #模块内的 name 变量为全局变量
say_hello()                                 #调用 say_hello() 函数
print('你好, ', name)                        #输出全局变量 name
```

在函数内对 name 变量赋值时,Python 为函数重新定义函数内的局部变量 name,这一局部变量将遮蔽模块内的全局变量 name。

注意:一旦在函数内重新为与全局变量同名的变量赋值,则同名的全局变量就不能在函数内起作用了,因为此赋值将产生函数内的新局部变量。程序运行结果如图 6-33 所示。

4. global 命令

【例 6-31】 global 命令示例。

```
def say_hello():
    global name                             #将 name 变量声明为全局变量
    name = 'zhangsan'                       #对全局变量 name 重新赋值
    print('Hello, ', name)                  #输出全局变量 name 的值


name = '张三'                                #模块内的 name 变量为全局变量
say_hello()                                 #调用 say_hello() 函数
print('你好, ', name)                        #输出全局变量 name 的值
```

在模块内声明 name 变量,此为全局变量。进入 say_hello() 后,若要修改模块的 name 全局变量,则要先将 name 声明为 global,这样函数内的 name 变量也就是模块内的全局变量 name,在函数内修改 name 的值也就影响到模块的 print('你好, ', name)语句。程序运行结果如图 6-34 所示。

图 6-33　局部变量与全局变量　　　　　　图 6-34　global 命令示例

6.5.4　案例实现

本案例的实现涉及本节讲到的变量作用域,3 个变量 scores_num、grade、numbers 均在函数 total_score_numbers() 外定义,但在函数内都被访问到。其中 numbers 变量在函数内被重新赋值。

案例中,变量查找先在函数 total_score_numbers()内进行,若没有找到,则进一步在函数外的上层调用代码中查找。若要在函数 total_score_numbers()内修改外层变量的值,则须先将此变量声明为 global 类型。

1. 案例实现代码 1

```
def total_score_numbers():
    global numbers                              #声明 numbers 为全局变量
    for i in scores_num:                        #读取全局变量 scores_num
        if i >=grade:                           #使用全局变量 grade
            numbers += 1                        #为全局变量 numbers 重新赋值


#定义变量
scores = input('输入多个 0~100 的整数,用英文逗号分隔:').split(',')

#使用 map()函数将输入转换为数值列表
scores_num = []
scores_num = list(map(int, scores))
numbers = 0
grade = int(input('请输入统计分数线'))
total_score_numbers()                           #调用函数 total_score_numbers()
print('大于', grade, '分的学生数量为:', numbers)   #numbers 已在函数中赋值
```

输入 89、76、88 分别作为学生成绩,输入 85 作为统计分数线,程序运行结果如图 6-35所示。

控制台	绘图
大于 **85** 分的学生数量为:	**2**

图 6-35　统计成绩函数示例 1

2. 案例实现代码 2

上面的代码中,numbers 是不可变类型的数据。下面的代码在函数内将 scores_num 变量也定义为 global。

```
def sum_score_numbers():
    global numbers                              #声明 numbers 为全局变量
    global scores_num                           #声明 scores_num 为全局变量
    scores_num = [78,89,90,98,99]               #对 scores_num 重新赋值
    for i in scores_num:                        #使用全局变量 scores_num
        if i >=grade:                           #使用全局变量 grade
```

```
        numbers += 1                    #为全局变量 numbers 重新赋值
    #return numbers

#定义变量
scores = input('输入多个 0~100 的整数,用英文逗号分隔:').split(',')

#将输入转换为数值列表
scores_num = []
scores_num = list(map(int, scores))
numbers = 0
grade = int(input('请输入统计分数线'))
sum_score_numbers()                     #调用函数
print('大于', grade, '分的学生数量为:', numbers)
print(scores_num)
```

输入 3 个成绩 89、76、88 存入列表 scores_num 中,输入 90 作为统计分数线,在函数中将 scores_num 声明为全局变量,并对 scores_num 重新赋值,这将影响模块中 scores_num 的值。程序运行结果如图 6-36 所示。

控制台	绘图

大于 90 分的学生数量为:　3
全局变量scores_num的值:　[78, 89, 90, 98, 99]

图 6-36　统计成绩函数示例 2

3. 案例实现代码 3

```
def sum_score_numbers():
    global numbers                      #声明 numbers 为全局变量
    scores_num = [78,89,90,98,99]       #scores_num 为局部变量
    for i in scores_num:                #使用局部变量 scores_num
        if i >=grade:                   #使用全局变量 grade
            numbers += 1                #为全局变量 numbers 重新赋值
    #return numbers

#定义变量
scores = input('输入多个 0~100 的整数,用英文逗号分隔:').split(',')

#将输入转换为数值列表
scores_num = []
scores_num = list(map(int, scores))
numbers = 0
```

```
grade = int(input('请输入统计分数线'))
sum_score_numbers()                        #调用函数
print('大于', grade, '分的学生数量为:', numbers)
print('全局变量 scores_num 的值:', scores_num)
```

注意：一旦在函数内对列表 scores_num 重新赋值,在函数内就重新建立了局部变量 scores_num。

因此,模块内 scores_num 仍然是原来的值。输入 89、76、88 分别作为学生成绩,输入 90 作为统计分数线,程序运行结果如图 6-37 所示。

控制台	绘图

大于 **90** 分的学生数量为： 3
全局变量scores_num的值： [89, 76, 88]

图 6-37　统计成绩函数示例 3

4. 案例实现代码 4

```
def sum_score_numbers():
    global numbers                         #声明 numbers 为全局变量
    scores_num.append(90)                  #对可变类型数据进行元素添加
    for i in scores_num:                   #使用全局变量 scores_num
        if i >=grade:                      #使用全局变量 grade
            numbers += 1                   #为全局变量 numbers 重新赋值
    # return numbers

#定义变量
scores = input('输入多个 0~100 的整数,用英文逗号分隔:').split(',')

#将输入转换为数值列表
scores_num = []
scores_num = list(map(int, scores))
numbers = 0
grade = int(input('请输入统计分数线'))
sum_score_numbers()                        #调用函数
print('大于', grade, '分的学生数量为:', numbers)
print('全局变量 scores_num 的值:', scores_num)
```

此例中,scores_num 是模块内的全局变量,当在函数中对其添加元素时,并没有改变其作为全局变量的特点,只有赋值才会创建新变量。输入 89、76、88、91 分别作为学生成绩,输入 90 作为统计分数线,程序运行结果如图 6-38 所示。

```
控制台    绘图

大于 90 分的学生数量为： 1
全局变量scores_num的值： [89, 76, 88, 91]
```

图 6-38　统计成绩函数示例 4

6.6　用嵌套函数实现简易计算器

本案例要求实现两个不为零的整数的加、减、乘、除计算功能。程序运行时显示计算功能菜单选择界面，根据用户选择的计算功能进行两个数的相应计算。

本案例也不难，对于读者来说，都可以用各自的思路实现。这里使用这个案例讲解 Python 中的函数嵌套。

6.6.1　嵌套函数的定义

Python 语言是支持函数嵌套的，即在函数体内部可以嵌套定义子函数。例如，下面的代码定义了两层嵌套函数。

【例 6-32】 两层嵌套函数示例。

```
def func1():
    print('This is func1')

    def func2():
        print('This is func2')
```

函数 func2()函数 func1()的一部分，这种在一个函数内再定义其他函数的形式称为嵌套函数，可以形象地将 func1()称为父函数，将 func2()称为子函数。

6.6.2　嵌套函数的调用

下面的示例演示了嵌套函数的调用方式。

【例 6-33】 嵌套函数调用示例 1。

```
def func1():                                #定义 func1()
    print('This is func1')                  #func1()的输出

    def func2():                            #定义 func2()
        print('This is func2')              #func2()的输出

#在模块中调用 func1()
func1()                                     #调用 func1()
```

模块中的 func1() 表示调用 func1() 函数。func1() 函数包含一个输出语句和一个 func2() 函数的定义,可以看到程序只输出了 This is func1,说明 func2() 没有执行。前面说过,任意一个函数定义完成之后,如果没有通过名字调用它,它就永远不会执行。func1() 只是包含了 func2() 的定义,并没有调用 func2()。程序运行结果如图 6-39 所示。

【例 6-34】 嵌套函数调用示例 2。

下面的代码在 func1() 中增加了调用 func2() 的代码。

```
def func1():                          #定义 func1()
    print('This is func1')            #func1() 的输出

    def func2():                      #定义 func2()
        print('This is func2')        #func2() 的输出
    func2()                           #在 func1() 中调用 func2()

func1()                               #在模块中调用 func1()
```

程序运行结果如图 6-40 所示。

控制台	绘图
This is func1	

图 6-39 嵌套函数调用示例 1

控制台	绘图
This is func1	
This is func2	

图 6-40 嵌套函数调用示例 2

【例 6-35】 嵌套函数调用示例 3。

可以根据需要定义更多层的函数嵌套。

```
level = 'This is Level 0'             #定义模块的全局变量 level

def func1():                          #第 1 层
    level = 'This is Level 1'         #func1() 中的局部变量,func2() 的全局变量
    print(level)                      #输出 func1() 中的局部变量 level:level1

    def func2():                      #第 2 层
        level = 'This is Level 2'     #func2() 中的局部变量,func3() 的全局变量
        print(level)                  #输出 func2() 中的局部变量 level:level2

        def func3():                  #第 3 层
            print(level)              #输出 func2() 中的全局变量 level:level2
        func3()                       #在 func2() 中调用 func3()

    func2()                           #在 func1() 中调用 func2()

func1()                               #在模块中调用 func1()
```

上面的代码共定义了三层嵌套函数,一定要注意分辨局部变量和全局变量。在函数内引用变量时是从该函数内部一层一层地向外查找变量。程序运行结果如图 6-41 所示。

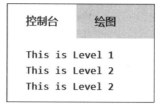

图 **6-41**　嵌套函数调用示例 **3**

6.6.3　案例实现

本案例通过定义的嵌套函数实现,外层函数为 calc(),其中包含 4 个子函数,add_num()、sub_num()、mul_num()和 div_num(),分别实现加、减、乘、除 4 个计算功能。

```python
def calc(calc_type, num1, num2):
    def add_num(x, y):
        return x+y
    def sub_num(x, y):
        return x-y
    def mul_num(x, y):
        return x * y
    def div_num(x, y):
        return (x/y if y!=0 else 'y is illegal: y==0')

    if calc_type ==1:
        return add_num(num1, num2)
    elif calc_type ==2:
        return sub_num(num1, num2)
    elif calc_type ==3:
        return mul_num(num1, num2)
    else:
        return div_num(num1, num2)

print('Menu:')
print('1:sum\n2:sub\n3:mul\n4:div\n')
calc_type = int(input('Enter the choice:'))
num1 = int(input('Enter the 1st number:'))
num2 = int(input('Enter the 2nd number:'))
print(calc(calc_type, num1, num2))
```

输入 12 和 2,选择除法 4,程序运行结果如图 6-42(a)所示,若输入 12 和 0,选择除法 4,程序运行结果如图 6-42(b)所示。其他计算方法由读者自行验证。

```
控制台        绘图              控制台        绘图

Menu:                          Menu:
1:sum                          1:sum
2:sub                          2:sub
3:mul                          3:mul
4:div                          4:div

计算结果为: 6.0               计算结果为: y is illegal: y==0
```

   (a) 输入12和2   (b) 输入12和0

图 6-42   简易计算器

6.7   用递归方法求 n 的阶乘

  计算 n 的阶乘公式为 $n!=1\times 2\times 3\times \cdots \times n$。可以使用前面学过的循环编程实现 n 的阶乘的计算。不过,这里要讲的是用递归的方法求 n 的阶乘。

6.7.1   递归函数

  前面讲过,函数可以在其内部调用其他函数。如果一个函数在其内部直接或间接调用它自己,那么这个函数就被称为递归函数。看下面的示例。

【例 6-36】   递归函数示例。

  下面的程序实现的功能是从用户输入的整数 num 开始,降序打印输出,直到 num 为 1。

```
def print_num(num):
    print(num)
    if num==1:
        return
    print_num(num-1)


print_num(int(input()))
```

  输入 5,程序运行结果如图 6-43 所示。

  上述代码中,模块内调用 print_num(n)函数,print_num(n)函数又调用了 print_num(num－1),print_num(num－1)再调用 print_num(num－2),以此类推,在自己调用自己的过程中,必须有一个结束自己调用的自己的条件,本例中是 if num ==1,当 if 为真时执行 return,便从调用处返回到上一级调用处,再从上一级调用处返回到上上一级调用处,这样逐层返

```
控制台        绘图

5
4
3
2
1
```

图 6-43   降序打印

回,直到返回到最初的模块调用处。

从这个示例中要理解递归的运行机制。递归就是某函数直接或间接地调用自己,并且每个递归函数都必须有一个明确的递归结束条件,这称为递归出口。

6.7.2　案例实现

思考如何用递归计算阶乘 $n! = 1 \times 2 \times 3 \times \cdots \times n$。假设函数 fact($n$) 是求 n 的阶乘的函数,那么有下面的式子:

$$\text{fact}(n) = n * \text{fact}(n-1)$$

即 n 的阶乘等于 n 乘以 $n-1$ 的阶乘,以此类推,$n-1$ 的阶乘等于 $n-1$ 乘以 $n-2$ 的阶乘,……,3 的阶乘等于 3 乘以 2 的阶乘,2 的阶乘等于 2 乘以 1 的阶乘,1 的阶乘等于 1。用公式可表示如下。

$\text{fact}(n) = n! = n * (n-1) * \cdots * 3 * 2 * 1 = n * (n-1)! = n * \text{fact}(n-1)$

$\text{fact}(n-1) = (n-1) * \text{fact}(n-2)$

……

$\text{fact}(3) = 3 * \text{fact}(2)$

$\text{fact}(2) = 2 * \text{fact}(1)$

$\text{fact}(1) = 1$

从上面的分析中,可以抽象出 $\text{fact}(n) = n * \text{fact}(n-1)$,当 $n=1$ 时,$\text{fact}(1) = 1$。

基于上面的分析,看下面的求 n 的阶乘的递归代码。

```
def fact(n):
    if n==1:
        return 1
    print('fact({n}) = {n} * fact({n} - 1)'.format(n=n))        #演示递归过程
    return n * fact(n - 1)


n = int(input("Enter a positive integer:"))
print('{0}的阶乘是:{1}'.format(n,fact(n)))
```

输入 6 作为 n 的值,程序运行结果如图 6-44 所示。

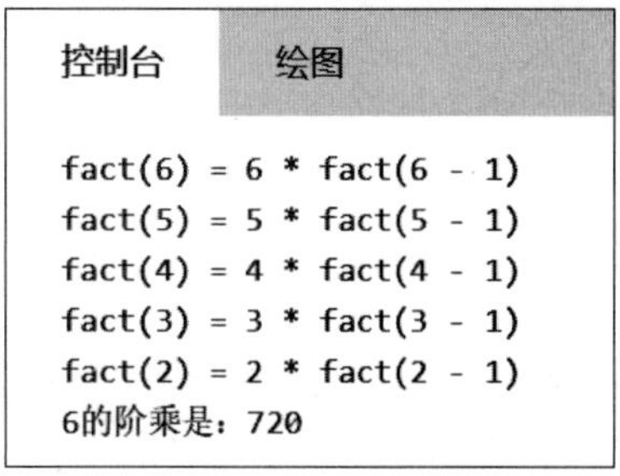

递归调用时会产生嵌套调用,即 fact(6) 要调用 fact(5),而 fact(5) 要调用 fact(4),fact(4) 要调用 fact(3),fact(3) 要调用 fact(2),fact(2) 要调用 fact(1),这样就形成了嵌套调用,当调用 fact(1) 时,fact(1) 返回计算结果 1,这样 fact(2) 就可计算出来,fact(2) 就会返回计算结果 2,然后 fact(3) 也可计算出来,fact(3) 就会返回计算结果 6,接着 fact(4) 返回 24,fact(5) 返回 120,fact(6) 返回 720。

控制台	绘图
fact(6) = 6 * fact(6 - 1)	
fact(5) = 5 * fact(5 - 1)	
fact(4) = 4 * fact(4 - 1)	
fact(3) = 3 * fact(3 - 1)	
fact(2) = 2 * fact(2 - 1)	
6的阶乘是: 720	

图 6-44　打印 n 的阶乘

递归函数的优点是定义简单,逻辑清晰。理论上,所有的递归函数都可以写成循环的方

式,但循环的逻辑不如递归清晰。不过,由于 Python 中递归的实现要用到栈,而栈的大小不是无限的,因此使用递归函数需要防止栈溢出。一般建议少用递归,因为递归效率不高,而且递归在 Python 中有最大递归层数的限制。

6.8 用匿名函数实现简易计算器

本节将使用匿名函数实现 6.6 节的简易计算器,根据用户输入的两个不为零的整数,返回计算结果。程序运行时显示计算功能菜单选择界面,根据用户选择的计算功能进行两个数的相应计算。

6.8.1 匿名函数

匿名函数是与 def 定义的函数相比较而言的,def 定义的函数是有名字的一段代码,而匿名函数是用 lambda 创建的一个表达式。lambda 表达式的语法格式如下。

```
lambda [parameter_list]: <expression>
```

其中,lambda 是必须有的关键字,表示定义 lambda 表达式。parameter_list 是可选的参数列表,可以定义无参的 lambda 表达式,也可以定义多参的 lambda 表达式,多个参数之间用英文逗号分隔。lambda 匿名函数将 expression 的计算结果返回。

【例 6-37】 匿名函数示例。

```
def func(): return True            #用 def 定义函数 func()

t = lambda : True                  #定义 lambda 表达式,并赋值给变量 t

print(func)                        #输出 func()的定义信息
print(t)                           #输出 t 的定义信息

print('func():', func())           #调用 func()函数,输出其执行结果
print('t():', t())                 #调用 t()函数,输出其执行结果
```

上面的代码中,def func(): return True 定义了一个只包含一行代码的函数 func(),Python 中当函数体只有一行代码时,可以直接将这行代码放在冒号后。代码 t = lambda : True 使用 lambda 定义了一个匿名函数,并将此匿名函数赋值给变量 t,即变量 t 指向此匿名函数。

Python 中一切都是对象,函数也是对象,函数名就是指向函数的变量,函数名变量引用了一个函数对象。从图 6-45 中 print(func) 和 print(t) 的输出可以看出,func 是 function 对象,lambda 表达式也是 function 对象。print('func(): ', func()) 和 print('t(): ', t()) 的输出结果一样,说明 func() 函数和 lambda 表达式的功能一样。

```
控制台        绘图

<function func at 0x7f13c07ade18>
<function <lambda> at 0x7f13c07ad8c8>
func(): True
t(): True
```

图 6-45　lambda 示例

对于 lambda 函数,要掌握以下要点:

- lambda 的主体只是一个表达式,不像 def 定义的函数可以拥有复杂的代码块,因此,只能在 lambda 表达式中封装有限的逻辑。
- lambda 函数拥有自己的命名空间,不能访问其参数列表之外的变量或全局命名空间里的变量。

6.8.2　匿名函数举例

下面给出一些 lambda 表达式的示例。

【例 6-38】　lambda 示例 1。

```
'''t1 是 lambda 表达式,t1(2,3)将 2 和 3 分别传递给 x 和 y,x * 2+y 计算后输出 7'''
t1 = lambda x,y: x * 2+y
print(t1(2,3))
```

【例 6-39】　lambda 示例 2。

```
'''功能:t2(2)只给 x 传递了值 2,y 使用了默认值,最后输出计算结果 7'''
t2 = lambda x,y=3: x * 2+y                    #y 使用了默认值
print(t2(2))
```

【例 6-40】　lambda 示例 3。

```
'''功能:* x 表示参数 x 可接收多个参数值,多个参数值被当作元组传入。最后输出元组('a',
'b')'''
t3 = lambda * x: x                            #不定长参数 * x,返回元组
print(t3('a','b'))
```

【例 6-41】　lambda 示例 4。

```
'''功能:**x 表示参数 x 可接收多个以关键字参数形式传入的参数,多个参数值被当作字典传入。
最后输出字典{'name': 'zhangsan', 'age': 18}'''
t4 = lambda **x: x                            #不定长参数 x,返回字典
print(t4(name='zhangsan', age = 18))
```

【例 6-42】 lambda 示例 5。

```
'''功能:输出两个数中的较大数,以下代码的输出结果为 20'''
t5 = (lambda x,y: x if x>y else y)(12,20)     #把匿名函数执行结果赋给 t5
print(t5)
```

【例 6-43】 lambda 示例 6。

```
'''功能:直接输出匿名函数的执行结果,以下代码的输出结果为 9'''
print((lambda x:x**2)(3))
```

【例 6-44】 lambda 示例 7。

```
'''功能:输出结果 5'''
def increment(n):
    return lambda x: x+n

f=increment(3)                    #调用 increment()函数,将 lambda x: x+n 返回给变量 f
print(f(2))
```

【例 6-45】 lambda 示例 8。

```
'''功能:输出结果 Hello!zhangsan! '''
def say_hello():
    action=lambda name: 'Hello!' + name
    return action

t = say_hello()                   #调用 say_hello()函数,将 action 返回给 t
print(t('zhangsan!'))             #输出 t('zhangsan!'),即输出 action('zhangsan!')
```

6.8.3 案例实现

本案例定义了列表 list1,其元素为 5 个 lambda 表达式,这 5 个表达式分别实现了加、减、乘、除以及求幂计算功能。模块中使用 print(list1[calc_type−1](num1,num2))命令调用匿名函数,其中 list1[calc_type−1]使用索引访问对应的列表元素,如 list1[4]返回 lambda x,y: x**y,(num1,num2)作为参数传给 lambda x,y: x**y 表达式中的参数 x 和 y。

```
list1 = [lambda x,y: x+y,
    lambda x,y: x-y,
    lambda x,y: x * y,
    lambda x,y: x/y if y!=0 else 'y is illegal: y==0',
    lambda x,y: x**y]

print('Menu:')
```

```
print('1:SUM\n2:SUB\n3:MUL\n4:DIV\n5:POWER\n')
print('Enter the choice:')
calc_type = int(input())
num1 = int(input('Enter the 1st number:'))
num2 = int(input('Enter the 2nd number:'))
print(list1[calc_type-1](num1, num2))
```

程序运行结果如图 6-46 所示。

(a) 输入6.0作为索引数据

(b) 输入6.0的运行结果

图 6-46 用匿名函数实现简易计算器

6.9 精彩实例

6.9.1 求列表之和

1. 案例描述

求两个列表对应元素的和,即将两个列表对应索引位置上的元素作算术相加后形成新的列表,例如: list_plus([1,2,3],[4,5,6]),结果为[5,7,9]。

2. 案例分析

对两个列表使用＋号的效果是将两个列表元素连起来成为一个新的列表,如[1,2,3]＋[4,5,6]的结果为[1,2,3,4,5,6]。这里要实现的 list_plus() 函数不同于这样的列表连接,它用于求两个列表对应元素的和,它会将两个列表对应索引位置上的元素作算术相加后形成新的列表。

3. 案例实现

```
def list_plus(list1, list2):
    list3 = []
    for i in range(len(list1)):
```

```
        list3.append(list1[i] + list2[i])
    return list3

print(list_plus([1,2,3],[4,5,6]))
```

程序运行结果如图 6-47 所示。

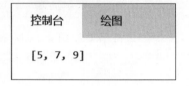

图 6-47　列表之和

6.9.2　判断是否为图片文件

1. 案例描述

完整的文件名由主文件名和扩展名组成，扩展名表示文件的类型。扩展名是文件名中最后 1 小数点后的一段字符，如 main.py 的扩展名是 py，logo.png 的扩展名是 png，book.docx 的扩展名是 docx。一个文件是否为图片，可以依据扩展名进行判断，主要的图片扩展名大概有 png、jpg、jpeg、gif、bmp、svg、ico 等。

要求实现一个函数，判断一个文件名是否包含上面所列的图片扩展名，如果包含，则视为图片文件，返回 True，否则返回 False。注意，扩展名不区分大小写，logo.gif 和 logo.Gif 是同一个图片文件。

2. 案例分析

定义 is_image_file() 函数完成文件类型的判断，首先判断文件名中是否包含"."，如果不包含，则说明该文件名不合法；如果包含，则继续判断该文件名是否是指定的图片扩展名。该函数将判断结果返回至调用模块，由调用模块进行相应的显示输出。

3. 案例实现

```
def is_image_file(filename):
    if '.' not in filename:
        return 'wrong filename'
    else:
        new_filename = filename[::-1]
        sp = new_filename.find('.')
        ext = new_filename[:sp]
        ext = ext[::-1].lower()
        if ext in ['png', 'jpg', 'jpeg', 'gif', 'bmp', 'svg', 'ico']:
            return True
        else:
            return False

f_name = input('Enter a filename:')
if is_image_file(f_name) ==True:
    print('{0} is a picture file.'.format(f_name))
```

```
elif is_image_file(f_name) ==False:
    print('{0} is not a picture file.'.format(f_name))
else:
    print('{0} is a wrong filename.'.format(f_name))
```

程序执行时,依次输入 aa.jpg、aa.docx、aa,程序运行结果如图 6-48 所示。

(a) 输入aa.jpg

(b) 输入aa.docx

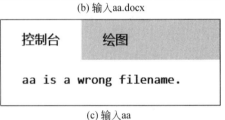

(c) 输入aa

图 6-48　判断是否为图片文件

6.9.3　判断输入的数是否为小数

1. 案例描述

本程序要求实现根据用户输入的数值判断其是否是小数。

2. 案例分析

判断输入的数是否为小数可以从以下 3 个方面进行:判断小数点个数;如果是正小数,小数点左边和右边都应该是纯数字;如果是负小数,小数点左边应以负号开头,其他部分是数字,小数点右边是数字。

3. 案例实现

```
def is_float(s):
    #s = str(s)
    if s.count('.') ==1:                              #判断小数点个数
        num_list =  s.split('.')
```

```
            print('从小数点处进行切片后的数据:', num_list)
            left = num_list[0]                              #小数点左边
            right = num_list[1]                             #小数点右边

            #isdigit()检测字符串是否只由数字组成
            #startswith()检查字符串是否以指定子串开头,若是,则返回 True,否则返回 False
            if left.isdigit() and right.isdigit():
                return 'This is a positive decimal'         #正小数
            elif left.startswith('-') and left.count('-') ==1 \
                and left.split('-')[1].isdigit() and right.isdigit():
                return 'This is a negative decimal'          #负小数
            else:
                return 'This is an illegal number'
        else:
            return 'This is an illegal number'

num = input('请输入:')
res = is_float(num)
print(res)
```

输入 12.25,程序运行结果如图 6-49 所示。其他输入情况请读者自行验证。

控制台	绘图

从小数点处进行切片后的数据: ['12', '25']
This is a positive decimal

图 6-49　判断小数

6.9.4　猴子吃桃

1. 案例描述

猴子第一天摘下若干个桃子,立即吃了一半,还不过瘾就多吃了一个。第二天早上又将剩下的桃子吃了一半,还是不过瘾又多吃了一个。以后每天都吃前一天剩下的一半再加一个。到第 10 天刚好剩一个。问猴子第一天摘了多少个桃子? 要求用递归算法求解。

2. 案例分析

要求第一天的桃子数量,可先求第二天的桃子数量,第一天和第二天的桃子数量存在下面的关系:

```
peach_num(1) = (peach_num(2)+1) * 2
```

以此类推,可以得到下面的公式:

```
peach_num(2) = (peach_num(3)+1) * 2
...
peach_num(9) = (peach_num(10)+1) * 2
peach_num(10) = 1
```

上面的推导公式满足使用递归的两个条件:调用自己和有一个明确的递归出口。

3. 案例实现

```
def peach_num(d):
    if d==10:
        return 1
    else:
        return (peach_num(d+1)+1) * 2

print('第1天的桃子数为{0}'.format(peach_num(1)))
```

程序运行结果如图 6-50 所示。

图 6-50　猴子吃桃

6.9.5　简易工资计算程序

1. 案例描述

某公司为了做好员工互动,计划将员工的工资信息以信函的形式进行打印输出。

2. 案例分析

本程序定义了两个函数:salary_sum()和 notice_info()。salary_sum()函数用来计算每个职工的工资总和 total,total＝salary＋bonus。notice_info()函数用来输出给职工的工资通知信息,该函数首先定义了输出格式字符串,然后用 format()进行格式输出。

3. 案例实现

```
#df是存储职工工资的字典
df = {'name':['张三','李四'],
    'age':[26,28],
```

```
        'job':['销售','财务'],
        'salary':[5000,5200],
        'bonus':[2000,500],
    }

#给 df 字典中添加 total 关键字
df['total'] = []

#给职工的感谢信
def notice_info():
    #定义输出的格式字符串
    template = """{name}先生(女士),您好!\n\n\
    这是{date}的工资条信息: {job}底薪￥{salary}\n\
    由于您当月出色的表现,公司决定奖励您￥{bonus}\n\
    当月工资总计￥{total}\n\

    希望兄弟(姐妹)继续为了公司加油~\n\n """
    for i in range(len(df['name'])):
        #格式化输出字符串 info
        info = template.format(name=df['name'][i], \
                    date='2019 年 12 月', job=df['job'][i],\
                    salary=df['salary'][i], \
                    bonus=df['bonus'][i], total=df['total'][i])
        print(info)

#计算职工的工资
def salary_sum():
    #计算工资
    for i in range(len(df['name'])):
        #给 df 中的 total 关键字添加对应的值列表
        df['total'].append(df['salary'][i] + df['bonus'][i])

    #调用给职工的感谢信,嵌套调用函数
    notice_info()

#调用函数求职工工资
salary_sum()
```

程序运行结果如图 6-51 所示。

控制台　绘图

张三先生(女士),您好!

这是2019年12月的工资条信息:销售底薪￥5000
由于您当月出色的表现,公司决定奖励您￥2000
当月工资总计￥7000

希望兄弟(姐妹)继续为了公司加油~

李四先生(女士),您好!

这是2019年12月的工资条信息:财务底薪￥5200
由于您当月出色的表现,公司决定奖励您￥500
当月工资总计￥5700

希望兄弟(姐妹)继续为了公司加油~

图 6-51　简易工资计算程序

6.10　本章小结

本章主要介绍了 Python 中函数的基础知识,包括用 def 定义的命名函数和用 lambda 定义的匿名函数。函数是 Python 中的重点知识,通过本章的学习,读者应该重点掌握函数的定义方法、调用方法、函数参数、返回值、变量作用域等内容,也要了解嵌套函数、递归函数等内容。

6.11　实战

实战一:计算 n 个自然数的立方和

编程实现计算 $1^3 + 2^3 + 3^3 + \cdots + n^3$ 的和。要求:
- 定义求和函数 sum Of Series(n)。
- 该函数有 1 个参数 n,表示自然数的个数。
- 该函数有 1 个返回值,返回自然数的立方和。
- 调用函数,使函数执行后输出:'和为:xx'。

例如,输入 15,输出结果如图 6-52 所示。

图 6-52　计算 n 个自然数的立方和

实战二:递归计算 $1/2 + 1/4 + \cdots + 1/n$

编写一个递归函数,当输入的 n 为偶数时,求 $1/2 + 1/4 + \cdots + 1/n$ 的和。

- 编写函数 even_sum(n)，接收一个参数 n，返回 $1/2+1/4+\cdots+1/n$。
- 模块代码负责接收一个正整数，调用函数 even_sum()，并将计算结果保留两位小数进行输出。

例如，输入 6，程序运行结果如图 6-53 所示。

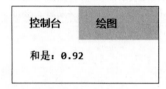

图 6-53　递归计算 $1/2+1/4+\cdots+1/n$

实战三：用循环实现计算

编写一个函数，当输入的 n 为偶数时，调用函数求 $1/2+1/4+\cdots+1/n$；当输入的 n 为奇数时，调用函数求 $1/1+1/3+\cdots+1/n$。

程序要求如下：

- 定义函数 peven(n)，接收偶数 n 作为输入参数，计算并返回 $1/2+1/4+\cdots+1/n$。
- 定义函数 podd(n)，接收奇数 n 作为输入参数，计算并返回 $1/1+1/3+\cdots+1/n$。
- 定义函数 dcall(fp,n)，接收参数 fp 和 n，fp 的取值为 peven 和 podd，peven 和 podd 表示要调用的函数名；n 表示输入的整数，根据 n 求和。
- 模块内接收 n 值，若 n 是偶数，则调用 dcall(peven，n)；若 n 是奇数，则调用 dcall (pod，n)，并输出求和的结果。

例如，输入 3，程序运行结果如图 6-54(a)所示；输入 6，程序运行结果如图 6-54(b)所示。

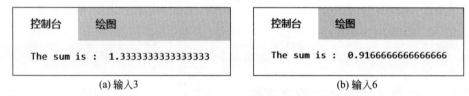

(a) 输入3　　　　　　　　　　　　　(b) 输入6

图 6-54　用循环实现计算

实战四：求两个正整数的最大公约数

按下面的要求完成程序，返回两个正整数的最大公约数。

- 定义函数 common_divisor(x，y)，该函数返回两个正整数的最大公约数；函数有两个参数，分别对应两个正整数；有 1 个返回值，代表求得的最大公约数。
- 模块代码负责从键盘接收输入、调用函数 common_divisor()，并输出结果：'两数的最大公约数为：xx'。
- 本程序假设用户输入的数都是正整数，对键盘接收的数据不用进行校验。

例如，输入 12、24 两个数，程序运行结果如图 6-55 所示。

控制台　　绘图

两数的最大公约数为：　12

图 6-55　两个正整数的最大公约数

实战五：线性查找

线性查找是按顺序检查列表中的每一个元素，直到找到所要寻找的特定值为止。请定义一个函数，其功能是线性查找列表中的元素。请按下面的要求实现。

- 定义函数 linear_searching(num_list，size，target)，接收参数 num_list、size、target，从 num_list 中查找 target，并返回查找结果。如果 target 在 num_list 中存在，则将 target 的索引位置返回；否则返回数字−1。
- 模块代码接收数据列表和要查找的数，并根据 linear_searching() 函数的查找结果进行相应的显示。

例如，在数据列表[1,2,3,12,−10]中查找−10，程序运行结果如图 6-56 所示。

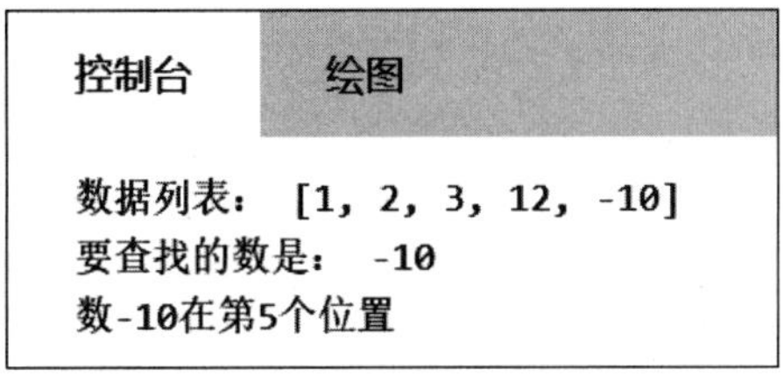

控制台　　绘图

数据列表：　[1, 2, 3, 12, -10]
要查找的数是：　-10
数-10在第5个位置

图 6-56　线性查找

第 7 章

函数的高级内容

第 6 章介绍了函数的基本内容，本章将为读者进一步讲解函数的高级内容。这些内容包括 Python 的高阶函数、闭包、装饰器以及 3 个内置高阶函数。

7.1　计算矩形的面积和周长

计算矩形的面积和周长,相信各位读者能够用前面章节的各种方法实现。本节将使用高阶函数实现矩形的面积和周长的计算。

7.1.1　高阶函数

高阶函数在 Python 语言中有广泛的应用。只要满足以下任一条件,都是高阶函数:
- 函数接收的参数是函数名。
- 函数返回的是函数名。

函数名怎么能作为参数或返回值呢? Python 中函数名也是变量。例如,定义一个 func1()函数,若其参数接收另一个函数名作为它的参数,则这个 func1()函数称为高阶函数;定义一个函数 func2(),若其返回值是另一个函数名,则这个 func2()函数称为高阶函数;定义一个函数 func3(),若其参数中包含其他的函数名,其返回值也是一个函数名,则这个 func3()函数也是高阶函数。

7.1.2　高阶函数示例

下面举例说明 Python 中的高阶函数。

1. 参数为函数的高阶函数

看下面的两个示例。

【例 7-1】　Python 内置函数 abs()作为高阶函数的参数。

```
def func1(num, fn):
    return(fn(num))


print(func1(-3, abs))
```

abs()是 Python 中求绝对值的函数,它作为 func1()函数的实参传递给形式参数 fn,在

func1()中计算 num 的绝对值。这个示例中,func1()函数是高阶函数。

运行程序,输出结果为 3。

【例 7-2】 自定义函数作为高阶函数的参数。

```python
def fn(num):
    return sum(num)

def func1(num, fn):
    return(fn(num))

n = [1,2,3]
print(func1(n, fn))
```

此示例中,func1()函数是高阶函数,参数 fn 是指向 fn()函数的函数变量。运行程序,输出的结果是整数 6。

2. 返回值为函数的高阶函数

通过下面的示例理解高阶函数。

【例 7-3】 返回值为函数的高阶函数。

```python
def fn():
    n = [1, 2, 3]
    return sum(n)

def func1():
    return fn

f = func1()
print(f())
```

前面讲过,Python 中函数名也是变量,每个函数变量指向对应的函数对象,此程序中的 fn 就是指向 fn()函数的变量。代码 f=func1()调用 func1()函数后返回 fn,并将 fn 赋值给 f,此时变量 f 指向函数 fn()。print(f())表示调用 f()并将其返回结果输出。

运行程序,输出的结果也为 6。

这几个示例都是比较简单的自定义高阶函数,本章接下来的内容中将涉及闭包,闭包和高阶函数相结合的内容,可以写出功能更丰富、强大的代码。

7.1.3 案例实现

本案例在实现求解矩形的面积和周长时,首先定义了菜单项,当用户输入 1 表示求矩形面积,输入 2 表示求矩形周长。程序定义了 calc()函数,此函数接收一个参数 c_type,其值可为 area 或 circumference,注意,这是两个字符串类型的值;calc()函数使用 return 命令返回内部函数名。由于 c_type 的值是字符串,因此使用 eval()函数去掉该字符串的引号。

案例的完整代码如下所示。

```
def calc(c_type):
    def area(x, y):
        return x * y                    #求面积
    def circumference(x, y):
        return 2 * (x+y)                 #求周长
    return eval(c_type)                  #返回内部函数名


#定义菜单字典
menu = {1:'area', 2:'circumference'}
#输出菜单项
print('Menu:')
print('1:sum\n2:sub\n3:mul\n4:div\n')
#接收用户的菜单选择
calc_type = int(input('Enter the choice:'))
#矩形的长和宽
length, weigth = 10, 20
#调用函数 calc()并输出结果
m = calc(menu[calc_type])

print('{0} is {1}'.format(menu[calc_type], m(length, weigth)))
```

分别输入 10 和 20,程序运行结果如图 7-1(a)和图 7-1(b)所示。

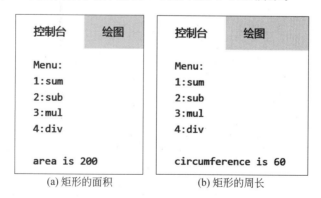

(a) 矩形的面积　　　　　　　　　　(b) 矩形的周长

图 7-1　矩形的面积和周长

7.2　用闭包实现矩形面积和周长的计算

本案例依然采用 7.1 节的案例,整体程序变化不大,主要变化是在嵌套函数中形成了闭包。

7.2.1 闭包

闭包在函数式编程中有着广泛的应用。在第 6 章学习了嵌套函数，如果在一个函数的内部定义了另一个函数，可以把外面的函数称为外部函数、外函数或父函数，嵌套在里面的函数称为内部函数、内函数或子函数。如果内部函数使用了外部函数的局部变量，此时内部函数就构成了一个闭包，又称闭合函数。

从上面的叙述中可以总结出闭包的要求：

- 必须有嵌套函数。
- 嵌套函数中，内部函数引用外部函数中定义的局部变量或参数。

满足上述两条要求的内部函数形成了闭包。闭包可以用来在一个函数与一组"私有"变量之间创建关联关系。在给定函数被多次调用的过程中，这些私有变量能够保持其持久性。

为了更好地理解闭包，先看如下示例。

【例 7-4】 闭包概念示例 1。

```
def  outer_func():                        #嵌套函数的外部函数
    sum1=0                                #外部函数的局部变量 sum1
    def  inner_func(num):                 #嵌套函数的内部函数
        return sum1+num                   #使用了外部函数的局部变量 sum1
    print('inner_func的闭包属性值:', inner_func.__closure__)

outer_func()                              #调用 outer_func()函数
```

以上代码有如下特征：

- 实现了函数的嵌套定义，外部函数为 outer_func()，内部函数为 inner_func()。
- 在内部函数 inner_func()中使用了外部函数的变量 sum1。

符合上述特征的 inner_func()函数形成了闭包。当 inner_func()函数引用了父函数的 sum1 变量时，形成了闭包，Python 按照 L->E 的规则先在 inner_func 作用域中（L）查找 sum1，查找失败后继续在上层函数 outer_func()的作用域里（E）寻找。

inner_func.__closure__是函数的闭包属性，如果该函数是闭包，则该属性以元组的形式返回这个闭包所有的外部变量，每个外部变量对应一个 cell 对象；如果该函数不是闭包，则该属性返回 None。

程序运行结果如图 7-2 所示。

控制台	绘图

inner_func的闭包属性值: (<cell at 0x7fb117f17768: int object at 0x7fb13f6ea460>,)

图 7-2 闭包概念示例 1

例 7-4 所写的代码与在第 6 章中所学的嵌套函数不同，对于初学者来说，理解闭包有一定的难度。接下来再看一个示例。

【例 7-5】 闭包概念示例 2。

```
def say_hello(name):
    def hello_printer():
        print ('Hello!', name)              #name 为闭包 string 类型的外部变量
    print('内部函数 printer 的闭包属性值:\n', hello_printer.__closure__)
    return hello_printer                    #返回闭合函数,包含函数自身和一个外部变量

printer = say_hello('John')
printer()
```

name 是外部函数 say_hello() 的参数,其作用域属于 say_hello() 函数内。hello_printer() 函数使用了 name 变量,形成了闭包。say_hello() 函数返回 hello_printer 函数名,因此 say_hello() 函数在这里是一个高阶函数。

printer = say_hello('John') 是一条赋值命令,先调用 say_hello() 函数,将参数'John'传递给形参 name,say_hello() 函数的 return hello_printer 命令返回闭包 hello_printer,此闭包封装了 name 的值 John。接着执行赋值,将 printer 变量指向闭包 hello_printer。

最后一行 printer() 表示调用 hello_printer(),输出"Hello! John"。

程序运行结果如图 7-3 所示。

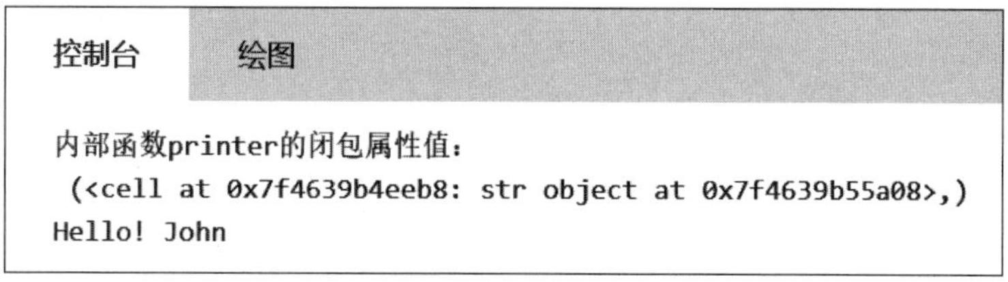

控制台　　绘图

内部函数printer的闭包属性值:
 (<cell at 0x7f4639b4eeb8: str object at 0x7f4639b55a08>,)
Hello! John

图 7-3 闭包概念示例 2

闭包要求内部函数要使用外部函数的变量,在接下来的示例中,内部函数没有使用外部函数的变量,因此内部函数没有形成闭包。

【例 7-6】 非闭包示例。

```
def make_printer():
    def printer():
        print ('msg')                       #夹带私货(外部变量)
    print('内部函数 printer 的闭包属性值:', printer.__closure__)
    return printer                          #返回的是函数,带私货的函数

printer = make_printer()
printer()
```

程序运行结果如图 7-4 所示,可以看到 printer.__closure__ 的属性值为 None,说明 printer 函数不是闭包。

内部函数printer的闭包属性值： None
msg

图 7-4　非闭包示例

7.2.2　闭包的作用域

在第 6 章讨论了变量的作用域，Python 是以 L→E→G→B 的规则查找变量的。第 6 章中还重点讲解了局部变量 L 和全局变量 G 的作用域。本节的内容会涉及 E 这个作用域。

下面看一个示例，该示例演示了嵌套函数的作用域。内层函数作用域仅限于外层函数体内，如果在外层函数体外调用其嵌套的内层函数，就会超出嵌套函数的作用域。

【例 7-7】　嵌套函数的作用域示例。

```
def  outer_func():                     #外部函数
    sum1=0                             #外部函数的局部变量 sum1
    def  inner_func(num):              #内部函数
        return sum1+num                #使用了外部函数的局部变量 sum1

    print(inner_func(2))               #调用内部函数并输出其返回值

print(inner_func(2))                   #调用 outer_func()函数的内部函数
```

例 7-7 与例 7-4 相仿，但例 7-4 是在模块中调用嵌套函数的外部函数 outer_func()，而例 7-7 是在模块中调用嵌套函数的内部函数 inner_func()。由于 inner_func()函数定义在 outer_func()函数中，所以 inner_func()函数的作用域仅在 outer_func()中，在 outer_func()中调用 inner_func()函数是没有错误的，但在模块中直接调用 inner_func()函数会出错。运行例 7-7，会出现如图 7-5 所示的错误。

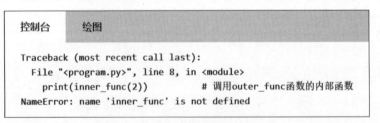

图 7-5　嵌套函数调用的出错信息

此错误说明，在 outer_func()函数体外调用 inner_func()函数是非法的，因为在 outer_func()函数体外调用 inner_func()函数已经超越了 inner_func()函数的作用域。

那么，如何利用闭包在模块的全局范围内调用嵌套函数的内部函数呢？以例 7-4 为基础，看下面的示例。

【例 7-8】　利用闭包扩大局部变量和内部函数的作用域。

```
def  outer_func():                       #外部函数
    sum1=0                               #外部函数的局部变量 sum1
    def  inner_func(num):                #内部函数
        return sum1+num                  #使用了外部函数的局部变量 sum1
    return inner_func                    #外部函数的返回值是内部函数

m = outer_func()                         #调用 outer_func()
print(m(2))
```

在代码 m＝outer_func()中,首先调用 outer_func()把 outer_func()函数内部定义的
inner_func 函数变量返回给调用者,接着调用者将 inner_func
指向的函数内存地址赋值给 m 变量,即 m 变量也指向
inner_func()函数;在最后一行代码中,m(2)表示调用 m 所引
用的 inner_func()函数。程序运行结果如图 7-6 所示。

下面对例 7-8 的闭包作用域进行解释。inner_func()函数

控制台	绘图
2	

图 7-6　闭包作用域示例

中使用了 outer_func()函数的局部变量 sum1,局部变量 sum1
在 outer_func()函数执行完成后就被销毁了。当在模块中直接调用内部函数 inner_func()
时,虽然变量 sum1 定义在 inner_func()函数之外,但此时 sum1 已被封闭在闭包中,sum1
成为 inner_func()函数的环境变量。当 inner_func 函数名作为 outer_func()函数的返回值
时,变量 sum1 的取值已经和 inner_func()函数绑定在一起,也就是说,外部函数 outer_func()
和内部函数 inner_func()绑定的变量 sum1 的值已经没有关系。在这种情况下,inner_func()
函数和它的环境变量(或称自由变量)sum1 构成了一个封闭的包。闭包是一个独立的运行
环境,不受外部环境的影响和约束。

综上所述,有了闭包,就可以突破局部变量和嵌套函数的作用域限制,在更大的范围内
使用局部变量和调用嵌套在函数内部的内部函数。当外部函数在执行结束时发现自己的局
部变量在内部函数中使用,就会把这个局部变量绑定给内部函数,形成闭包,然后再结束自
己的生命期。另外,在 Python 中使用闭包还可以避免使用全局变量而导致的数据泄露。闭
包可使数据以私有成员的特性长期驻扎在内存中,从而很好地保证数据的安全性。

前面示例所形成的闭包都仅是读取外层函数的局部变量,Python 中外层函数的局部变
量在内层函数的局部作用域内只有只读(read-only)的访问权限,如果想在闭包内改变自由
变量的值,该如何做呢？ 请看下面的示例。

【例 7-9】　在闭包中改变外层函数的变量值。

```
def outer_func():
    x = 10
    def inner_func():
        nonlocal x                       #声明 x 是外层函数作用域中的变量
        x += 1
```

```
        print('x的值是:', x)
        #(1)
        print('inner_func的外部变量包括:\n', inner_func.__closure__)
        #(2)
        print('inner_func的第1个外部变量是:', inner_func.__closure__[0].cell_
contents)
        #(3)
        print('inner_func的第2个外部变量是:', inner_func.__closure__[1].cell_
contents)
    return inner_func
fn1 = outer_func()


fn1()
```

此示例使用 nonlocal 声明变量 x 是当前作用域的外层作用域中的变量 x,则 x ＋＝1 的赋值便是在原有的 10 的基础上进行的累加,因此程序运行后输出结果是 11,如图 7-7 所示。

```
控制台    绘图

x的值是:  11
inner_func的外部变量包括:
 (<cell at 0x7f8765210a8: function object at 0x7f878657dea0>, <cell at 0x7f8786521198: int object at 0x7f87add885c0>)
inner_func的第1个外部变量是:  <function outer_func.<locals>.inner_func at 0x7f878657dea0>
inner_func的第1个外部变量是:  11
```

图 7-7　在闭包中改变外层函数的变量值

例 7-9 中标号(1)～(3)这 3 条 print 命令输出了 inner_func()函数的闭包属性值。inner_func.__closure__以元组的形式返回了闭包中的所有外部环境变量,从图 7-7 中可以看出共有两个外部变量:inner_func.__closure__[0].cell_contents 返回了元组的第 1 个元素的内容,也就是 inner_func()函数的内存地址;inner_func.__closure__[1].cell_contents 返回了元组的第 2 个元素的内容,也就是外部变量 x 的值,这个值是 11。

7.2.3　使用闭包的注意事项

在 Python 中使用闭包时需要注意以下两个问题。
- 由于闭包的使用,外部函数中的变量会长期驻留在内存中,增大内部函数的开销。示例如下。

【例 7-10】　闭包示例 1。

```
def outer_func():
    sum1 = 10
    def inner_func():
        return sum1 + 1
    return inner_func
```

```
#每次外部函数执行的时候,Python 会为外部函数分配不同的内存地址
m1 = outer_func()                        #第 1 次执行外部函数,m1 指向 inner_func()函数
print('The memory address of m1', m1) #m1 所指函数对象的内存地址
print('1->m1->', m1())                   #第 1 次调用 inner_func()函数
print('2->m1->', m1())                   #第 2 次调用 inner_func()函数
```

程序运行结果如图 7-8 所示。可以看到,两次调用 m1 的结果都是输出 11,这个输出是
inner_func()函数将 sum1+1 返回的结果,sum1 是闭包 inner_func()的环境变量,即使
sum1 所属的 outer_func()函数已经从内存中销毁,但 sum1 却一直维持在内存中。

控制台	绘图

```
The memory address of m1 <function outer_func.<locals>.inner_func at 0x7f8d55af1158>
1->m1-> 11
2->m1-> 11
```

图 7-8　闭包示例 1

- 闭包函数中应尽量避免使用外部函数中的循环变量。示例如下。

【例 7-11】　闭包示例 2。

```
def outer_func( * args):
    def inner_func():
        return i * i

    for i in range(3):
        print('outer_func 函数循环变量的输出', i)
  f   return inner_func

fs1 = outer_func()
print('闭包 inner_func 的输出:', fs1())
```

程序运行结果如图 7-9 所示。

控制台	绘图

```
outer_func函数循环变量的输出 0
outer_func函数循环变量的输出 1
outer_func函数循环变量的输出 2
闭包inner_func的输出: 4
```

图 7-9　闭合函数使用外部函数中的循环变量

分析这段程序,fs1=outer_func()命令将返回闭包 inner_func(),inner_func()中封装了
外部函数 outer_func()的变量 i,而 i 是 outer_func()的循环变量,闭包中的 i 值到底是多少
呢? 注意 fs1=outer_func()命令,此命令先调用 outer_func(),此调用会启动 outer_func()

的执行,当 outer_func() 执行完循环时,变量 i 的值是 2,这可以从图 7-9 的循环变量输出中看到,outer_func() 函数最后执行 return inner_func 命令返回指向闭包的函数变量 inner_func。此时闭包中封装的环境变量 i 的值是 2,因此,最后调用 inner_func() 函数输出的结果是 2 * 2,即 4。

注意:像例 7-11 这样的代码并没有错,但在可读性上较差,应尽量避免使用。

7.2.4 案例实现

此程序的功能和 7.1.3 节程序的功能相同。这里使用闭包实现。注意,length 和 weigth 变量在 calc() 函数中定义,并被 area() 函数和 circumference() 函数引用,从而形成闭包。程序中输出闭包属性的代码也可应用于 7.1.3 节的程序中,当一个函数不是闭包时,它的__closure__属性返回 None。

完整的程序代码如下所示。

```python
def calc(c_type):
    #矩形的长和宽
    length, weigth = 10, 20
    def area():
        return length * weigth       #求面积,length 和 weigth 是上层函数的内部变量
    def circumference():
        return 2 * (length + weigth) #求周长,length 和 weigth 是上层函数的内部变量
    print('-' * 20)
    #area()函数形成闭包
    print('area 函数的闭包属性:', area.__closure__)
    #circumference()函数形成闭包
    print('circumference 函数的闭包属性:', circumference.__closure__)
    print('-' * 20)
    return eval(c_type)()            #返回内部函数的值(计算结果)


#定义菜单字典
menu = {1:'area', 2:'circumference'}
#输出菜单项
print('Menu:')
print('1:sum\n2:sub\n3:mul\n4:div\n')
#接收用户的菜单选择
calc_type = int(input('Enter the choice:'))

#调用函数 calc()并输出结果
m = calc(menu[calc_type])
print('\n{0} is {1}'.format(menu[calc_type], m))
```

输入 2,程序运行结果如图 7-10 所示。

170

```
控制台      绘图

Menu:
1:sum
2:sub
3:mul
4:div

--------------------
area函数的闭包属性: (<cell at 0x7f985cf3fd98: int object at
0x7f988471d5a0>, <cell at 0x7f985cf3fd68: int object at 0x7f988471d6e0>)
circumference函数的闭包属性: (<cell at 0x7f985cf3fd98: int object at
0x7f988471d5a0>, <cell at 0x7f985cf3fd68: int object at 0x7f988471d6e0>)
--------------------

circumference is 60
```

图 7-10　用闭包实现矩形面积和周长的计算

7.3　用装饰器模拟用户身份验证

　　用户登录身份验证功能非常常见,很多软件功能都需要用户登录后才能使用。例如,在购物网站中,用户可以直接登录后再浏览;也可以先浏览选购,下单时再登录;还可以在单击类似"我的信息"这样的功能时进行软件登录。因此,登录可能会被不同的程序功能进行调用。本案例将实现一个模拟登录的装饰器函数,再用此装饰器函数装饰需要登录的程序。

　　本案例的实现将用到 Python 中的高级函数——装饰器,本节将重点介绍装饰器的相关内容。

7.3.1　装 饰 器

　　在讲装饰器之前,先复习一个内容。Python 中一切都是对象,函数也是对象,函数名是指向函数对象的变量。请看以下相关示例。

　　【例 7-12】　函数名变量示例 1。

```
def funB():
    return 1+1

print(funB)                              #funB 变量指向 funB()函数
print('funB 变量类型是:', type(funB))

funB = 10
print(funB)
print('funB 变量类型是:', type(funB))
```

程序运行结果如图 7-11 所示。从图中可以看出,funB 变量一开始指向函数,其变量类型是 function;后续代码重新给 funB 变量赋值 10,则 funB 变量类型变成 int。这段代码说明,函数名在 Python 中就是一个变量,可以根据需要重新赋值。理解了这一点,就可以帮助读者理解装饰器。

控制台	绘图

```
<function funB at 0x7f803d13fa60>
funB变量类型是: <class 'function'>
10
funB变量类型是: <class 'int'>
```

图 7-11　函数名变量示例 1

再看一个示例。

【例 7-13】　函数名变量示例 2(见图 7-12)。

```
#定义函数 funA()
def funA(fn):
    fn()                          #执行传入的 fn()
    return 'We all love Python!'

#定义函数 funB()
def funB():
    print('I love Python!')

#funB 作为 funA()的参数,调用 funA(),并将返回值赋给 funB
funB = funA(funB)                 #要注意此行代码
#输出 funB 的值
print(funB)
```

这段代码定义了两个函数,funA()函数有一个函数类型的参数 fn,并且在其函数体内调用传入的 fn()函数。另外一个函数 funB()可以根据需要构建其功能,这里仅是一条字符串输出命令。注意程序的倒数第 3 行代码,这段代码调用 funA()函数,传入 funB 实参,这样就会在 funA()函数中执行 funB()函数,最后将 funA()的返回值赋给变量 funB。这里需要注意,Python 中函数名也是变量,可以被重新赋值。

控制台	绘图

```
I love Python!
We all love Python!
```

图 7-12　函数名变量示例 2

上面这段代码可以改成装饰器的写法,请看下面的示例。

【例 7-14】　装饰器示例 1。

```
#定义函数 funA()
def funA(fn):
```

```
    fn()                                    #执行传入的 fn()
    return 'We all love Python!'

#用 funA()函数装饰器装饰函数 funB()
@funA
def funB():
    print('I love Python!')

#输出 funB 的值
print(funB)
```

例 7-14 和例 7-13 的程序功能完全等价。比较例 7-14 和例 7-13,看哪些代码发生了变化? 可以看到,两个函数 funA()和 funB()依然都在代码中定义了,而且定义的内容也相同。唯一发生变化的是例 7-13 中的 funB＝funA(funB)被例 7-14 中放置在 funB()函数定义前的@funA 取代。而@funA 表示的是用 funA()函数装饰 funB()函数,此时 funA()函数就叫函数装饰器。@funA 对 funB 的装饰作用,等价于 funB＝funA(funB),即相当于 Python 底层执行了如下两步操作:

(1) 将 funB 作为参数传给 funA()函数。

(2) 将 funA()函数执行完成的返回值赋给 funB。

函数 funB()的功能原本只能输出"I love Python!",但被@funA 修饰后,其不再是原来的函数,而是被替换成新的内容,替换的内容取决于装饰器 funA()的返回值,如果装饰器函数的返回值为普通变量,那么被修饰的函数名就变成了变量名,此例就属于这种情况;如果装饰器返回的是一个函数名,怎么使被装饰的函数名依然指向一个函数呢? 继续看装饰器的示例。

【例 7-15】 装饰器示例 2。

```
#定义函数 funA()
def funA(fn):
    fn()                                    #执行传入的 fn()
    print('We all love Python!')
    def funC():
        return "Let's study Python."
    return funC

#用 funA()函数装饰器装饰函数 funB()
@funA
def funB():
    print('I love Python!')

#调用 funB(),此时 funB 指向 funC()
print(funB())
print('funB:', funB)
```

装饰器函数 funA() 返回函数 funC()，因此被 funA() 装饰的函数 funB() 被赋值为 funA() 的返回值，即 funB 指向函数 funC()。调用 funB() 函数便是执行 funC() 函数，因此 print(funB()) 输出 "Let's study Python."。

程序运行结果如图 7-13 所示。

```
控制台        绘图

I love Python!
We all love Python!
Let's study Python.
funB:  <function funA.<locals>.funC at 0x7f6a98820a60>
```

图 7-13　装饰器示例 2

下面的示例结合了闭包和装饰器。

【例 7-16】　装饰器示例 3。

```
def funA(fn):
    num1=10
    def  funC():
        num2 = 2
        print('num1=',num1, ', num2=',num2, ', num1 + num2 =', num1+num2)
        fn()
    return funC

#用 funA() 函数装饰器装饰函数 funB()
@funA
def funB():
    print('I love Python!')

#调用 funB()，此时 funB 指向 funC()
print('funB 指向:', funB)
funB()
```

用装饰器函数 funA() 装饰函数 funB() 后，funB 变量指向了 funA() 返回的函数 funC()，这一点在前面的示例中已经了解。下面分析此示例。最初 funB() 函数只有一行打印语句，输出 "I love Python!" 字符串，但是被装饰后 fn 指向 funB()，funB 指向 funC() 函数，此时变量与函数的关系如图 7-14 所示。从图中可知，最初 funB 变量指向的函数只有一行代码，经过装饰后，funB 指向的函数变成 3 行代码，其中包括最初 funB 所指函数的那行代码，那行代码所在的函数现在由 fn 变量所指向。

最终，例 7-16 的运行结果如图 7-15 所示。

简单地说，funB() 函数被装饰器 funA() 修饰后，funB 就被赋值为 funC。这意味着，虽然在程序中显式调用的是 funB() 函数，但其实执行的是装饰器中嵌套的 funC() 函数。

现在调用 funB() 所执行的功能比最初定义的功能变多了，那就相当于扩展了函数的功

fn
def funB():
print('I love Python!')
funB
def funC():
num2=2
print('numl=',numl,',num2=',num2,',num1+num2=',num1+num2)
fn()

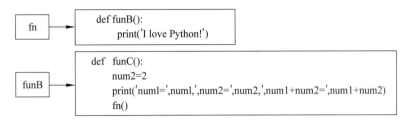

图 7-14　例 7-16 中的变量与函数的关系

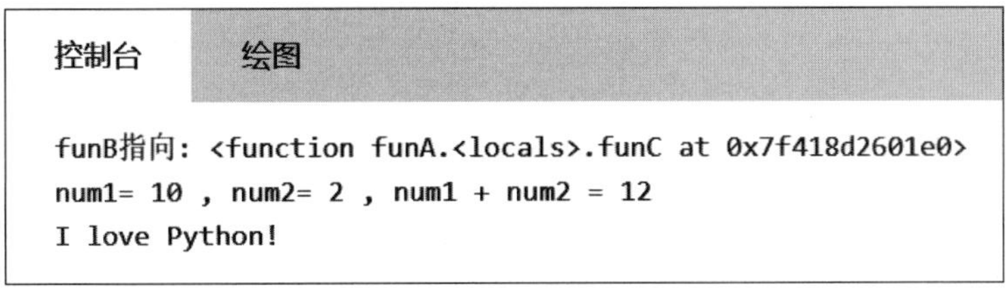

控制台
绘图
funB指向: <function funA.<locals>.funC at 0x7f418d2601e0>
num1= 10 , num2= 2 , num1 + num2 = 12
I love Python!

图 7-15　装饰器示例 3 的运行结果

能。而装饰器的作用正在于此。所谓装饰器，就是通过装饰器函数，在不修改被装饰函数的前提下对函数的功能进行合理的扩充。

简单总结一下装饰器。装饰器其实是一种高阶函数，它接收的参数中包含了函数名。装饰器同时也是嵌套函数，在它的代码中要调用扩充功能后的函数。实际应用中，更多的装饰器还会返回函数，可能装饰器的内嵌函数还会有闭包。上述这些概念都必须弄清楚，这样就可以看懂更多的复杂代码，写出功能更强的程序。

7.3.2　装饰器应用举例

1. 装饰有参函数

【例 7-17】　使用装饰器装饰有参函数示例。

```
import math                                    #导入 math 模块,其中包含了 pow()
def funA(fn):
    def funIn(x):
        fn(x)
    return funIn
@funA
def funB(x):
    print("2 的{0}次方是:{1}".format(x, pow(2,x)))

funB(3)
```

funB 被 funA 装饰，等价于执行了 funB＝funA(funB)，变量与函数的关系如图 7-16 所示。

最后一行 funB(3)执行时，相当于执行 funIn(3)，funIn(3)执行时调用 fn(3)，程序运行

结果如图 7-17 所示。

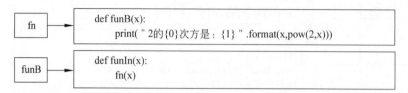

图 7-16　例 7-17 中的变量与函数的关系

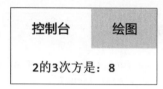

图 7-17　例 7-17 程序运行结果

2. 装饰有返回值的函数

【例 7-18】　使用装饰器装饰有返回值的函数示例。

```python
import math
def funA(fn):
    def funIn():
        result = fn()
        print(result)
    return funIn
@funA
def funB():
    x = int(input('输入一个数:'))
    print("{0}的{0}次方是:".format(x))
    return pow(x,x)

funB()
```

同样,funB 被 funA 装饰,等价于执行了 funB＝funA(funB),变量与函数的关系如图 7-18
所示。

def funB():
　x=int(input('输入一个数:'))
　print(" {0}的{0}次方是：".format(x))
　return pow(x,x)

def funIn():
　result=fn()
　print(result)

fn → def funB

funB → def funIn

图 7-18　例 7-18 中的变量与函数的关系

176

注意：由于函数被装饰后，变量指向发生了变化，此时带回返回值的是 fn 所指的函数 funB()。

【例 7-19】 用同一个装饰器装饰两个不同的函数。

```
import math
def funA(fn):
    def funIn(x):
        result = fn(x)
        print(result)
    return funIn

x = int(input('输入一个数:'))
@funA
def funB(x):
    print("{0}的{0}次方是:".format(x))
    return pow(x,x)

@funA
def funC(x):
    print("{0}和{0}的和是:".format(x))
    return x + x
funB(x)
funC(x)
```

funB 被 funA 装饰，等价于执行了 funB＝funA(funB)，funC 被 funA 装饰，等价于执行了 funC＝funA(funC)，装饰后，变量与函数的关系如图 7-19 所示。

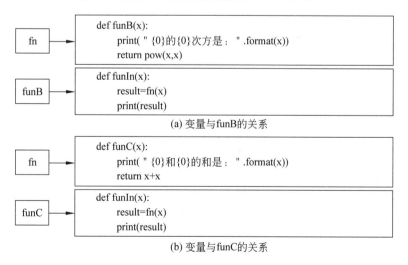

图 7-19　例 7-19 中变量与函数的关系

输入 5，程序运行结果如图 7-20 所示。

```
控制台        绘图

5的5次方是:
3125
5和5的和是:
10
```

图 7-20   例 7-19 程序运行结果

【例 7-20】 用同一个装饰器装饰两个参数数量不同的函数。

```
import math
def funA(fn):
    def funIn(*args):
        #print(args)                        #可用于查看 args 的值
        result = fn(*args)
        print(result)
    return funIn

x = int(input('输入一个数:'))
y = int(input('输入一个数:'))
@funA
def funB(x):
    print("{0}的{0}次方是:".format(x))
    return pow(x,x)


@funA
def funC(x,y):
    print("{0}和{1}的和是:".format(x, y))
    return x + y
funB(x)
funC(x, y)
```

此例和例 7-19 的区别在于 funIn(*args)和 fn(*args),从第 6 章的函数知识可知,带一个 * 的函数表示其参数是不定长参数,这种参数以元组的形式接收长度不等的参数。x 和 y 分别输入数值 5 和 5,程序运行结果和例 7-19 一样。

为增强装饰器函数接收参数的能力,还可以将 funIn(*args)和 fn(*args)改写为 funIn (*args,**kwargs)和 fn(*args,**kwargs),*args 会以元组的形式存放不定长参数,**kwargs 会以字典的形式存放不定长参数。此部分内容可参见 6.2.4 节内容的讲解。

Python 也支持多个装饰器同时装饰在一个函数上,这些多重装饰器的调用顺序是自下而上。

【例 7-21】 两个装饰器装饰同一函数。

```
#定义装饰函数 funTop()
```

```
def funTop(ffn):
    def funD():
        ffn()                          #执行传入的 ffn()
        print('We all love Python!')
        print("Let's study Python.")
    return funD


#定义装饰函数 funA()
def funA(fn):
    def funC():
        fn()                           #执行传入的 fn()
        print('You love Python!')
        print("They also love Python!")
    return funC


#同时用@funTop 和@funA 装饰函数 funB()
@funTop
@funA
def funB():
    print('I love Python!')


#调用已经装饰好的 funB()
funB()
```

funB 同时被 funTop 和 funA 装饰，执行时的顺序是由下向上进行装饰，这相当于执行了 funB=funTop(funA(funB))。分开来看，先装饰 funA，即执行 funB=funA(funB)，执行后变量与函数的关系如图 7-21(a)所示。再装饰 funTop，即在上一步基础上执行 funB=funTop(funB)，执行后变量与函数的关系如图 7-21(b)所示。两个装饰器装饰的最终结果如图 7-21(c)所示。

接下来，执行 funB()。按照图 7-21(c)的函数执行，看执行结果是不是如图 7-22 所示。

从上面的多个示例中可知，Python 装饰器的主要功能是可以让其他函数在不需要做任何代码变动的前提下增加额外的功能。装饰器函数是嵌套函数，其外部函数接收需要装饰的函数名字，内部函数负责对被修饰函数的功能进行扩展。当然，Python 装饰器还有更复杂的应用，限于篇幅，这里就不进行更多、更深的讲述，有兴趣的读者可以查阅相关资料。

7.3.3　案例实现

本案例定义了 auth_func()装饰器，用于接收用户输入的登录信息并对登录信息进行比较，判断用户是否能登录成功。

定义了 3 个函数：index()函数用于主页用户身份登录验证；my_info()函数用于"我的信息"功能的用户身份登录验证；order()函数用于生成订单时的用户身份登录验证。

用 auth_func()装饰 index()函数、my_info()函数和 order()函数，当调用 index()函数、

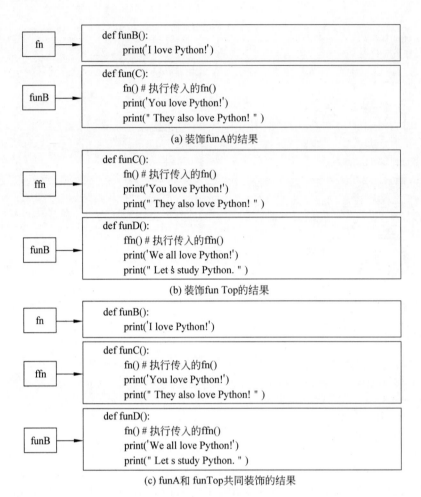

(a) 装饰funA的结果

(b) 装饰fun Top的结果

(c) funA和 funTop共同装饰的结果

图 7-21　例 7-21 中变量与函数的关系

图 7-22　例 7-21 程序运行结果

my_info()函数和 order()函数时，自动为这 3 个函数完成用户身份验证。

完整的代码如下所示。

```
#合法用户信息
user_list = [
    {'name':'zhangsan','password':'123456'},
    {'name':'lisi','password':'123456'},
```

```
        {'name':'wangwu','password':'123456'},
        {'name':'zhaoliu','password':'123456'},
        {'name':'sunqi','password':'123456'},
        {'name':'qianba','password':'123456'}
]


#定义装饰器
def auth_func(func):
    def wrapper(*args,**kwargs):
        #输入用户名和密码
        username = input('用户名:').strip()
        passwd = input('password:').strip()
        flag = False                       #登录是否成功标志
        #检查用户名和密码是否正确
        for user_info in user_list:
            if username ==user_info['name'] and passwd ==user_info['password']:
                func(*args,**kwargs)
                flag = True
                break
        if flag ==False:
            print('非法登录!')
    return wrapper


@auth_func                                 #装饰主页登录程序
def index():
    print("在主页上登录成功!")


@auth_func                                 #装饰生成订单登录程序
def order(*args,**kwargs):
    print("成功进入生成订单页面!")
    print('购物车里有:')
    for i in args:
        print(i)


@auth_func                                 #装饰"我的信息"登录程序
def my_info():
    print("成功进入个人信息页面!")


index()                                    #打开主页,自动完成用户身份验证
print('-' * 20)
my_info()                                  #打开我的信息页面,自动完成用户身份验证
print('-' * 20)
order('笔记本电脑','啤酒','烧鸡')          #打开生成订单页面,自动完成用户身份验证
```

分别输入 zhangsan、lisi、wangwu 的登录信息，程序运行结果如图 7-23 所示。

控制台	绘图
在主页上登录成功！	

成功进入个人信息页面！	

成功进入生成订单页面！	
购物车里有：	
笔记本电脑	
啤酒	
烧鸡	

图 7-23　模拟用户身份验证

7.4　Python 常用高阶函数

Python 提供了多个内置的高阶函数，灵活使用高阶函数是掌握 Python 语言的一个重要体现。本节主要讲述 3 个高阶函数：map()、filter()和 reduce()。

7.4.1　map()函数

map()函数的语法如下。

```
map(function, iterable, ...)
```

map()函数对 iterable 参数序列中的每一个元素调用 function()函数，返回包含所有function()函数返回值的新序列(Python3.x)。如果需要将返回值转换为列表，可以使用 list()。

map()函数在 6.2.5 节已经做过介绍，这里再举一例说明此函数的用法。

【例 7-22】　map()函数示例。

```
def square(x):
    return x * 0.9

#调用求折扣函数将原始价格进行打折
print('打折后的价格:')
print(list(map(square, [1290, 221, 152, 564, 659])))

#调用lambda()函数实现书籍的库存更新
#原始库存
list1 = [100,150,210,269,128]
#已销售数量
list2 = [10,10,20,69,12]
```

```
print('更新后的库存:')
print(list(map(lambda x,y: x - y, list1, list2)))
```

程序运行结果如图 7-24 所示。

7.4.2 filter() 函数

filter() 函数的语法如下。

```
filter(function, iterable)
```

顾名思义，filter 是过滤器。filter() 函数接收两个参数，第一个参数为过滤函数，第二个参数为待过滤的序列，filter() 函数将序列的每个元素作为参数传递给过滤函数进行过滤，将满足过滤函数的元素放到新序列(Python3.x)中返回。如果要转换为列表，可以使用 list()。

【例 7-23】 filter() 函数示例 1。

```
#返回序列中的数字字符
def is_number(n):
    return chr(48)<=n<=chr(57)


print('序列中的数字字符有:')
print(list(filter(is_number,['a','2','b','c','5'])))
```

程序运行结果如图 7-25 所示。

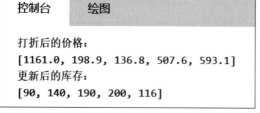

图 7-24 map() 函数示例   图 7-25 filter() 函数示例 1

【例 7-24】 filter() 函数示例 2。

```
#求 100 以内 7 的相关数
#判断 n 是否为 7 的倍数或是否包含 7
def seven(n):
    return n%7==0 or '7' in str(n)


print('100 以内 7 的相关数:')
print(list(filter(seven, range(1,101))))
```

程序运行结果如图 7-26 所示。

控制台	绘图

100以内7的相关数：

[7, 14, 17, 21, 27, 28, 35, 37, 42, 47, 49, 56, 57, 63, 67, 70, 71, 72, 73, 74, 75, 76, 77, 78, 79, 84, 87, 91, 97, 98]

图 7-26　filter()函数示例 2

7.4.3　reduce()函数

reduce()函数的语法如下。

```
reduce(function, iterable[, initializer])
```

reduce()函数用于对参数序列中的元素进行累计计算。其中，reduce()的第一个参数function 是函数名，此函数有两个参数。reduce()函数将序列的前两个数作为参数传入 function()函数进行计算，再将此次 function()的返回值与序列的第 3 个数作为参数传入 function()函数进行计算，接着再将新的 function()的返回值与序列的第 4 个数作为参数传入 function()参数进行计算，以此类推，直到序列的最后一个数计算完毕，最后 function()的返回值就是 reduce()的计算结果。

reduce()函数的第 3 个参数 initializer 表示初始值，是可选参数。如果有此参数，则计算时它将被放在 iterable 的所有项前面参与计算。如果有 initializer 参数并且 iterable 参数是空的，则 initializer 参数就是计算的默认结果值。

注意：在 Python 3.x 中 reduce()函数被移至 functools 模块中，因此，在使用前需要导入 functools 模块。

【例 7-25】　reduce()函数示例 1——无初始值参数。

```python
#求 1~100 所有整数之和
from functools import reduce

def add(x,y):
    return x+y

print(reduce(add,range(1,101)))
```

程序运行结果如图 7-27 所示。

图 7-27　reduce()函数示例 1

【例 7-26】 reduce( )函数示例 2——有初始值参数。

```
#求 10, 1~100 所有整数之和
from functools import reduce

print(reduce(lambda x,y:x+y, range(1,101),10))
```

程序运行结果如图 7-28 所示。

【例 7-27】 reduce( )函数示例 3——有初始参数但序列为空。

```
#初始值 10 为最终返回值
from functools import reduce

print(reduce(lambda x,y:x+y,(),10))
```

程序运行结果如图 7-29 所示。

图 7-28　reduce( )函数示例 2　　　　图 7-29　reduce( )函数示例 3

7.5　精彩实例

7.5.1　求解 1000 以内所有偶数的平方和

1. 案例描述

求 1000 以内所有偶数的平方和是一个简单的程序,使用已经学过的循环对每个数进行偶数判断后,把是偶数的数的平方累加起来即可。不过,这里不使用循环实现,而是采用 map( )、filter( )、reduce( )等函数实现。

2. 案例分析

案例实现步骤如下。
(1) 使用 filter( )过滤出所有的偶数。
(2) 使用 map( )求出所有偶数的平方。
(3) 使用 reduce( )求出累加和。

3. 案例实现

```
from functools import reduce
```

```
#过滤出偶数序列
even_numbers = filter(lambda n: n % 2 == 0, range(1001))
#对偶数序列中的每个数计算其平方
squared_even_numbers = map(lambda n: n * n, even_numbers)
#求偶数平方序列的累加和
total = reduce(lambda acc, n: acc + n, squared_even_numbers)
print('1000以内所有偶数的平方和为:', total)
```

程序运行结果如图 7-30 所示。

控制台	绘图
1000以内所有偶数的平方和为: 167167000	

图 7-30 求 1000 以内所有偶数的平方和

7.5.2 简易程序日志输出

1. 案例描述

日志记录是很常见的一个案例。在实际工作中,如果某些函数的耗时过长,可能会导致整个系统的延迟增加,那么可以通过使用一个程序,测试函数的执行时间。

2. 案例分析

由于测试的程序可能有多个,因此可以定义日志装饰器装饰各个被测函数,只要被测函数开始运行,就可自动返回此函数的日志信息。

程序中定义了装饰器 log() 函数,用于显示正在运行的函数名字及运行时间。将此装饰器添加在需要记录运行日志的函数上方,就可返回此函数的运行信息。

3. 案例实现

```
import time
def log(func):
    def wrapper(*args, **kw):
        print('call %s():' % func.__name__)
        #datetime.datetime.now()获取当前系统的日期和时间
        start_time = time.time()
        func(*args, **kw)
        end_time = time.time()
        duration = start_time - end_time
        print('程序共消耗 %s 秒' % duration)
    return wrapper
```

```
@log
#累加和
def calc1():
    x = 0
    for i in range(1000000):
        x += i
    print(x)


@log
#求偶数和
def calc2():
    x = 0
    for i in range(1000000):
        if i %2 ==0:
            x += i
    print(x)


calc1()
calc2()
```

程序运行结果如图 7-31 所示。

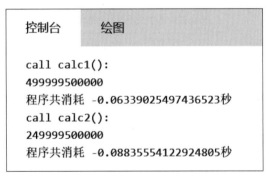

图 7-31　简易装饰器日志输出

7.6　本章小结

本章主要介绍了 Python 中几个相关度很高的概念：高阶函数、闭包与装饰器，围绕这几个概念列举了许多示例，通过这些示例加强大家对这些高级函数内容的理解。这几个概念的抽象性比较强，又都是基于实践的基础之上总结而提出的，因此建议大家通过案例对概念进行理解。同时，也要注意这几个概念在应用中的注意事项。

本章最后还介绍了 Python 中几个常用的高阶函数，以进一步强化读者对本章内容的消

化和吸收。

7.7 实战

实战一：词频统计

词频统计是文本分析中最常使用的一个功能，请编写一个函数，统计一段话中出现概率最大的单词以及出现的次数。如给定内容为

```
Beautiful is better than ugly.
Explicit is better than implicit.
Simple is better than complex.
Complex is better than complicated.
Flat is better than nested.
Sparse is better than dense.
```

程序运行结果如图 7-32 所示。

控制台	绘图

共有3个单词出现次数最多
is在段落中共出现的次数是6
better在段落中共出现的次数是6
than在段落中共出现的次数是6

图 7-32　词频统计

实战二：计算程序运行时间

请编写一个装饰器，通过循环、函数嵌套分别实现求第 20 个斐波那契数列所用的时间（说明：因为运算时间较短，所以可以将时间差乘以 100 后再输出）。

程序运行结果如图 7-33 所示。

控制台	绘图

6765
循环所用时间为3.356934
6765
函数嵌套所用时间为22.771358

图 7-33　使用循环、函数嵌套求第 20 个斐波那契数列所用的时间

实战三：用高阶函数实现计算 100 以内所有质数的平方和

Python 语言的一个重要特点是提供了强大的计算函数，请使用本章介绍的高阶函数实现计算 100 以内所有质数的平方和。

程序运行结果如图 7-34 所示。

控制台	绘图
100以内所有质数的平方和是65797	

图 7-34 100 以内所有质数的平方和

实战四：让人迷糊的 *x* 和 *y*

请写出下面这个程序的输出结果。

```
def proc1():
    y = 9
    print("x ==%d and y ==%d" %(x,y))

def proc2():
    global x
    x = 1
    proc1()
    print("x ==%d and y ==%d" %(x,y))

x = 10
y = 7
proc1()
print("x ==%d and y ==%d" %(x,y))

proc2()
y = 12
print("x ==%d and y ==%d" %(x,y))
```

第

8

章

异　常

异常的发生将使程序不能正常运行。通过提供丰富的异常处理功能，可以在异常发生时既保证程序不会意外中断，同时还可以提供必要的提示及错误处理。利用异常机制进行自定义异常及异常的捕捉，可以结合具体的开发业务提供更为友好的程序业务。

8.1 异常简介

8.1.1 错误与异常

首先需要区分两个概念：错误与异常。

1. 错误

错误指语法错误或逻辑错误。语法错误指代码的书写违反了编译器设定的基本规则而导致的错误，这些错误如果不被处理掉，程序将在遇到这类错误时终止。看下面的示例。

【例 8-1】 语法错误示例。

```
for i in range(100):
    sum += i
```

以上代码的运行结果如图 8-1 所示，可以看到系统报错了，其中下面这句：

```
Traceback (most recent call last): File "<program.py>", line 2, in <module>sum +
= i
```

指出第 2 行代码出错，而下面这句：

```
TypeError: unsupported operand type(s) for +=: 'builtin_function_or_method' and
'int'
```

指出错误类型，对＋＝操作符来说，其要求参与运算的操作数类型可以是"内置函数或方法"和 int，这句话到底指明我们的错误在哪里呢？看第 2 行代码：sum ＋= i，这条代码其实就是 sum ＝sum＋ i，这是 Python 中的赋值语句，先计算右侧表达式的值，再将计算结果赋给 sum。当计算右侧表达式值时，系统发现 sum 变量没有合理类型的初值，因此计算终止，系统报错。

逻辑错误是指程序在编写的过程中由于程序逻辑的表达不够严谨而导致的程序不能得到预期的运行结果。看下面的示例。

【例 8-2】 逻辑错误示例。

```
sum=0
for i in range(100):
    sum+=i
print(sum)
```

以上代码的运行结果如图 8-2 所示,因为 range(100)的取值为[0,100),因此,运算结果不是预期的 5050,而是 4950。

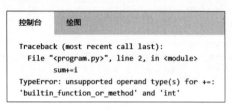

图 8-1　语法错误

图 8-2　逻辑错误

2. 异常

即便没有语法错误和逻辑错误,程序在运行的时候也可能出现不能正确运行的情况,看下面的示例。

【例 8-3】 异常示例。

```
def foo(num):
    return 10/int(num)
```

这段代码用来进行简单的除法运算,当 num 的值为非 0 的时候,程序运行结果是正常的,但是当 num 值为 0 时,程序就出现了错误。例如,执行 foo(0)调用此函数,程序运行结果如图 8-3 所示。

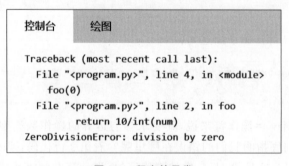

图 8-3　程序的异常

在 Python 中,异常是为程序在正常的程序流之外提供的处理机制。这个机制又分为两个阶段:首先是引起异常发生的错误;然后是检测错误(并采用措施)的阶段,如果检测到错误但不处理,则程序将被终止。

在程序设计中有很多异常是不可避免的,如用户的不合法输入;在网络编程中,网络通信异常;数据库操作时,数据库连接失败;文件操作时,文件不能找到等。这些原因引起的错误很多时候是由于程序运行环境的变化所导致的,而在这些情况之上程序仍应提供良好的反馈给用户,并使程序仍可运行,因此,在程序发生错误时提供必需的额外处理机制就非常必要。

8.1.2　捕获简单的异常

异常的发生也会导致程序不能正常运行,因此,有必要对发生的异常进行处理。Python提供了异常处理的机制,如下所示。

```
try:
    语句 1
except  异常类型:
    语句 2
finally:
    语句 3
语句 4
```

在 try 语句块中放入可能会产生异常的代码。如果在 try 语句块中发生异常,则将异常抛出,except 根据异常的类型进行捕获,如果发生的异常与 except 后面的异常类型相兼容,则执行 except 语句块中的内容语句 2。有时还会添加 finally 语句块,这个语句块中的内容是必须要发生的内容,添加在异常处理的代码之后,在发生异常后一并由 except 进行处理。异常处理语句后面的内容语句 4 仍然可以继续执行。

通过以上结构对除法运算的代码进行完善,代码如下所示。

【例 8-4】　加入异常处理的除法运算示例。

```
def foo(num):
    try:
        return 10/int(num)
    except ZeroDivisionError:
        print("0 不能做除数")
    finally:
        print("一定执行")
    print("不发生异常不会被执行")


foo(0)
```

当输入的除数为 0 时,程序发生异常,从 return 10/int(num)跳转到 except 处,与 except 后的异常类型进行匹配(ZeroDivisionError 是 Python 提供的除 0 异常类),由于异常类型匹配,所以运行 except 中的代码,输出"0 不能做除数",之后 finally 中的代码将被执行,最后的输出语句也将执行。例如,执行 foo(0),程序运行结果如图 8-4 所示。

如果异常不发生,则最后的输出不会执行,但 finally 中的代码却会被执行。例如,执行

```
控制台        绘图

0不能做除数
一定执行
不发生异常不会被执行
```

图 8-4 除 0 异常处理

foo(10)调用此函数,程序运行结果如图 8-5 所示。

```
控制台        绘图

一定执行
```

图 8-5 **finally** 一定执行

通过添加异常处理代码,不仅可以让程序继续运行,还可以提供友好的信息提示,辅助解决错误。

8.2 多个异常的处理

8.2.1 捕获多个异常

继续讨论例 8-4 的除法案例,先将代码修改如下。

【**例 8-5**】 从键盘输入除数。

```python
def foo(num):
    try:
        return 10/int(num)
    except ZeroDivisionError:
        print("0 不能做除数")
    print("程序结束!")


num=input()
foo(num)
```

input()函数接收键盘输入的字符串并赋值给 num 变量,调用 foo(num)时,将实参 num 的值传递给形参 num。

假如输入 0,程序引发 ZeroDivisionError 异常,此异常被 try 语句捕获,程序运行结果如图 8-6 所示。

假如输入 yi,当执行到 int(num)时,由于 int("yi")出错将引发异常,但是,此时的异常类型与 except ZeroDivisionError 并不匹配,因此该异常并不能被处理,从而引发了报错。程序

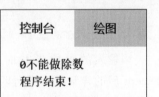

```
控制台        绘图

0不能做除数
程序结束!
```

图 8-6 引发 **ZeroDivisionError** 异常

运行结果如图 8-7 所示。

```
┌─────────────────────────────────────────────────────┐
│ 控制台      绘图                                      │
├─────────────────────────────────────────────────────┤
│ Traceback (most recent call last):                   │
│   File "<program.py>", line 11, in <module>          │
│     foo(num)                                          │
│   File "<program.py>", line 3, in foo                │
│             return 10/int(num)                        │
│ ValueError: invalid literal for int() with base 10: 'yi' │
└─────────────────────────────────────────────────────┘
```

图 8-7　ValueError 错误

从这段代码中可知,程序可能发生的异常是多种类型的,必须在程序中捕获并处理这些异常,才能使程序合理运行。针对这种多个异常的情况,Python 提供了捕获多个异常的机制,语法如下所示。

```
try:
    语句 1
except  异常类型 1:
    语句 2
except  异常类型 2:
    语句 3
...
except  异常类型 n:
    语句 n
finally:
    语句 3
语句 4
```

对 try 语句块中的内容进行捕获,将从上至下依次进行异常类型的匹配,如果到第 $i(1 \leqslant i \leqslant n)$ 个 except 时,异常类型匹配成功,则执行其语句块中的语句。

【例 8-6】　修改例 8-5 的代码,增加多个异常的处理。

```
def foo(num):
    try:
        return 10/int(num)
    except ZeroDivisionError:
        print("0 不能做除数")
    except ValueError:
        print("输入应为数值!")
    print("程序结束!")


num=input()
foo(num)
```

输入 yi,num 的值为字符串"yi"。在 foo（）函数中，int(num)将引发 ValueError 类型的错误,此错误被 try 捕获后,与其后的 except ValueError 相匹配,因此,程序运行此 except 下的语句块,最后输出结果如图 8-8 所示。

控制台	绘图

输入应为数值!
程序结束!

图 8-8　ValueError 异常

8.2.2　异常类

在程序中,如果能针对不同的异常分别进行处理,使异常的处理内容更有针对性,则可以使程序更为友好。

Python 中定义了丰富的异常类型。BaseException 是所有异常的基类,从 BaseException 派生出的 Exception 类是常见错误的基类,其中包括 ValueError（传入无效参数错误）、ArithmeticError（数值计算错误）、ZeroDivisionError（除/取模时零错误）等异常。除派生自 Exception 的异常类之外,还有一些内建的异常,如 SystemExit（解释器请求退出）等。

对于异常的处理,通常会先进行具体的异常类型匹配,这样做的好处在于,匹配具体类型可以提供更针对性的异常处理或更明确的异常信息,但一段代码可能发生的异常有时并不特别明确,为了保证代码不会发生异常匹配遗漏的问题,通常在多个异常捕捉时,会在最后使用 Exception 基类进行匹配。

【例 8-7】　对两个数的除法运算进行多个异常捕获。

```python
try:
    num1=int(input("num1:"))
    num2=int(input("num2:"))

    result=num1/num2
    print("result:",result)
except ZeroDivisionError:
    print("0 不能做除数")
except ValueError:
    print("输入应为数值!")
except Exception:
    print("发生了异常")
print("程序结束!")
```

当输入 12,0 时,程序运行结果如图 8-9(a)所示。当输入 12,2 时,程序运行结果如图 8-9(b)所示。当输入 12,a 时,程序运行结果如图 8-9(c)所示。

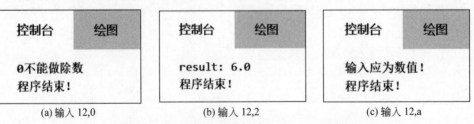

(a) 输入 12,0　　　　　　(b) 输入 12,2　　　　　　(c) 输入 12,a

图 8-9　对两个数的除法运算进行多个异常捕获

8.3 抛出异常

8.3.1 raise 抛出异常

异常提供了在程序主流程之外的处理机制,这一机制可以使程序的设计更加灵活,在程序设计中,可以根据业务的需要通过主动抛出异常的方式触发这一机制。

Python 中主动抛出异常使用的关键字是 raise,一旦遇到 raise,其后的代码将不会被执行。

raise 语法格式如下所示。

```
raise [exception [(args)]]
```

其中,用[]括起来的为可选参数,其作用是指定抛出的异常名称以及异常信息的相关描述。如果可选参数全部省略,则 raise 会把当前错误原样抛出;如果仅省略(args),则在抛出异常时将不附带任何异常描述信息。

【例 8-8】 raise 主动抛出异常示例。

```
try:
    s = None
    if s is None:
        print('s是空对象')
        raise NameError
    print(len(s))
except Exception:
    print('空对象没有长度')
```

在以上代码的执行中,raise 抛出 NameError 异常,except 捕获该异常并执行其语句块中的内容。程序运行结果如图 8-10 所示。

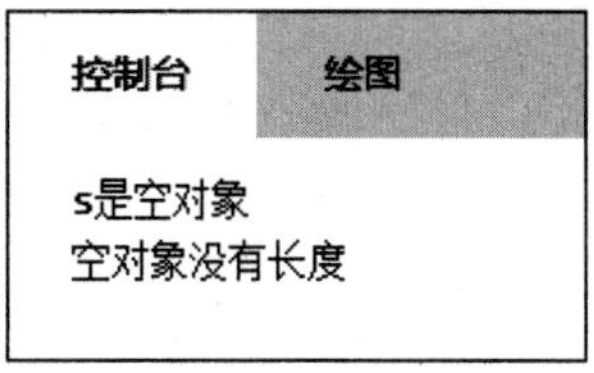

控制台	绘图
s是空对象 空对象没有长度	

图 8-10 raise 主动抛出异常示例

8.3.2 assert

assert 断言语句和 if 分支有一点类似,它用于对一个 bool 表达式进行断言,如果该 bool 表达式为 True,则该程序可以继续向下执行,否则程序会引发 AssertionError 错误。

断言格式如下。

```
assert expression
```

【例 8-9】 assert 示例。

```
s_age = input("请输入您的年龄:")
```

```
age = int(s_age)
assert 20 < age < 80
print("您输入的年龄在 20 和 80 之间")
```

如果输入 5,则程序运行结果如图 8-11 所示。

控制台	绘图

```
Traceback (most recent call last):
  File "<program.py>", line 3, in <module>
    assert 20 < age < 80
AssertionError:
```

图 8-11 assert 断言示例

断言的使用可以使程序有更可靠的保证,通常用作以下情况。

- 防御性的编程。
- 运行时对程序逻辑的检测。
- 合约性检查(如前置条件、后置条件)。
- 程序中的常量。
- 检查文档。

8.3.3 自定义异常

异常机制为程序提供了一种在主流程之外的处理机制。它使得程序设计有更灵活的实现,以及更友好的反馈。虽然 Python 已经提供了丰富的异常类型,但在实际的开发中常常需要根据业务构建有当前开发系统特性的一些异常类。Python 提供了自定义异常的机制,其基本语法如下。

```
class exceptionName(Exception):
    #异常类的代码
```

自定义异常类必须继承自 Python 提供的异常类型(继承的概念将在第 9 章详细介绍)。自定义异常之后,就可以像系统提供的异常类型一样使用了。

如前面的除法案例,现在根据业务的需要,我们规定输入的参数不能为负数,这时可以自定义一个异常对用户输入的负数进行处理并给出相应的处理信息。

【例 8-10】 自定义异常应用示例。

```
#自定义异常类
class NegativeError(Exception):
    def __init__(self):
        self.n = '运算数不能为负'
def foo(num):
    try:
```

```
        if int(num)<0:
            raise NegativeError
        return 10/int(num)
    except ZeroDivisionError:
        print("0 不能做除数")
    except ValueError:
        print("除数必须为整数")
    except NegativeError as ne:
        print(ne.n)
    finally:
        print("一定执行")
    print("不发生异常不会被执行")


foo('-5')
```

在以上代码中,前 3 行创建了一个自定义异常类 NegativeError,并且在第 6 行判断,如果当前函数的参数为负值,则通过 raise 进行该异常的抛出。第 3 个 except 进行了该异常的捕获与处理。程序最后一行调用 foo()函数,传入−5,结果如图 8-12 所示。

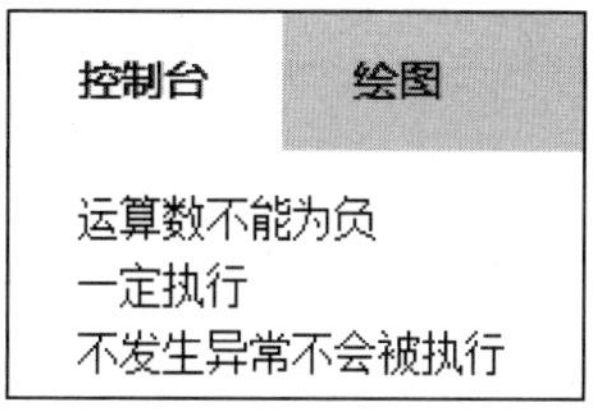

对自定义异常总结如下。

控制台	绘图
运算数不能为负 一定执行 不发生异常不会被执行	

图 8-12　自定义异常的应用

- 自定义异常往往与具体的需求有关,体现当前业务的特征。
- 自定义异常必须继承 Exception 类。
- 自定义异常只能由 raise 主动触发。

8.4　本章小结

异常处理是在程序发生错误时提供一个处理的机制,包括错误的发生、异常检测与处理两部分。Python 提供了丰富的异常类,可以针对性地处理不同原因导致的错误。Python 的异常处理机制灵活而强大,重点需要理解 try、except、else、finally 这几个关键字的作用。

异常机制的存在不仅使程序更可靠,同时还提供了一种更灵活的问题处理机制,通过 raise 可以在业务需要的地方主动抛出异常实现程序的跳转,而自定义异常可以将异常的信息与具体的业务需求更好地结合,能够使程序更友好。

8.5　实战

实战一：将列表元素输出到文本文档

编写程序实现将一个列表中的元素写入文本文档中,并且添加异常处理,当写入信息非法或写入超过列表长度的元素信息时,写入产生异常,输出提示信息:程序结束。可参考如

图 8-13 所示的程序运行结果进行编程。

控制台	绘图
索引异常: list index out of range 程序结束	

图 8-13 实战一输出示例

实战二：中英文用户名判断

编写程序实现如下功能：如果用户输入的用户名为中文，则输出提示：用户名不能包含中文字符，并在 finally 语句块中输出：异常处理结束，在程序结束前输出：程序结束。

例如，当输入用户名：小明，可输出如图 8-14(a)所示的运行结果。当输入用户名：xiaoming，可输出如图 8-14(b)所示的运行结果。

请输入用户名：小明
1 用户名不能包含中文字符
异常处理结束
程序结束

(a) 输入用户名：小明

请输入用户名：xiaoming
2 没有异常
异常处理结束
程序结束

(b) 输入用户名：xiaoming

图 8-14 实战二输出示例

第9章

Python 面向对象编程

面向对象编程（Object Oriented Programming，OOP）的思想主要针对大型软件设计而提出，使得软件设计更加灵活，能够很好地支持代码复用和设计复用，并且使得代码具有更好的可读性和可扩展性。其设计理念是将数据以及对数据的操作封装在一起，组成一个整体——对象。对相同类型的对象抽象后，得出共同的特征形成类。面向对象程序设计的关键就是如何合理地定义和组织这些类以及类之间的关系。本章将从面向对象的本质入手，分析面向对象的特点，强化面向对象的思想，学习类和对象的定义，类的继承、派生与多态。

9.1 面向对象编程概述

面向对象编程是符合人类思维习惯的程序设计思想,符合人们客观看待世界的规律。计算机语言经过这么多年的发展,已经从晦涩难懂的高深理论变为普通人可以接受的知识和理论。因此,程序员不再必须是数学家,也可以是普通的大学毕业生。

9.1.1 编程设计三问

1. 做软件写代码究竟是在做什么

做软件写代码,无非就是把现实中的事情通过计算机或者网络完成,但又不能完全按照现实中的事情做,所以要把现实中的内容抽象到计算机程序中,要将一些事物的共性找出来加以概括和抽象。程序设计要做的事情、最本质的内容就是"抽象"。

2. 应该抽象什么

面向对象软件开发的一个基本方法就是抽象,到底什么是抽象呢? 如何抽象? 其实很多例子可以给我们带来启示。计算机世界的每样东西都是从现实世界中抽象出来的。例如,文档编辑器就是现实中的文本;E-mail 就是现实中的信件;BBS 就是现实中的公告栏。它们都是编程人员通过对现实的抽象得到的。抽象是从众多的事物中抽取出共同的、本质性的特征,而舍弃其非本质的特征。例如,苹果、香蕉、生梨、葡萄、桃子等,它们共同的特性就是水果。得出水果概念的过程,就是一个抽象的过程。

抽象有两种:一种是对数据的抽象;一种是对业务逻辑的抽象。

3. 应该怎样描述一个对象

每个对象都具有描述其特征的属性及附属于它的行为。例如,一个人有姓名、性别、年龄、身高、体重等特征,也有说话、锻炼、学习、工作等行为;一张银行卡有卡号、密码、金额等信息,也有充值、查询余额等功能。

在面向对象编程中,把描述事物的特征称为属性(成员变量),事物所具有的行为、功能称为成员方法(成员函数)。把具有相同属性和行为方法的事物进行归类封装就形成了类,它应该有一个名字(类名),其包含了属性说明和行为说明两部分。通过类创建对象就可以映射现实中的一个个事物。

9.1.2　面向对象的特点

面向对象的思想最大的特点是更客观地反映了现实世界,使编程分析、设计和实现的方法与认识客观世界的过程相一致。

同一类事物会被人们进行抽象,作为一种概念存在。例如,人们认识一个事物是计算机,就会形成一个计算机的概念,如有显示器、有键盘、可以帮助人工作等,这些就是人们抽象出的计算机的属性,当看到有计算机属性的事物,就会认为是一台计算机。人们抽象出的概念就是类,而某一台具体的计算机就是对象。很像我们教小朋友认识动物的时候,指着一只猫说这是一只猫,碰到另一只猫也会说这是一只猫,逐渐在孩子的世界中就形成了猫的概念(类),当看到具有猫的属性的动物时就认识了这是一只猫(对象)。

面向对象技术从组织结构上模拟客观世界,对实际生活中的对象进行抽象并将其映射到软件中,通过对象之间的相互作用完成工作。面向对象技术以对象为单位,将对象内部的所有细节封装起来,对象之间只通过接口联系,具有以下 3 方面特点。

1. 信息隐藏和封装特性

封装也就是把客观事物封装成抽象的类,并且类可以把自己的数据和方法只让可信的类或者对象操作,对不可信的类或者对象进行信息隐藏。

2. 继承

继承是指这样一种能力:它可以使用现有类的所有功能,并可在无须重新编写原来的类的情况下对这些功能进行扩展。

3. 多态性

多态性是指允许将子类类型的指针赋值给父类类型的指针。多态性语言具有灵活、抽象、行为共享、代码共享的优势,很好地解决了应用程序函数同名问题。

封装可以隐藏实现细节,使得代码模块化;继承可以扩展已存在的代码模块(类);它们都为了实现一个目的——代码重用。而多态则是为了实现另一个目的——接口重用。

9.1.3　面向过程与面向对象的区别

面向过程(Procedure Oriented Programming,POP)和面向对象编程(Object Oriented Programming,OOP)是两种主要的程序设计思想。

面向过程编程:按顺序编写一系列程序集合,执行后得到想要的结果。例如要吃饭,第一步买菜,接着洗菜、切菜、炒菜,吃完了还不够,那就再执行一次,再做一道菜。按照我们写好的命令集合顺序执行,之后得到想要的结果,这就是面向过程的编程,其注重的是编写整个处理的流程。当然,为了简化程序设计,面向过程运用函数把整个过程切分为多个子函数降低系统的复杂度,但它依然是面向过程编程。

面向对象编程：面向对象编程把计算机程序视为一组对象的集合。例如吃饭，把所有这些菜当作一个类（Class），同时把处理类的程序也当作类的一部分，即所有的菜构成一个类，类有自己的属性和方法，如菜名和价格都是属性，点菜就是方法，而每一道菜只不过是类的一个实例/对象，想吃什么菜就点一份什么菜，如果不想要这道菜了，就换掉重新点。这样不仅可以使代码更简洁，也很容易修改属性和方法。

9.2 购物中心购物（类和对象）

去购物中心购物是人们日常生活的事情之一。购物中心有很多商品，如化妆品、衣服、包包等。现要求编写一段程序模拟去购物中心购物，如果买到已有的商品，就提示购物者买到了该商品；如果没有购物者所需的商品，则提示白跑一趟，没有买到商品。

本节依次学习类和对象的相关知识，最终实现该案例。

9.2.1 类和对象的关系

类和对象的关系就是整体和单一的关系。类是对某一类事物的抽象描述，而对象是类的具体实例。类和对象就好比"实数"和 2.56，"实数"是一种数据的类型，而 2.56 是一个真正的"实数"（即对象）；购物中心是一种类，"万象城"是一个对象。

9.2.2 类的定义

类一般由类名、属性和方法 3 部分组成。
- 类名：类的名称，它的首字母必须大写，如 Product。
- 属性：用于描述事物的特征，如人的身份证号、姓名、性别等特征。从程序的角度看就是数据，用变量表示。
- 方法：用于描述事物的行为，如人具有的说话、吃饭、购物等行为，也就是对数据进行操作的函数。

Python 用 class 关键字创建一个类，class 之后为类的名称并以冒号结尾，语法如下。

```
class 类名:
    类的属性 (可以有多个)
    类的方法 (可以有多个)
```

注意：无论是类属性，还是类方法，对于类来说，它们都不是必需的，可以有，也可以没有。Python 类中属性和方法所在的位置是任意的，它们之间并没有固定的前后次序。

【例 9-1】 一个简单的 Python 类定义示例。

```
class Person:
#定义成员属性,从程序的角度看就是变量
name='爱美丽'
sex='女'
```

```
#定义成员方法,实际就是函数,通过调用这些函数完成某些工作
def say(self):
    print('我是一个女生,我喜欢购物')
def shopping(self):
    print('我正在商场购物')
```

在 Person 类中定义了两个属性 name 和 sex,两个方法 say()和 shopping()。注意,根据定义属性位置的不同,在各个类方法之外定义的变量称为类属性或类变量(如 name 和 sex 属性),而在类方法中定义的属性称为实例属性(或实例变量),它们的区别和用法将在后面的章节中详细介绍。

【例 9-2】 只定义了方法的类。

```
class Dog:
    #定义成员方法,实际就是函数,通过调用这些函数完成某些工作
    def run(self):
        print('我正在努力奔跑')
    def eat(self):
        print('有的吃,很满足^-^')
```

在 Dog 类中只定义了两个方法。也就是在定义类的时候,可以只定义方法或者只定义属性,也可二者皆定义。方法的定义:使用 def 关键字定义一个方法,与一般函数的定义不同,类方法必须包含参数 self,且为第一个参数,self 代表的是类的实例。

9.2.3　根据类创建对象

1. 创建实例对象

在 Python 程序中定义类之后,就可用来创建一个真正的对象,这个对象就称为这个类的实例,叫作实例化对象。类的实例化类似函数调用方式,其语法为

```
对象名=类名()
```

注意:类名后面有一对圆括号,这与函数调用一样,所以,在 Python 中约定类名用大写字母开头,函数用小写字母开头,这样更容易区分。

2. 访问属性

类中定义的方法和属性必须通过对象名访问。Python 中使用点“.”访问对象的成员,示例如下。

【例 9-3】 访问对象的成员。

```
#创建例 9-1 中 Person 类的对象 p1
p1=Person()
#通过对象 p1 调用方法 shopping()
p1.shopping()
```

在例 9-1 中不仅定义了 say()和 shopping()方法,还定义了属性 name 和 sex,在例 9-2 程序中只定义了成员方法,但是 Python 支持动态添加和修改属性,如果之后还想给对象添加属性,可以使用如下语法:

```
对象名.新的属性名=值
```

修改例 9-2 创建两个对象 d1 和 d2,分别为两个对象添加表示名字的属性,并且使用对象名调用成员方法。

【例 9-4】 给对象动态添加属性。

```
class Dog:
#定义成员方法,实际就是函数,通过调用这些函数完成某些工作
#类的方法中必须要有一个 self 参数,但是方法被调用时,不用传递这个参数
    def run(self):
    print('我正在努力奔跑')
    def eat(self):
    print('有的吃,很满足^-^')
d1=Dog()                              #创建一个对象,名为 d1
d1.eat()                             #通过 d1 调用 eat()方法
d1.name='吉娃娃'                      #添加表示名字的属性
d2=Dog()                            #创建第二个对象,名为 d2
d2.name='泰迪'                        #添加表示名字的属性
d2.run()                            #通过 d2 调用 run()方法
print('我的名字叫{}'.format(d2.name))  #格式化输出 d2 对象的名字
```

程序运行结果如图 9-1 所示。

在 Python 中,可以使用内置方法 isinstance()测试一个对象是否为某个类的实例,如果在上面的代码中增加一条语句 print(isinstance(d2,Dog)),得到的结果将为 True,说明 d2 是 Dog 的一个实例。

控制台	绘图
有的吃,很满足^-^ 我正在努力奔跑 我的名字叫泰迪	

图 9-1 给对象动态添加属性

9.2.4 构造方法和析构方法

1. 构造方法

构造方法也是 Python 的一个魔法方法,其实也就是一个初始化方法。它与其他普通方法不同的地方在于,当一个对象被创建后,Python 解释器会自动调用构造方法。语法如下。

```
def __init__(self,...):
    代码块
```

这个方法的开头和结尾各有两个下画线,且中间不能有空格。如果定义类时没有定义 __init__()方法,系统会自动为类添加一个仅包含 self 参数的构造方法(默认构造方法)。

__init__()方法可以包含多个参数,但第一个参数永远是 self,表示创建的实例本身,因

此,在 __init__() 方法内部就可以把各种属性绑定到 self。由于类可以起到模板的作用,有了 __init__() 方法,在创建实例的时候就不能传入空的参数了,必须传入与 __init__() 方法匹配的参数,但 self 不需要传,Python 解释器自己会把实例变量传进去。

商品类 Goods 包含商品名称 name 和商品价格 price 两个属性,定义一个 Goods 类,包含一个构造方法,构造方法中定义两个实例属性 name 和 price,实例属性定义时以 self 作为前缀。这样,当声明商品对象时,就会自动调用构造方法,为商品名称和价格赋值。

【例 9-5】 带构造方法的类。

```
class Goods:
#无参的构造方法
    def __init__(self):
        self.name = 'TCL'
        self.price = 1200
    #普通方法(成员方法)
    def detail(self):
        print("直下式 LED 背光源,176°广视角,画面清晰,色彩分明!")
#主程序
tv1 = Goods()                          #声明对象
print(tv1.name)                        #通过对象访问 name 的值并输出
tv1.detail()
```

程序运行结果如图 9-2 所示。

控制台	绘图

TCL
直下式LED背光源,176°广视角,画面清晰,色彩分明!

图 9-2　带构造方法的类

显然,当我们声明对象 tv1 时,隐式调用了创建的 __init__() 构造方法。商品名称 name 才被初始化为 TCL,所以 print(tv1.name)语句会输出 TCL。

如果在声明对象的时候动态为商品名称和价格赋值,应该怎么做呢?重新改写例 9-5,在构造方法中增加 name 和 price 参数,

【例 9-6】 带参数的构造方法。

```
class Goods:
    #带参数的构造方法
    def __init__(self,name,price):
        self.name = name
        self.price = price
    #普通方法(成员方法)
    def detail(self):
```

```
        print(self.name ,"直下式 LED 背光源,176°广视角,画面清晰,色彩分明!")
#主程序
tv1 = Goods('长虹电视',2500)        #声明对象 tv1,将'长虹电视'和 2500 传给实例属性
print(tv1.name)                      #输出对象 1 的名称
tv1.detail()                         #通过对象 1 调用 detail()方法
tv2 = Goods('TCL 电视',3500)         #声明对象 tv2,将'TCL 电视'和 3500 传给实例属性
print(tv2.name)                      #输出对象 2 的名称
tv2.detail()                         #通过对象 2 调用 detail()方法
```

程序运行结果如图 9-3 所示。

控制台	绘图

长虹电视
长虹电视 直下式LED背光源，176°广视角，画面清晰，色彩分明！
TCL电视
TCL电视 直下式LED背光源，176°广视角，画面清晰，色彩分明！

图 9-3   带参数的构造方法

从以上示例可以看到,虽然构造方法中有 self、name、price 3 个参数,但实际需要传参的仅有 name 和 price,也就是说,self 不需要手动传递参数。

2. 析构方法

创建对象时,默认调用构造方法;当删除一个对象时,同样会默认调用一个方法,这个方法就是析构方法__del__(),当使用 del 删除对象时,会调用它本身的析构方法释放对象占用的资源。另外,当对象在某个作用域中调用完毕,在跳出其作用域的同时析构方法也会被调用一次。

__del__()也是可选的,如果用户未定义,则 Python 会在后台提供默认的析构方法进行必要的清理工作,如果要显式地调用析构方法,可以使用 del 关键字。语法如下。

```
del 对象名
```

【例 9-7】   析构方法的使用。

```
import types
class Goods:
    #构造方法
    def __init__(self,name,price):
        self.name = name
        self.price = price
    #普通方法(成员方法)
    def detail(self):
        print(self.name ,"直下式 LED 背光源,176°广视角,画面清晰,色彩分明!")
```

```
    #析构方法
    def __del__(self):
        print("这件商品下架了!")
#主程序
tv1 = Goods('长虹电视',2500)
tv1.detail()
del tv1
```

程序运行结果如图 9-4 所示。

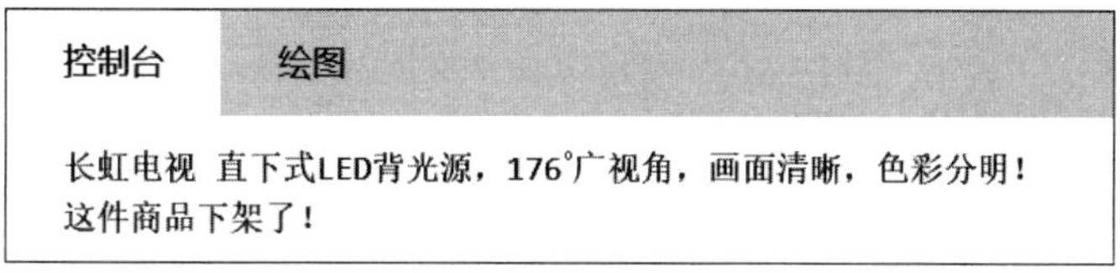

控制台	绘图

长虹电视　直下式LED背光源，176°广视角，画面清晰，色彩分明!
这件商品下架了!

图 **9-4**　析构方法的使用

可以看到，当删除对象 tv1 时，会自动调用析构方法，显示析构方法的内容"这件商品下架了!"。

9.2.5　self 是什么

1. self 的用法

在前面定义方法的时候都会有一个 self 参数，这也是方法和函数的一个区别，那么 self 起什么作用呢？

一个类可以生成无数个对象，每个对象都有各自的属性和方法，self 代表当前对象本身（学过 C 语言的同学可以把它理解成一个指针，相当于这个对象的门牌号码），用来引用该对象的属性和方法。这样，当一个对象的方法被调用的时候，Python 就会根据 self 知道要操作哪个对象的方法了。

【例 9-8】　self 的使用示例。

```
class Person:
    def __init__(self,name):
        self.name=name
    def sayhello(self):
        print('大家好!我是:',self.name)
    def ptr(self):
        print(self)
p1 = Person('小明')
p2 = Person('购物达人')
print(p1)
p1.ptr()
print(p2)
```

```
    p2.ptr()
    p1.sayhello()
    p2.sayhello()
```

程序运行结果如图 9-5 所示。

控制台	绘图

<Person object at 0x7fae596bdf28>
<Person object at 0x7fae596bdf28>
<Person object at 0x7fae596bde48>
<Person object at 0x7fae596bde48>
大家好！我是：小明
大家好！我是：购物达人

图 9-5　self 的使用

从上面的例子中可以很明显地看出，print(p1)和 p1.ptr()这两句的输出结果一样（内存地址一样），print(p2)和 p2.ptr()这两句的输出结果也一样，说明 self 代表的是类的实例——对象本身。

在 p1.sayhello()和 p2.sayhello()这两句中，p1 和 p2 两个对象分别调用了 sayhello()方法，当 p1 对象调用 sayhello()方法时，就把 p1 传给参数 self，那么 self.name 就相当于 p1.name，当 p2 对象调用 sayhello()方法时，就把 p2 传给参数 self，那么 self.name 就相当于 p2.name。我们在类中定义属性和方法的时候并不知道以后会被哪个对象引用，就用 self 指代，之后哪个对象调用属性和方法，self 就代表哪个对象本身。

小知识：每个对象都有唯一的 id，用来标识对象的唯一性，每个 id 指向一个内存地址值，id 由解释器生成，其实就是对象的内存地址。当输出一个对象的时候，实际上就是输出对象的地址，例如，执行 print(p1)，得到<__main__.Person object at 0x000002458E8E8080>，就是对象 p1 在内存存放的地址。

2. 神奇的__str__()方法

在例 9-8 中，输出 p1 和 p2 对象得到的是一串<__main__.Person object at 0x000002458E8E8080>，显示的是对象的内存地址，如果使用__str__()方法，可以定义自己想要的输出内容，把对象转换成字符串输出。

【例 9-9】 将对象转换成字符串输出。

```
class Person:
    def __init__(self,name):
        self.name=name
    def sayhello(self):
        print('大家好!我是:',self.name)
    def __str__(self):
        msg='我是'+self.name+' 喜欢购物!'
```

```
        return msg
p1 = Person('小明')
p2 = Person('购物达人')
print(p1)
print(p2)
```

程序运行结果如图 9-6 所示。

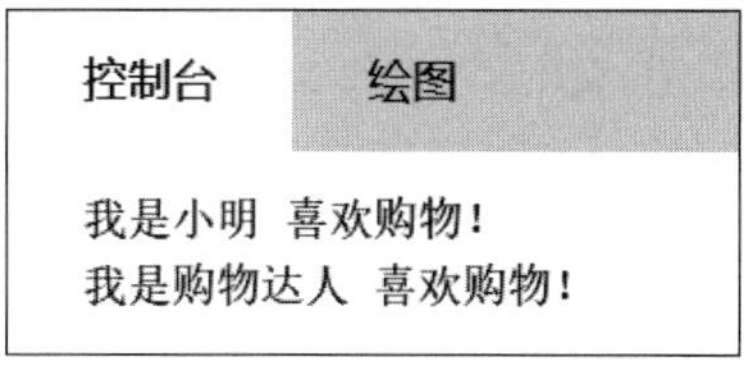

控制台	绘图

我是小明 喜欢购物！
我是购物达人 喜欢购物！

图 9-6 将对象转换成字符串输出

说明：当使用 print 输出对象的时候，只要本类中定义了__str__(self)方法，那么在使用 print 时就会自动调用__str__(self)方法，得到其 return 返回的数据，这是一种输出重载。

小知识：在 Python 中方法名如果以两个下画线开头和结尾，如__xxxx__()，那么这种方法就有特殊的功能，因此叫作"魔法"方法。这些特殊方法不需要调用，会在特殊的时候自己调用。我们用过的魔法方法有__init__()，__del__()和__str__()等。

再看一个例子，强化__str__(self)方法的使用，并且仔细理解 return 和 print 语句中的格式化的使用。

【例 9-10】 将对象按照需要的格式输出。

```
class Cat:
    """定义了一个 Cat 类"""
    #初始化对象
    def __init__(self, new_name, new_age):
        self.name = new_name
        self.age = new_age
    def __str__(self):
        return "{}的年龄---{}".format(self.name, self.age)
    #方法
    def eat(self):
        print("猫在吃鱼…")
    def introduce(self):
        print("%s 的年龄是:%d"%(self.name, self.age))
#创建一个对象
tom = Cat("汤姆", 40)
lanmao = Cat("蓝猫", 10)

print(tom)
```

```
print(lanmao)
tom.introduce()
```

程序运行结果如图 9-7 所示。

9.2.6 案例实现

按照面向对象编程的思维,根据问题找出我们应该关心的各种事物,然后抽象封装各种类来对应事物类型。

设计一个购物中心类 Market,每个购物中心都有自己的商店名字、各种商品(属性),可以销售商品(方法);设计一个顾客类 Person,每个顾客都有姓名(属性),都去采购商品(方法)。商品可以以列表的形式提供(读者可以练习,将商品也设计为类的形式)。

实现代码如下。

控制台	绘图
汤姆的年龄---40	
蓝猫的年龄---10	
汤姆的年龄是:40	

图 9-7 将对象按照需要的格式输出

```
# Shopping.py
class Market:
    count = 0
    goodslist = ["电视机", "洗衣机", "计算机", "手机", ]   # 商场的仓库,里面有若干商品
    def __init__(self):
        self.__marketname = "美特好"
    def setMarketname(self, name):
        self.__marketname = name
    def getMarketname(self):
        return self.__marketname
    def sell(self, goodsName):
        for i in range(len(self.goodslist)):        # 遍历仓库中的每一件商品
            if goodsName ==self.goodslist[i]:       # 如果商品名称和要买的商品一致
                Market.count = Market.count+1
                return self.goodslist[i]            # 将该商品返回
        return None


class Person:
    def __int__(self, name):
        self.__name = name
    def shopping(self, marketName, goodsName):
        return marketName.sell(goodsName)
    def setName(self, name):
        self.__name = name


    def getName(self):
        return self.__name
```

```
#主程序
m = Market()
m.setMarketname("家乐福")
n = input("请输入顾客的名字:")
p = Person()
p.setName(n)
answer = "y"
while answer =="Y" or answer =="y":
    goods1 = input("请输入要买的商品:")
    s = p.shopping(m, goods1)
    if s is None:
        print(p.getName(), "在", m.getMarketname(), "没买到", goods1)
    else:
        print(p.getName(), "在", m.getMarketname(), "买到了", goods1)
    answer = input("继续购买吗? (Y/N)")
print(m.getMarketname(),"一共销售了",m.count,"件商品")
```

程序运行时根据提示输入相应的内容,执行过程如下。

```
请输入顾客的名字:小明
请输入要买的商品:手机
小明 在 家乐福 买到了 手机
继续购买吗? (Y/N) y
请输入要买的商品:电视机
小明 在 家乐福 买到了 电视机
继续购买吗? (Y/N) y
请输入要买的商品:蜂蜜
小明 在 家乐福 没买到 蜂蜜
继续购买吗? (Y/N) n
家乐福 一共销售了 2 件商品
```

最终可以得到如图 9-8 所示的输出结果。

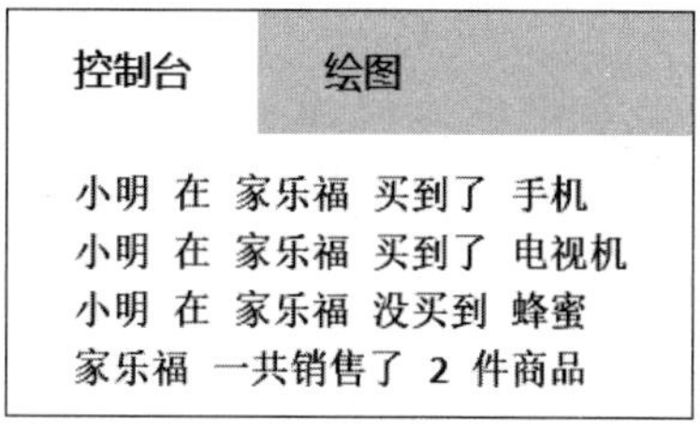

图 9-8　超市购物

读者可以在此基础上修改程序,可以任意输入商店名称和顾客名称,使程序更加通用。

9.3　用当前时间、明天时间或者自定义时间构造实例对象

在开发应用程序时,经常会创建和时间有关的对象,现在要求编程实现用当前时间、明天时间或者自定义时间创建不同的对象。这个案例的核心就是实现创建对象时使用不同的构造方法初始化对象,本节通过类属性和静态属性的学习实现该案例。

9.3.1　类属性和实例属性

在类体中,根据变量定义的位置不同以及定义的方式不同,类属性又可细分为以下 3 种类型。

- 类体中、所有方法之外:此范围定义的变量称为类属性或类变量。
- 类体中、所有方法内部:以"self.变量名"的方式定义的变量称为实例属性或实例变量。
- 类体中、所有方法内部:以"变量名＝变量值"的方式定义的变量称为局部变量。

在类的外部访问时,实例属性属于对象,只能通过对象名访问;类属性属于类,可通过类名访问,也可以通过对象名访问。注意,实例属性和类属性尽量不要使用相同的名字。

1. 类属性(类变量)

类变量指的是在类中,但在各个类方法外定义的变量。

【例 9-11】　类变量的使用示例。

```
class News :                    #定义一个新闻类
    #下面定义了 2 个类变量:新闻标题和作者
    title = "新型冠状病毒"
    author = "张三"
    #下面定义了一个新闻发布(release)实例方法
    def release(self, content):
        print(content)
n = News()                      #创建一个对象 n
#类变量可以通过对象访问,也可以通过类访问
print(n.title)                  #通过对象访问类变量,得到"新型冠状病毒"这个值
print(News.title)               #通过类访问类变量 ,也会得到"新型冠状病毒"这个值
n1 = News()                     #创建另一个对象 n1
print(n1.title)                 #不同的对象访问类变量,还是会得到"新型冠状病毒"这个值
```

上面程序中,title 和 author 就属于类变量。程序中的两个对象 n 和 n1 都可以访问类变量,也就是说,所有实例都可以访问到它所属的类的属性,而且类属性是直接绑定在类上的,所以,访问类属性也可以不创建实例,直接通过类名访问。

2. 实例属性(实例变量)

实例变量指的是在任意类方法内部,以"self.变量名"的方式定义的变量,其特点是只作

用于调用方法的对象。另外,实例变量只能通过对象名访问,无法通过类名访问。

【例 9-12】　实例变量的使用。

```
class News:
    count = 0                                    #类变量,用于统计新闻条数
    def __init__(self):
        self.title = "新时代新作为新篇章"         #实例变量
        self.add = "新华网"
        News.count += 1
    #下面定义了一个 say() 实例方法
    def say(self):
        self.catalog = 13


n = News()
print(n.title)
print(n.add)
#由于 n 对象未调用 say() 方法,因此其没有 catalog 变量,下面这行代码会报错
#print(n.catalog)


n1 = News()
print(n1.title)
print(n1.add)
#只有调用 say(),才会拥有 catalog 实例变量
n1.say()
print(n1.catalog)
print("共有%d条新闻"%(News.count))
```

程序运行结果如图 9-9 所示。

此类中,title、add 以及 catalog 都是实例变量,其中,由于 __init__()函数在创建类对象时会自动调用,而 say()方法需要类对象手动调用,因此,News 类的类对象都会包含 title 和 add 实例变量,而只有调用了 say()方法的类对象,才包含 catalog 实例变量。

由于 Python 是动态语言,类属性和实例属性也是可以动态添加和修改的,如果在例 9-12 代码中再增加下列语句:

图 9-9　实例变量的使用

```
n1.count = 3                      #通过对象修改类变量的值
n1.add = '新浪网'                  #通过对象修改实例变量的值
print(n1.count)                   #通过对象调用 count 的值,结果会得到 3
print(News.count)                 #通过类名调用 count 的值,结果还是 2
print(n1.add)                     #通过对象调用修改过的实例变量的值
#对象 n1 修改了实例变量 add 的值,不会影响到对象 n,下列语句输出的仍然是新华网
print(n.add)
```

显然,通过类对象 n1 是无法修改类变量 count 的值的,本质其实是给 n1 对象新添加了 count 实例变量。而通过某个对象 n1 修改实例变量 add 的值,不会影响类的其他实例化对象,如对象 n。

因为类属性只有一份,如果动态修改或添加类属性,所有实例访问到的类属性就都改变了,代码如下所示。

```
News.count = 6              #修改类属性 count 的值为 6
print(n.count)             #通过对象调用类属性得到的值为 6
print(n1.count)            #通过对象调用类属性得到的值为 3
print(News.count)          #通过类调用类属性得到的值为 6
```

为什么 n1 对象调用 count 的值得到的是 3 呢？因为在前面的代码中有一句：n1.count = 3,执行这句代码相当于 n1 对象动态添加了 count 实例变量。

在类中,实例变量和类变量可以同名,但这种情况下使用类对象将无法调用类变量,它会首选实例变量,这也是不推荐"类变量使用对象名调用"的原因。

3. 内置类属性

只要新建一个类,系统就会自动创建一些属性,这些属性称为内置类属性。常用的内置类属性有

- __dict__：类的属性(包含一个字典,由类的数据属性组成)。
- __doc__：类的文档字符串。
- __name__：类名。
- __module__：类定义所在的模块(类的全名是'__main__.className',如果类位于一个导入模块 mymod 中,那么 className.__module__ 等于 mymod)。
- __bases__：类的所有父类构成元素(包含一个由所有父类组成的元组)。

【例 9-13】 内置类属性的使用。

```
class Employee:
    '所有员工的基类'
    empCount = 0

    def __init__(self, name, salary):
        self.name = name
        self.salary = salary
        Employee.empCount += 1

    def displayCount(self):
        print( "Total Employee %d" %Employee.empCount)

    def displayEmployee(self):
        print("Name : ", self.name, ", Salary: ", self.salary)
```

216

```
print("Employee.__doc__:", Employee.__doc__)
print("Employee.__name__:", Employee.__name__)
print("Employee.__module__:", Employee.__module__)
print("Employee.__bases__:", Employee.__bases__)
print("Employee.__dict__:", Employee.__dict__)
```

程序运行结果如图 9-10 所示。

控制台	绘图

```
Employee.__doc__: 所有员工的基类
Employee.__name__: Employee
Employee.__module__: builtins
Employee.__bases__: (<class 'object'>,)
Employee.__dict__: {'__module__': 'builtins', '__doc__': '所有员工的基类', 'empCount': 0, '__init__': <function
Employee.__init__ at 0x7fb70a977d08>, 'displayCount': <function Employee.displayCount at 0x7fb70a9777b8>,
'displayEmployee': <function Employee.displayEmployee at 0x7fb70a9771e0>, '__dict__': <attribute '__dict__' of 'Employee'
objects>, '__weakref__': <attribute '__weakref__' of 'Employee' objects>}
```

图 9-10　内置类属性的使用

9.3.2　类方法和静态方法

和类属性一样,类方法也可以进行更细致的划分,具体可分为类方法、实例方法和静态方法。

和类属性的分类不同,区分这 3 种方法非常简单,即采用@classmethod 修饰的方法为类方法;采用@staticmethod 修饰的方法为静态方法;不用任何修饰的方法为实例方法,之前代码中定义的成员方法都是实例方法,这一节重点讲解类方法和静态方法。

1. 类方法

类方法是给类定义的,Python 内置了函数 classmethod 把类中的函数定义为类方法。Python 类方法和实例方法相似,它最少也要包含一个参数,只不过类方法中通常将其命名为 cls,Python 会自动将类本身绑定给 cls 参数(注意,绑定的不是类对象)。也就是说,调用类方法时,无须显式为 cls 参数传参。类方法能够通过实例对象和类对象访问。

【例 9-14】　类方法的使用。

```
class ColorTest(object):
    color = "color"
    @classmethod
    def value(cls):
        return cls.color
class Red(ColorTest):
    color = "red"
class Green(ColorTest):
    color = "green"
g = Green()                              #创建对象
```

```
#类方法能够通过实例对象和类对象访问
print(g.value())                          #得到结果 green
print(Red.value())                        #得到结果 red
```

从这段代码最后两行输出语句可以看出,无论是实例对象 g,还是类对象 Red,都可以调用 value() 方法。

从下面的示例代码可以看出,无论是类调用,还是实例调用,类方法都能正常工作,且通过输出 cls,可以看出 cls 传入的都是类实例本身。

```
class ClassA(object):
    @classmethod
    def func_a(cls):
        print(type(cls), cls)
ClassA.func_a()


ca = ClassA()
ca.func_a()
```

程序运行结果如图 9-11 所示。

这里需要注意,如果存在类的继承,那类方法获取的类就是类树上最底层的类(子类)。所以,在需要明确调用类属性时,不要使用类方法传入的 cls 参数,因为它传入的是类树中最底层的类,不一定符合设计初衷。可以直接通过类名访问类属性。

控制台	绘图

```
<class 'type'> <class 'ClassA'>
<class 'type'> <class 'ClassA'>
```

图 9-11　类方法的使用

类方法还有一个用途就是可以对类变量进行修改。

【例 9-15】　通过类方法修改类变量。

```
class People(object):
    country = 'china'
    #类方法,用 classmethod 进行修饰
    @classmethod
    def getCountry(cls):
        return cls.country

    @classmethod
    def setCountry(cls, country):
        cls.country = country

p = People()
print(p.getCountry())                     #可以通过实例对象引用
print(People.getCountry())                #可以通过类对象引用
p.setCountry('japan')                     #通过类方法对类变量进行修改
```

```
print(p.getCountry())
print(People.getCountry())
```

代码运行结果如图 9-12 所示。

2. 静态方法

Python 为我们内置了函数 staticmethod 把类中的方法定义成静态方法。静态方法没有类似 self、cls 这样的特殊参数,因此 Python 解释器不会对它包含的参数做任何类或对象的绑定。类的静态方法中无法调用任何类属性和类方法。

【例 9-16】　定义一个静态方法。

```
class A:
    @staticmethod                    #使用装饰器,定义静态方法
    def spam(x,y,z):
        print(x,y,z)
```

基于之前所学装饰器的知识,@staticmethod 等同于 spam＝staticmethod(spam),因此上述代码也可以写成下面的形式:

```
class A:
    #@staticmethod                   #使用装饰器,定义静态方法
    def spam(x,y,z):
        print(x,y,z)

    spam = staticmethod(spam)        #把 spam()函数做成静态方法

a = A()
a.spam(1,2,3)
A.spam(1,2,3)
```

程序运行结果如图 9-13 所示。

控制台	绘图
China	
China	
Japan	
Japan	

图 9-12　通过类方法修改类变量

控制台	绘图
1 2 3	
1 2 3	

图 9-13　静态方法

【例 9-17】　类方法和静态方法的区别。

```
import time                                         #导入标准模块
```

```
class Date:
    def __init__(self,year,month,day):
        self.year = year
        self.month = month
        self.day = day
    # @staticmethod
    # def now():
    #     t = time.localtime()
    #     return Date(t.tm_year,t.tm_mon,t.tm_mday)

    @classmethod                          #改成类方法
    def now(cls):
        t=time.localtime()
        return cls(t.tm_year,t.tm_mon,t.tm_mday)  #哪个类调用,即用哪个类cls实例化

class EuroDate(Date):
    def __str__(self):
        return '年:%s 月:%s 日:%s' %(self.year,self.month,self.day)

e=EuroDate.now()
print(type(e))                            #输出 e 的类型
print(e)                                  #我们的意图是想触发 EuroDate.__str__
```

这段代码中,如果把静态方法的注释去掉,把类方法加上注释,就得到如图 9-14 的结果。

可以看到,对象 e 是用 Date 类产生的,静态方法就是类的一个函数,可以理解为在类的名称空间中定义了一个函数,和类本身没有交互,只是有一些逻辑属于类,所以根本不会触发 EuroDate 类的__str__()方法。解决方法是,用 classmethod 把静态方法注释掉,改成类方法,得到如图 9-15 所示的结果。

图 9-14　静态方法的结果

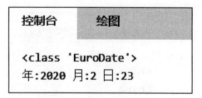

图 9-15　类方法的结果

可以看到,对象 e 是用 EuroDate 类产生的,结果会如我们所愿。它和静态方法的区别在于:不管这个方式是从实例调用,还是从类调用,它都用第一个参数把类传递过来。因此,类方法是将类本身作为对象进行操作的方法。

实际编程中,类方法和静态方法完全可以用函数实现。

9.3.3　公有成员和私有成员

类的所有成员在前面已经做了详细介绍,对于每一个类的成员而言,都有两种形式: 公有成员和私有成员。

公有成员在任何地方都能访问。私有成员只有在类的内部才能访问。

从形式上看,私有成员命名时,如果成员名由两个下画线"＿＿"开头,则表示私有成员,否则表示公有成员(特殊成员除外,如__init__、__call__、__dict__等前后都有两个下画线)。

私有成员只有在类函数的内部才能使用,类的外部不能访问。

如果需要强制使用,使用方法是"对象名._类名__xxx",所以 Python 不存在严格意义上的私有成员。

【例 9-18】　对私有成员和公有成员的调用实例。

```
#book.py
class  Book:
    price = 56                                  #定义公有变量(类变量)价格
    __type = "tp"                               #定义私有变量(类变量)类型
    def __init__(self,p,a):
        self.page = p                           #定义公有变量(成员变量)页数
        self.__author = a                       #定义私有变量(成员变量)作者
    def detal(self):
        print(self.price,self.__type,self.page,self.__author)
                                                #在类内部,公有变量、私有变量都可访问主程序
b = Book(350,"黎明")
print(b.page)                                   #访问公有成员,得到 350
#print(b._author)                               #访问私有成员会报错
print(b._Book__author)                          #可以使用这种方式访问私有成员,得到"黎明"
b.detal()                                       #得到"56 tp 350 黎明"
#print(Book.page)                               #实例变量只能通过对象访问,通过类访问会报错
print(Book.price)                               #公有类变量可以通过类名访问,得到 56
#print(Book.__type)                             #在类外部访问私有变量报错
```

这个程序中,价格是公有类属性,类型是私有类属性,书的页数是公有实例属性,而书的作者是私有实例属性。对公有属性可以公开使用,既可以在类内部访问,也可以在类外部访问。私有成员只能在类内部使用,但也可以通过特殊的方法访问,即"对象名._类名＋私有成员"的方式。

9.3.4　案例实现

案例要求采用不同的方式创建实例,而我们定义类时只有一个__init__函数,此时静态方法就派上用场了。本案例用到 time 模块,需用 import time 语句导入,模块的具体用法将在第 10 章讲解。程序实现如下。

```
import time
class Date:
    def __init__(self,year,month,day):
        self.year=year
        self.month=month
        self.day=day
    @staticmethod
    def now():                    #用Date.now()的形式产生实例,该实例用的是当前时间
        t=time.localtime()  #获取结构化的时间格式
        return Date(t.tm_year,t.tm_mon,t.tm_mday)    #新建实例并且返回
    @staticmethod
    def tomorrow():               #用Date.tomorrow()的形式产生实例,该实例用的是明天的时间
        t=time.localtime(time.time()+86400)
        return Date(t.tm_year,t.tm_mon,t.tm_mday)

a=Date('2020',1,20)          #自己定义时间
b=Date.now()                 #采用当前时间
c=Date.tomorrow()            #采用明天的时间

print(a.year,'年',a.month,'月',a.day,'日')
print(b.year,'年',b.month,'月',b.day,'日')
print(c.year,'年',c.month,'月',c.day,'日')
```

程序运行结果如图 9-16 所示。

本节内容总结如下。

控制台	绘图
2020 年 1 月 20 日	
2020 年 2 月 23 日	
2020 年 2 月 24 日	

图 9-16　多种方法构造实例对象

- 实例方法、静态方法、类方法三者中除了实例方法被类调用时要将实例化对象传递给 self 外,另外两个都可以直接用类或者是类的实例化对象调用。

- 类方法和静态方法主要用于不创建实例化对象的情况下,因为如果每次调用类中的方法时都创建实例化对象,会对系统造成很大的压力,造成系统资源浪费。

- 实例方法第一个参数为 self,静态方法与类无关联,类方法第一个参数为 cls,相当于将类当作对象进行了传递。

9.4　商品销售(封装)

封装(Encapsulation)是面向对象的三大特性之一(另外两个是继承、多态)。封装指的是隐藏对象中一些不希望被外部访问到的属性和方法,即在设计类时,刻意将一些属性和方法隐藏在类的内部,这样在使用此类时,将无法直接以"类对象.属性名"(或者"类对象.方法名(参数)")的形式调用这些属性(或方法),而只能用未隐藏的类方法间接操作这些隐藏的属性和方法。就好比使用计算机,我们只学会如何使用键盘和鼠标就可以了,不用关心内部是怎么实现的,因为那是生产和设计人员操心的事情。

注意,封装绝不是将类中所有的方法都隐藏起来,封装的目的是增强安全性和简化编程,使用者不必了解具体的实现细节,所以一定要留一些像键盘、鼠标这样可供外界使用的类方法(起接口的作用)。

9.4.1 为什么要进行封装

我们设计一个商品类,在构造方法中定义商品名和价格两个属性,如果没有对这两个属性进行封装,下面看在操作过程中会产生什么样的问题。

【例 9-19】 商品类示例。

```
class Goods:
    #构造方法
    def __init__(self,name,price):
        self.name = name
        self.price = price
#普通方法(成员方法)
    def detail(self):
        print(self.name ,"直下式 LED 背光源,176°广视角,画面清晰,色彩分明!")
    def sell(self):
        print(self.name,"售价",self.price,"元")


#主程序
good1 = Goods("华为荣耀 V30",3899)
good1.sell()
good2 = Goods("iPhone11",7899)
good2.price = -8000
good2.sell()
```

程序运行结果如图 9-17 所示。

在程序中通过 good2.price＝－8000 语句为价格变量重新赋值为一个负数,这是不符合常规的。怎样避免出现这种问题呢? 在设计类的时候,应该对成员变量的访问做出一些限制,不允许外界随意访问,这就需要实现类的封装。

图 9-17 商品类

9.4.2 怎样封装

在类中把某些属性和方法隐藏起来(或者说定义成私有的),只能在类的内部使用,但是会提供接口(方法)供外部访问,即通过提供 getter()和 setter()方法访问和修改属性。封装步骤如下。

(1) 将属性私有化(变量以双下画线__开头)。

（2）为每个属性提供 getter()和 setter()方法(赋值/取值)。

命名规范：赋值使用 setXxx()方法，取值使用 getXxx()方法。其中 Xxx 表示属性的名称，首字母大写。

（3）在 getter()和 setter()方法中，提供限制条件。

Python 中，方法私有化也比较简单，在准备私有化的方法名字前面加两个下画线即可。修改例 9-19，将商品类中的变量进行封装。

【例 9-20】 重新设计商品类。

```python
class Goods:
    #构造方法
    def __init__(self,name,price):
        self.__name = name                      #商品名称
        if price<0:                             #通过判断控制商品价格初始化的数据
            print("价格必须大于 0!")
            self.__price = 0
        else:
            self.__price = price
    #为商品名称 name 设置 setter()和 getter()方法
    def getName(self):
        return  self.__name
    #商品名称在创建商品对象时就已确定,若不许修改,可不对外提供商品名的 set()方法
    def setName(self,name):
        if type(name)!=str:
            print("名称必须是字符串!")
            return
        self.__name = name
    #为商品价格 price 设置 setter()和 getter()方法
    def getPrice(self):
        return self.__price
    def setPrice(self,price):
        if price<0:
            self.__price = 0
        else:
            self.__price = price

    #普通方法(成员方法)
    def detail(self):
        print(self.__name ,"直下式 LED 背光源,176°广视角,画面清晰,色彩分明!")
    def sell(self):
        print(self.__name,"售价",self.__price,"元")

#主程序
good1 = Goods("华为荣耀 V30",3899)          #声明商品对象 good1
```

```
good1.sell()                                    #通过对象 good1 调用 sell()方法
good2 = Goods("iPhone11",-7899)                 #声明商品对象 good2,初始化时价格为负数
good2.setPrice(-9000)                           #重新为 good2 的 Price 变量赋值
print(good2.getName(),"的价格赋值为:",good2.getPrice())
#输出 good2 的名称和价格
good2.sell()                                    #通过对象 good2 调用 sell()方法
good1.setName(123)                              #调用 set()方法重新为 good1 对象赋值
```

程序运行结果如图 9-18 所示。

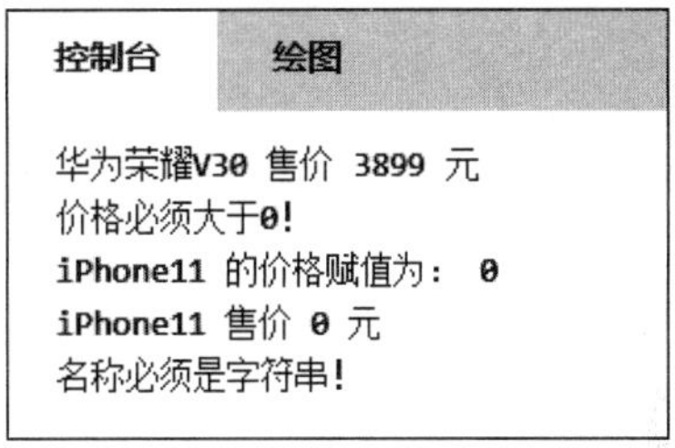

此程序中在 name 和 price 变量前加了两个下画线,使其变为私有属性,同时为每个变量增加了 getter()和 setter()方法,并且在方法中增加了对 name 和 price 属性的判断,避免用户对类中属性的不合理操作,从而提高了类的可维护性和安全性。

使用封装确实在一定程度上增加了程序的复杂性,但是它确保了数据的安全性。

控制台	绘图

华为荣耀V30 售价 3899 元
价格必须大于0!
iPhone11 的价格赋值为: 0
iPhone11 售价 0 元
名称必须是字符串!

图 9-18　重新设计商品类

- 隐藏了属性名,使调用者无法任意修改对象中的属性。

- 增加了 getter()和 setter()方法,可以很好地控制属性是否是只读的。如果希望属性是只读的,则可以直接去掉 setter()方法;如果希望属性不能被完全访问,则可以直接去掉 getter()方法。

- 使用 setter()方法设置属性,可以增加数据的验证,确保数据的值是正确的。

- 可以在读取属性和设置属性的方法中做一些其他的操作。

既然 getter()和 setter()方法是用来操作属性的方法,那么能不能以属性操作的方式使用呢? Python 中提供了 property 类和@property 装饰器,在使用对象的私有属性时,可以不再使用属性的函数的调用方式,而像普通的公有属性一样使用属性,为开发提供便利。由于篇幅有限,property 类和@property 装饰器的用法,读者可自行查阅相关资料。

封装是一种编程思想,实际上前面学习的很多知识都涉及了封装的思想。容器(列表、元组、字符串、字典)是对数据的封装,函数是对语句的封装,类是对方法和属性的封装。

9.5　学校师生管理(继承)

学校成员包括教师和学生,开学时每种成员都得注册、填写自己的信息、违规时都会被开除。在学校时,学生得交学费,教师得备课。请开发一个简单的 Python 程序,帮助学校管理学生和教师。

根据不同的角色,学校成员可以分为教师、学生等不同的类别。如果只设计一个类包括各种角色的属性和方法,其结构性很差。所以,必须设计不同的类,管理不同角色的人。

所谓继承(inheritance),就是一种创建和已有类功能类似的新类的机制。利用继承,可以先创建一个具有公共属性的一般类,如学校成员类,然后根据这个一般类再创建具有特殊

属性的新类,如教师类和学生类。新类继承一般类的属性和方法,并根据需要增加它自己的属性和方法。继承实现了代码重用,是面向对象程序设计的重要特征之一。

由继承得到的新类称为子类(subclass),被继承的类称为超类(supclass),也被称为父类。下面开始学习继承的相关知识,从而编程实现学校师生管理的功能。

9.5.1 单继承和多继承

子类继承父类时,只在定义子类时将父类(可以是多个)放在子类之后的圆括号里即可。

1. 单继承

语法格式如下。

```
class 子类名(基类名):
    #类定义部分
```

- 如果该类没有显式指定继承自哪个类,则默认继承 object 类(object 类是 Python 中所有类的父类,即要么是直接父类,要么是间接父类)。
- 使用继承时,子类和父类之间的关系应该是"属于"关系。例如,学生是人,教师也是人,因此这两个类都可以继承"人"类。但是,计算机类却不能继承 Person 类,因为计算机并不是一个人。

【例 9-21】 中国人(类)继承人(类)。

```
class Person(object):              #定义一个父类
    def speak(self):               #父类中的方法
        print("person is speaking....")

class Chinese(Person):             #定义一个子类,继承 Person 类
    def work(self):                #在子类中定义其自身的方法
        print('is working...')

p = Person()                       #定义一个父类对象
p.speak()                          #调用父类的方法
c = Chinese()                      #定义一个子类对象
c.speak()                          #子类调用父类的方法
c.work()                           #子类调用本身的方法
```

程序运行结果如图 9-19 所示。

从结果可以看出,c 对象中只定义了 work()方法,但是也可以调用父类定义的 speak()方法,说明继承了父类的方法。

2. 多继承

Python 和其他面向对象语言不同,它支持多重继承,就是

控制台	绘图
person is speaking....	
person is speaking....	
is working...	

图 9-19 继承

226

可以同时继承多个父类的属性和方法。多重继承的语法如下。

```
class 子类名(基类名 1,基类名 2,…):
    #类定义部分
```

【例 9-22】 多重继承示例。

```
class People:
    def introduce(self):
        print("我是一个人,名字是:",self.name)
class Animal:
    def display(self):
        print("人也是高级动物")
#同时继承 People 和 Animal 类
#其同时拥有 name 属性、introduce() 和 display() 方法
class Person(People, Animal):
    pass
p1 = Person()
p1.name = "李思思"
p1.introduce()
p1.display()
```

程序运行结果如图 9-20 所示。

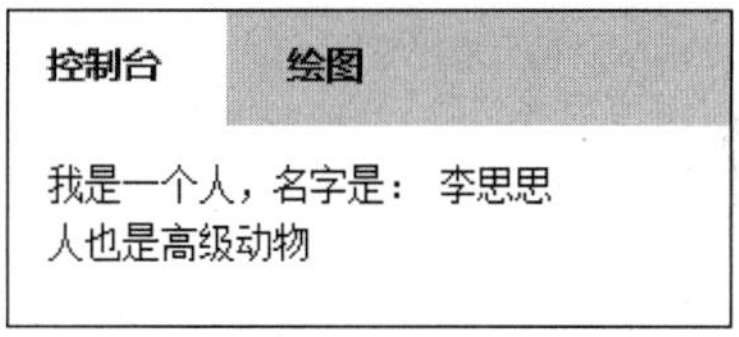

事实上,大部分面向对象的编程语言都只支持单继承,即子类有且只能有一个父类。而 Python 却支持多继承(C++ 也支持多继承)。和单继承相比,多继承容易让代码逻辑复杂、思路混乱,一直备受争议,中小型项目中较少使用,后来的 Java、C♯、PHP 等干脆取消了多继承。使用多继承经常面临的问题是,多个父类中包含同

控制台	绘图
我是一个人,名字是: 李思思 人也是高级动物	

图 9-20　多重继承

名的类方法。对于这种情况,Python 的处理措施是:根据子类继承多个父类时这些父类的前后次序决定,即排在前面父类中的类方法会覆盖排在后面父类中的同名类方法。

9.5.2　重写(覆盖)父类方法

子类不想原封不动地继承父类的方法,而是想做一定的修改,这就需要采用方法的重写。子类中重写了与基类(父类)同名的方法,在子类实例调用方法时,实际调用的是子类中的覆盖版本,这种现象叫作覆盖,因此方法重写又称方法覆盖。

1. 重写构造方法

Python 中,类的构造方法是 __init__()。当一个类被子类继承且子类重写了构造方法后,若子类还想使用父类的构造方法,如果直接通过创建的子类对象调用父类的方法会报错。解决办法有两个:一个是调用超类方法的未绑定版本;一个是使用 super() 函数。

首先看一个例子：鸟（bird）类分为麻雀（sparrows）、燕子（swallows），还有会说话的鹦鹉（parrots），所有的鸟都会飞，鹦鹉还会唱歌。

【例 9-23】 鹦鹉类重写了构造方法。

```
import random as r          #导入 random 模块
class Bird:
    def __init__(self):
        self.x = r.randint(0, 10)      #调用 randint()函数产生随机数
        self.y = r.randint(0, 10)
    def fly(self):
        print("我任意飞,我的位置是:", self.x, self.y)
class Sparrows(Bird):     #定义麻雀类,不需要有个性,直接继承 Bird 类的全部属性和方法
    pass
class Swallows(Bird):     #定义燕子类,不需要有个性,直接继承 Bird 类的全部属性和方法
    pass
class Parrots(Bird):      #定义鹦鹉类,这种鸟会说话,除了继承以外,还要添加一个说的方法
    def __init__(self):
        self.sounds = 'y'
    def speak(self):
        if self.sounds=='y':
            print("我是一只会说话的鸟,呵呵呵")
            self.sounds = False
        else:
            print("说累了,现在不想说话!")
#主程序
bird = Bird()
bird.fly()
sparrows = Sparrows()
sparrows.fly()
swallows = Swallows()
swallows.fly()
parrots = Parrots()
#parrots.fly()
```

程序运行结果如图 9-21 所示。

控制台	绘图

```
我任意飞, 我的位置是:  8 6
我任意飞, 我的位置是:  8 1
我任意飞, 我的位置是:  0 2
```

图 9-21 重写构造方法

如果将最后一句的注释符号♯去掉,鹦鹉对象也调用 fly( )方法,则程序运行结果如图 9-22 所示。

```
控制台    绘图

我任意飞,我的位置是: 5 5
我任意飞,我的位置是: 9 9
我任意飞,我的位置是: 6 7
Traceback (most recent call last):
  File "<program.py>", line 29, in <module>
    parrots.fly()
  File "<program.py>", line 7, in fly
        print("我任意飞,我的位置是: ", self.x, self.y)
AttributeError: 'Parrots' object has no attribute 'x'
```

图 9-22　鹦鹉对象也调用 fly( )方法

同样是继承了鸟类,为什么麻雀、燕子对象都可以飞,而鹦鹉对象就不行了呢?其实这里抛出的异常说得很清楚,'Parrots' object has no attribute 'x','Parrots'对象没有 x 属性。原因是在 Parrots 类中重写了__init__( )方法,但新的方法里没有初始化 x 和 y 坐标,因此调用 fly( )方法就会报错。解决的办法是在 Parrots 类中重写__init__( )方法的时候先调用父类(Bird)的__init__( )方法。有两种方法可以实现:

第一种是调用未绑定的超类构造方法,如下所示。

```python
def __init__(self):
    Bird.__init__(self)
    self.sounds = 'y'
```

第二种是使用 super( )函数,如下所示。

```python
def __init__(self):
    super().__init__()
    self.sounds = 'y'
#主程序
bird = Bird()
bird.fly()
sparrows = Sparrows()
sparrows.fly()
swallows = Swallows()
swallows.fly()
parrots = Parrots()
parrots.fly()
parrots.speak()
parrots.speak()
```

最终,程序运行结果如图 9-23 所示。

2. 重写普通方法

父类的成员都会被子类继承,当父类中的某个方法不完全适用于子类时,就需要在子类中重写父类的这个方法。

【例 9-24】 重写父类方法。

```
class A:
    def work(self):
        print("A 类的 work()方法被调用")
class B(A):
    def work(self):
        print("B 类的 work()方法被调用")
b = B()
b.work()                    #子类已经覆盖了父类的方法,调用 B 类的 work()方法
```

程序运行结果如图 9-24 所示。

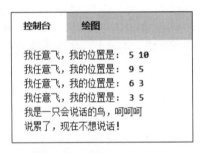

图 9-23 重写了构造方法

图 9-24 重写父类方法

9.5.3 调用父类方法

从 9.5.2 节的例子可以看出,如果在子类中重写了从父类继承来的类方法,那么,当在类的外部通过子类对象调用该方法时,Python 总是会执行子类中重写的方法,这就产生了一个新的问题,即如果想调用父类中被重写的这个方法,该怎么办?

有 3 种形式可以调用被子类覆盖的父类方法,分别为:

* 父类名.父类方法(self)。
* super(子类名,self).父类方法()。
* super().父类方法()。

【例 9-25】 子类调用父类的方法。

```
class A:
    def work(self):
        print("A 类的 work()方法被调用")
```

```
class B(A):                      #定义子类B,继承了父类A
    def work(self):              #重写了父类的work()方法
        print("B类的work()方法被调用")
    def doworks(self):
        self.work()              #调用B类的work()方法
        super(B,self).work()     #在子类方法中调用超类的方法
        super().work()           #在子类方法中调用超类的方法
b = B()                          #创建子类对象
b.doworks()                      #子类对象可以调用自己定义的方法
b.work()                         #子类已经覆盖了父类的方法,调用子类自己的work()方法

print("-------以下两种方法都可用子类对象b调用覆盖了的父类的方法--------")
super(B,b).work()
A.work(b)
```

程序运行结果如图 9-25 所示。

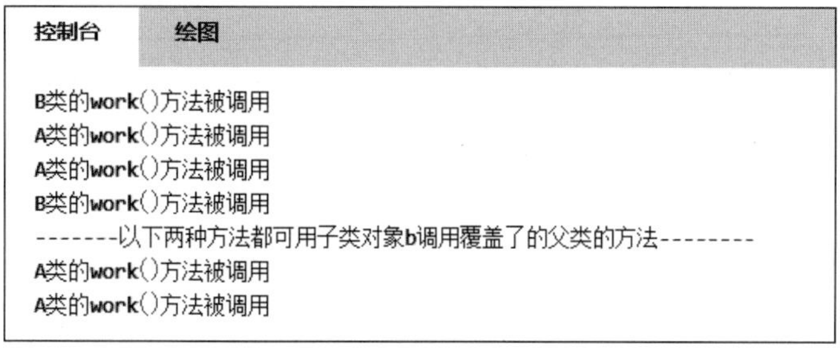

图 9-25　子类调用父类的方法

9.5.4　案例实现

根据前面所学知识,设计一个学校成员类 SchoolMember,包含构造方法、析构方法、两个成员方法、注册功能和显示个人信息功能。设计教师类 Teacher 和学生类 Student,这两个类都继承成员类 SchoolMember,教师类重写了构造方法,增加了工资和课程两个属性,同时增加了授课方法;学生类重写构造方法,增加了专业、学费和学费总额 3 个属性,重写了个人信息这个方法,增加了交学费方法。

```
class SchoolMember(object):
    '''学校成员基类'''
    member = 0                   #用于师生数量

    def __init__(self, name, age, sex,type):
        self.name = name
        self.age = age
        self.sex = sex
```

```
            self.type = type
            self.register()

        def register(self):
            '注册'
            if self.type =='教师':
                print('注册了一名教师: [%s].' % self.name)
            else:
                print('注册了一名学生: [%s].' % self.name)
            SchoolMember.member += 1

        def personalInformation(self):
            print('----%s的信息如下----' % self.name)
            for k, v in self.__dict__.items():
                print(k, v)
            print('----end-----')

        def __del__(self):
            print('开除了[%s]' % self.name)
            SchoolMember.member -= 1

        class Teacher(SchoolMember):
        '教师'
        def __init__(self, name, age, sex,type, salary, course):
            SchoolMember.__init__(self, name, age, sex,type)
            self.salary = salary
            self.course = course
        def teaching(self):
            print('[%s]老师正在讲授 [%s]课程' % (self.name, self.course))

class Student(SchoolMember):
    '学生'
    def __init__(self, name, age, sex, type,major, tuition):
        SchoolMember.__init__(self, name, age, sex,type)
        self.major = major
        self.tuition = tuition
        self.amount = 0
    def pay_tuition(self,  tuition ):
        print('学生 [%s]已经缴清学费[%s]元' % (self.name, tuition ))
        self.amount += tuition

    def personalInformation(self):
        print('我是',self.major,'专业的学生')
```

```
#主程序
t1 = Teacher('张伟', 28, 'M', '教师',3000, 'Python')
t1.personalInformation()
s1 = Student('李海涛', 18, 'M','学生', '计算机', 4000)
s1.pay_tuition(4000)
s1.personalInformation()
super(Student,s1).personalInformation()
s2 = Student('凤飞飞', 19, 'F','学生', '软件测试', 4500)
s2.pay_tuition(4500)
print('学校共有师生:',SchoolMember.member,'人')
del s2
print('学校共有师生:',SchoolMember.member,'人')
t1.teaching()
```

程序运行结果如图 9-26 所示。

```
控制台    绘图

注册了一名教师: [张伟].
----张伟的信息如下----
name 张伟
age 28
sex M
type 教师
salary 3000
course Python
----end-----
注册了一名学生: [李海涛].
学生 [李海涛]已经缴清学费[4000]元
我是 计算机 专业的学生
----李海涛的信息如下----
name 李海涛
age 18
sex M
type 学生
major 计算机
tuition 4000
amount 4000
----end-----
注册了一名学生: [凤飞飞].
学生 [凤飞飞]已经缴清学费[4500]元
学校共有师生: 3 人
开除了[凤飞飞]
学校共有师生: 2 人
[张伟]老师正在讲授 [Python]课程
```

图 9-26　学校师生管理

9.6 学校对教师进行评估（多态）

每个学校都有若干名教师，有讲 Java 的教师，有讲 Python 的教师等，学校经常会对每位教师进行评估，编程模拟学校评估各位教师。

9.6.1 为什么需要多态

在面向对象程序设计中，除了封装和继承特性外，多态也是一个非常重要的特性，本节就带领大家详细了解什么是多态。为了实现本节的案例，我们设计了公共的教师类，各门课教师类都可以从教师类继承。

【例 9-26】 教师类及其子类示例。

```python
class Teacher:
    def __init__(self,name,shool):
        self.name = name                     #教师姓名
        self.shool = shool                   #所在学校
    def giveLesson(self):                    #定义一个授课方法
        print("知识点讲解")
        print("总结提问")
    def introduction(self):
        print("大家好!我是",self.shool,"的",self.name)
class JavaTeacher(Teacher):                  #定义 Java 教师
    def giveLesson(self):                    #重写了父类方法
        print("启动 Eclipse")
        super().giveLesson()
class PythonTeacher(Teacher):                #定义 Python 教师
    def giveLesson(self):                    #重写了父类方法
        print("启动 PyCharm")
        super().giveLesson()
jt = JavaTeacher("李薇薇","北大")
jt.introduction()
jt.giveLesson()
```

程序运行结果如图 9-27 所示。

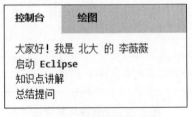

图 9-27 教师类及其子类

现在要在教师类的基础上开发一个类代表学校,负责对各位教师进行评估,评估内容包括教师的自我介绍、教师的授课。如果不用多态的机制,我们的程序可能会这样写:在学校类中添加对 Java 教师的评估方法以及对 Python 教师的评估方法,代码如下所示。

【**例 9-27**】 在例 9-26 的基础上添加学校类及评估方法。

```
#接着例 9-26 所示程序添加下列代码
class HQSchool:                        #定义学校类
    def judge(self,JavaTeacher):   #对 Java 教师进行评估的方法,参数是 Java 教师
        print("开始评估")
        JavaTeacher.giveLesson()
        JavaTeacher.introduction()
    def judge(self,PythonTeacher): #对 Python 教师进行评估的方法,参数是 Python 教师
        print("开始评估")
        PythonTeacher.giveLesson()
        PythonTeacher.introduction()
#主程序
jt = JavaTeacher("张抗康","北大")
pt = PythonTeacher("李冰冰","清华")
hq = HQSchool()
hq.judge(jt)
hq.judge(pt)
```

如果要对数据库教师进行评估,就要增加一个对数据库教师进行评估的方法,也就是说,每增加一种新的教师类型,都要修改学校类,增加相应的 judge(评估)方法,代码的可扩展性及可维护性极差。当然,这段代码是没有意义的,因为 Python 中不认为 JavaTeacher 和 PythonTeacher 这两个变量有什么不同,我们只是用来引出对多态的理解。

9.6.2 怎样实现多态

9.6.1 节的代码中对 Java 教师的评估方法和对 Python 教师的评估方法,在 Python 中是一种方法,所以可以将这两个方法合并改写成如下代码。

【**例 9-28**】 多态示例。

```
class HQSchool:
    def judge(self,t):   #评估方法中的参数不再固定是哪一位教师
        t.introduction()
        t.giveLesson()
#主程序
s = HQSchool()
jt = JavaTeacher("李薇薇","北大")
pt = PythonTeacher("张山","清华")
s.judge(jt)            #如果评估 Java 教师,就将该 Java 教师对象作为参数传给评估方法
print("=========================")
s.judge(pt)            #如果评估 Python 教师,就将该 Python 教师对象作为参数传给评估方法
```

程序运行结果如图 9-28 所示。

| 控制台 | 绘图 |

大家好！我是 北大 的 李薇薇
启动 Eclipse
知识点讲解
总结提问
大家好！我是 北大 的 李薇薇
启动 Eclipse
知识点讲解
总结提问
========================
大家好！我是 清华 的 张山
启动PyCharm
知识点讲解
总结提问

图 9-28　多态示例

从程序中看到,传给 judge()方法的参数是哪个类的实例对象,它就会调用那个类中的 introduction()和 giveLesson()方法。另外,如果要增加对其他教师的考核,直接在 s.judge(jt)语句中将 jt 对象替换成别的对象名就可以了。这就是多态,同一种方法可以表现出不同的形态(结果)。

多态的好处就是,当需要传入 JavaTeacher、PythonTeacher 时,只接收 Teacher 类型就可以了,因为 JavaTeacher、PythonTeacher 都是 Teacher 类型,然后按照 Teacher 类型进行操作即可。由于 Teacher 类型有 giveLesson()和 introduction()方法,因此,传入的任意类型,只要是 Teacher 类或者子类,就会自动调用实际类型的 giveLesson()和 introduction()方法。所以,多态是指相同的信息发给不同的对象会引发不同的结果。

类的多态特性还要满足以下两个前提条件。
- 继承：多态一定发生在子类和父类之间。
- 重写：子类重写了父类的方法。

9.6.3　多态的进一步讨论

Python 是一种动态语言,在 Python 运行过程中,参数被传递过来之前并不知道参数的类型,虽然 Python 中的方法也是后期绑定,但是和 Java 中多态的后期绑定却是不同的,Java 中的后期绑定至少知道对象的类型,而 Python 中就不知道参数的类型,所以在 9.6.1 节中为 judge()方法定义不同的参数类型是没有必要的。

【例 9-29】　多态的动态性示例。

```
class A:                    #定义父类 A,它具有 prt()方法
    def prt(self):
        print("A")
#以下的 B、C、D 类都从 A 类继承而来
class B(A):
    def prt(self):
        print("B")
class C(A):
    def prt(self):
        print("C")
class D(A):
    pass
class E:                    #定义 E 类,它和 A 类没有关系,但是有一个同名的方法
    def prt(self):
```

```
        print("E")
class F:                        #定义 F 类,它和 A 类没有关系
    pass
def test(arg):                  #定义 test()方法,在该方法体中调用 prt()方法
    arg.prt()
#声明 a、b、c、d、e、f 6 个对象
a = A()
b = B()
c = C()
d = D()
e = E()
f = F()
#将 6 个对象作为参数分别传入 test()方法中
test(a)
test(b)
test(c)
test(d)
test(e)
test(f)
```

程序运行结果如图 9-29 所示。

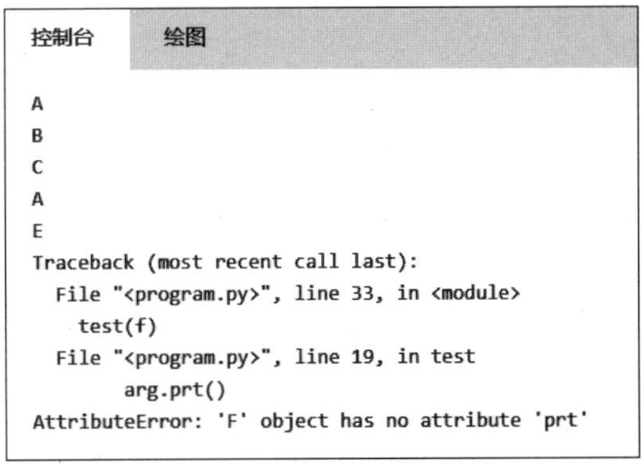

图 9-29　多态的动态性

乍一看似乎 Python 支持多态,a、b、c、d 都是 A 类型的变量,调用 test(a)、test(b)、test(c)、test(d)时工作得很好,但是下边就大不一样了。调用 test(e)时,Python 只是调用 e 的 prt()方法,并没有判断 e 是否为 A 子类的对象(事实上,定义 test()方法时也没有指定参数的类型,Python 根本无法判断)。E 虽然不是 A 类型的变量,但是根据鸭子类型,走起来像鸭子、游泳起来像鸭子、叫起来也像鸭子,那么这只鸟就可以被称为鸭子,e 有 prt()方法,所以在 test()方法中把 e 也看作一个 A 类型的变量,而 f 没有 prt()方法,所以 f 不是 A 类型的变量,也没有 prt()方法,调用 test(f)时报错。

Python 本身就是一种多态语言,和其他面向对象语言的多态是有区别的。所以,编程时要多加小心,用好 Python 的多态特性。

构造方法也有多态,9.3 节的内容实际上就是构造方法的多态,除了使用__init__()方法构造对象外,还可以通过类方法和静态方法构造不同的实例对象。

多态和封装的区别:多态可以让用户对不知道是什么类的对象进行方法调用,封装则不用关心对象是如何创建的而直接进行使用。

9.7 运算符重载

Python 语言提供了运算符重载功能,增强了语言的灵活性。所谓运算符重载,指的是在类中定义并实现一个与运算符相对应的处理方法,这样,当类对象在进行运算符操作时,系统就会调用类中相应的方法处理。

Python 语言本身提供了很多魔法方法,它的运算符重载就是通过重写这些 Python 内置魔法方法实现的。这些魔法方法都以双下画线开头和结尾,类似于__X__的形式,Python通过这种特殊的命名方式拦截操作符,以实现重载。如果类实现了__add__方法,当类的对象出现在“+”运算符中时,就会调用这个方法。

【例 9-30】 重载运算符示例。

```python
class Student:                          #自定义一个类
    def __init__(self, name, grades):   #定义该类的初始化函数
        self.coursename = name          #将传入的参数值赋值给成员变量
        self.grades = grades

    def __str__(self):                  #用于将值转换为字符串形式,等同于 str(obj)
        return "课程:" + self.coursename + ";成绩:" + str(self.grades)

    __repr__ = __str__                  #转换为供解释器读取的形式

    def __lt__(self, record):           #重载 self<record 运算符
        if self.grades < record.grades:
            return True
        else:
            return False

    def __add__(self, record):          #重载 + 运算符
        return Student(self.coursename + record.coursename, self.grades +
record.grades)


s1 = Student("Java", 89)               #实例化一个对象 s1,并为其初始化
s2 = Student("Python", 90)             #实例化一个对象 s2,并为其初始化
print(repr(s1))                        #格式化对象 s1
print(s1)                              #解释器读取对象 s1,调用 repr
```

```
print(str(s1))                    #格式化对象 s1,输出"课程:Java;成绩:89"
print(s1<s2)                      #比较 s1<s2 的结果,输出 True
print(s1 + s2)                    #两个 Student 对象的相加运算,输出 "课程:JavaPython;成绩:179"
```

程序运行结果如图 9-30 所示。

这个例子中,Student 类中重载了 repr、str、<、+ 运算符,并用 Student 实例化了两个对象 s1 和 s2。

通过将 s1 进行 repr、str 运算,从输出结果中可以看到,程序调用了重载的操作符方法 __repr__ 和 __str__。而当 s1 和 s2 进行小于(<)比较运算以及加法运算时,从输出结果中可以看出,程序调用了重载<号和+号的方法 __lt__ 和 __add__ 方法。

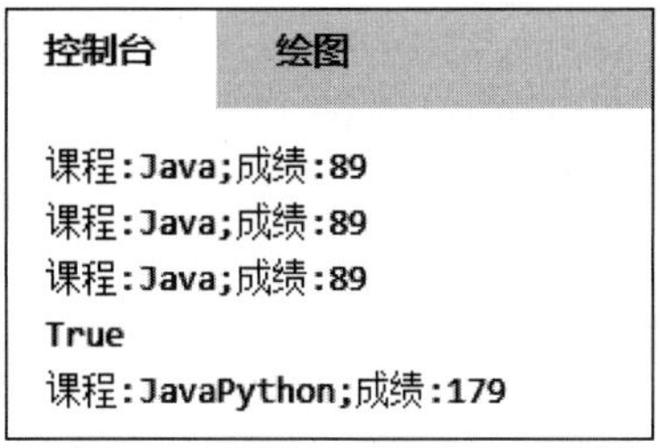

那么,Python 类支持对哪些方法进行重载呢?表 9-1 列出了 Python 中常用的可重载的运算符与内置魔法方法的对应关系。

图 9-30　运算符重载

表 9-1　**Python 中常用的可重载的运算符与内置魔法方法的对应关系**

函数方法(魔法方法)	重载的运算符	说　　明	调 用 示 例
__add__()	＋	加法	Z＝X＋Y,X＋＝Y
__sub__()	－	减法	Z＝X－Y,X－＝Y
__mul__()	*	乘法	Z＝X * Y,X * ＝Y
__div__()	/	除法	Z＝X/Y,X/＝Y
__lt__()	<	小于	X<Y
__eq__()	＝＝	等于	X＝＝Y
__len__()	长度	对象长度	Len(X)
__str__()	输出	输出对象时调用	Print(X),str(X)
__or__()	或	或运算	X|Y,X!＝Y

9.8　精彩实例

9.8.1　创建学生类

1. 案例描述

编写程序,完成一个学生类的创建。

2. 案例分析

根据类的定义,类中应该包括属性和方法,可以根据需要设定属性和方法。本案例中可以给学生定义名字、爱听的音乐、年龄等属性,年龄定义成私有的属性,通过 getter()方法获

取值,通过 setter()方法赋值,在赋值时要进行判断,小于 0 岁或者大于 120 岁,默认赋值成 18 岁。定义两个方法,分别是学习和娱乐的方法。执行学习方法,打印输出"我的名字是××,我今年××岁了,我在学习 Python"。执行娱乐的方法,打印输出"我的名字是××,我今年××岁了,我最喜欢的音乐是××"。

3. 案例实现

```
class Student:
    name = ''
    music = ''
    _age = 0                        #年龄定义成受保护的,也可以用双下画线定义为私有
    def __init__(self,name,age,music):
        self.name = name
        self.setAge(age)            #执行 setter()方法进行赋值
        self.music = music
    def getAge(self):
        return self._age
    def setAge(self,age):
        if age >0 & age <120:
            self._age = age
        else:
            self._age = 18
    def study(self):
        print('我的名字是%s,我今年%d 岁了,我在学习 Python'%(self.name,self._age))
    def play(self):
        print('我的名字是%s,我今年%d 岁了,我最喜欢的音乐是%s'%(self.name,self._
age,self.music))
#实例化对象
stu = Student('小明',0,'好汉歌')
stu.study()
stu.play()
```

程序运行结果如图 9-31 所示。

控制台	绘图
我的名字是小明,我今年18岁了,我在学习Python 我的名字是小明,我今年18岁了,我最喜欢的音乐是好汉歌	

图 9-31　学生的动作

9.8.2　电动狮子玩具

1. 案例描述

小明过生日,爸爸送他一个电动狮子玩具,编程测试这个狮子能否正常工作。

2. 案例分析

定义一个玩具电动狮子类,这个玩具的属性应该有什么? 例如,我们现在只关注是什么颜色,那就只有一个颜色属性;这个狮子玩具应该会跑,会发出吼叫的声音,我们定义两个方法,跑和叫的方法。

3. 案例实现

```
#AutoLion.py
class AutoLion:
    def __init__(self,c):
        for x in ["棕色","黄色","红色","深棕","灰色"]:
            if x ==c:
                self.__color = c
                break
            else:
                self.__color = "黄色"

    def getColor(self):
        return self.__color
    def run(self):                    #定义跑的方法
        print("正在以 0.1m/s的速度向前奔跑!")
    def bark(self):                   #定义叫的方法
        self.sound = "吼声"
        return self.sound
#主程序
lion = AutoLion("深棕")
print("这个玩具狮子是",lion.getColor(),"的,")
lion.run()
print("这只狮子发出了 ",lion.bark())
```

程序运行结果如图 9-32 所示。

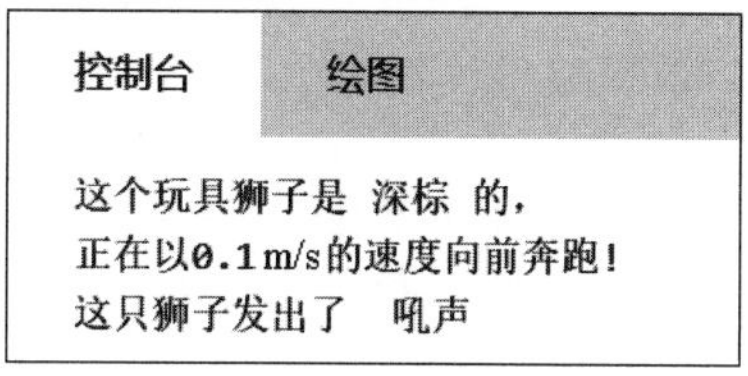

图 9-32　电动狮子玩具的属性和方法

9.8.3　电影点播

1. 案例描述

编程模拟播放选中的电影。

2. 案例分析

定义一个电影节目类,在该类中定义一个类属性保存即将播放的电影列表,点播的时候,如果列表中有这部电影,就输出信息:开始播放,否则输出没有这部电影。

3. 案例实现

```
#FileShow.py
class FileShow:
    film_list = ['英雄机长','战狼','流浪地球','熊出没','我和我的祖国']    #类属性
    count = 0                           #类属性
    def __init__(self,name):
        self.film_name = name

    def play_movie(self):
        for f in FileShow.film_list:
            if f ==self.film_name:
                print("开始播放《",self.film_name,"》电影")
                FileShow.count += 1
                break
            if f ==None:                #如果到列表结尾还没有匹配的电影名
                print("没有这部电影")
#主程序
film1 = FileShow("我和我的祖国")           #第一部电影
film1.play_movie()                       #播放第一部电影
film2 = FileShow("流浪地球")             #第二部电影
film2.play_movie()                       #播放第二部电影
film3 = FileShow("出水芙蓉")             #第三部电影
film3.play_movie()                       #播放第三部电影
print("共播放了",FileShow.count,"部电影")
```

程序运行结果如图 9-33 所示。

控制台	绘图

开始播放 《 我和我的祖国 》电影
开始播放 《 流浪地球 》电影
共播放了 2 部电影

图 9-33 电影点播

9.8.4 课程管理

1. 案例描述

编程实现学校对课程的管理。

2. 案例分析

按照面向对象的思维分析,本案例中有以下对象:人员类的对象有教师、学生、管理员,还有学校、课程对象。其中教师、学生、管理员都是人类,具有共性,可以设计一个人类被继承。各种对象的属性和功能如下。

- 定义管理员类 Admin。管理员有属性 name、password,具有创建学校(create_school)、创建课程(create_course)、创建老师(create_teacher)3 种功能。
- 定义教师类 Teacher。教师有属性 name、password,具有添加课程(add_course)、给学生打分(scoring)两种功能,若发现学生没有选修此课程时,则不能打分,并给出提示。
- 定义学生类 Student。学生有属性 name、password,可以有获取当前学校(get_school_list)、选择学校(choice_school)、选择课程(choice_course)3 种功能,但学校没有该课程时,需要提示,并且不能选择该课程。
- 定义学校类(School)。学校有属性 name、addr,有添加课程(add_course)的功能。
- 定义课程类(Course)。课程有属性 name,有添加学生(add_student)的功能。

3. 案例实现

```python
#courseManage.py
#人类
class Person():
    def __init__(self,name,password):
        self.name = name
        self.password = password


#管理员类,继承 Person
class Admin(Person):
    school_list = []
    def __init__(self,name,password):
        super().__init__(name,password)


    def create_school(self,school_name,school_addr):
        school = School(school_name,school_addr)
        Admin.school_list.append(school)
        print(f'{self.name}创建了{school.name}')
        return school

    def create_course(self, course_name, course_prize):
        course = Course(course_name, course_prize)
        print(f'{self.name}创建了{course.name}课程')
        return course

    def create_teacher(self, teacher_name, teacher_passwd):
```

```
        teacher = Teacher(teacher_name, teacher_passwd)
        print(f'{self.name}招聘{teacher.name}为教师')
        return teacher


#教师类,继承 Person
class Teacher(Person):
    def __init__(self,name,password):
        super().__init__(name,password)
        self.courses = list()

    def add_course(self,course):
        self.courses.append(course)
        print(f'{self.name}增加了{course.name}')

    def scoring(self,student,course,grade):
        print("开始打分")
        if course in student.courses:
            print(f'{self.name}教师给{course.name}打了{grade}分')
        else:
            print(f'{self.name}教师发现学生{student.name}没有选修{course.name}课程')

#学生类,继承 Person
class Student(Person):
    def __init__(self,name,password):
        super().__init__(name,password)
        self.courses = list()
        self.school = ''

    def get_school_list(self,admin):
        for i in admin.school_list:
            print(f'当前学校有{i.name}')

    def choice_school(self,school):
        self.school = school
        print(f'{self.name}选修了{school.name}')

    def choice_course(self,course):
        if course.name in self.school.courses:
            self.courses.append(course)
            course.students.append(self.name)
            print(f'{self.name}选修了{course.name}课程')
        else:
            print(f'{self.school.name}没有{course.name}课程')
```

```python
#学校类
class School():
    def __init__(self,name,addr):
        self.name = name
        self.addr = addr
        self.courses = list()

    def add_course(self,course):
        course_name = course.name
        self.courses.append(course_name)
        print(f'{self.name}学校增加了{course.name}课程')

#课程类
class Course():
    def __init__(self,name,prize):
        self.name = name
        self.prize = prize
        self.students = list()

    def add_student(self,student):
        self.students.append(student)
        print(f'{self.name}学了{self.name}课程')

#创建管理员
admin = Admin('浩泰斯特','123456')

#管理员创建了学校
bj_school = admin.create_school('北京分公司','北京')
sz_school = admin.create_school('深圳分公司','深圳')
sh_school = admin.create_school('上海分公司','上海')

#管理员创建了课程
python = admin.create_course('Python',21000)
linux = admin.create_course('Linux',18000)
java = admin.create_course('Java',20000)

#学校增加课程
'''北京'''
bj_school.add_course(python)
bj_school.add_course(linux)
bj_school.add_course(java)
'''深圳'''
sz_school.add_course(python)
sz_school.add_course(linux)
```

```python
'''上海'''
sh_school.add_course(python)
sh_school.add_course(java)

#管理员招聘教师
nick = admin.create_teacher('nick','123456')
tank = admin.create_teacher('tank','123456')

#创建学生对象
one = Student('张三','123')
one.get_school_list(admin)
one.choice_school(sh_school)
one.choice_course(python)
one.choice_course(linux)
one.choice_course(java)

two = Student('李四','123')
two.get_school_list(admin)
two.choice_school(sz_school)
two.choice_course(python)
two.choice_course(linux)
two.choice_course(java)

#教师给学生打分
nick.scoring(one,linux,12)

#打印学生的课程记录
print("打印第一个学生的课程记录")
for i in one.courses:
    print(i.name)

print("打印第二个学生的课程记录")
for i in two.courses:
    print(i.name)

print("学习 Python 课程的学生:")
for i in python.students:
    print(i)

print("学习 Java 课程的学生:")
for i in java.students:
    print(i)

print("学习 Linux 课程的学生:")
```

```
for i in linux.students:
    print(i)
```

这个程序的运行结果比较长,篇幅所限,这里就不再提供运行结果截图,请读者自行运行查看输出结果。

9.9　本章小结

本章讲解了类的定义,使用构造方法创建实例对象,通过对象调用其属性和方法,收回对象时调用析构方法释放对象占用的资源。类的属性有私有属性和公有属性,类的方法有公有方法、私有方法、静态方法。面向对象的三大特性是继承、封装和多态,通过封装将内部实现包裹起来,对外不可见,提供接口进行调用;通过继承达到代码重用的目的,提高开发效率;不同的子类调用相同的父类方法,产生不同的结果,这种多态性增加了代码的灵活性。

9.10　实　战

实战一:类和继承练习

定义一个 Bicycle 类,其中有 run(km)方法,调用该方法时显示骑行里程(km)。
再写一个电动自行车类继承 Bicycle,添加电池电量 volume 属性,同时具有以下两个方法:

- fill_charge(vol)用来充电,vol 为电量(度)。
- run(km)方法用于骑行,每骑行 10km 消耗电量 1 度,当电量消耗尽时调用 Bicycle 的 run()方法,并显示骑行结果。

程序输出可参考如图 9-34 所示的结果。

图 9-34　自行车和电动自行车的电量和骑行结果显示

实战二:类方法练习

假设有一个学生类和一个班级类,请按下面的功能要求编程实现学生类、班级类以及相应的程序。

- 类方法:班级类含有类方法,执行班级人数增加的操作,获得班级的总人数。

- 学生类继承自班级类,每实例化一个学生,班级人数都能增加。
- 定义一些学生,然后获得班级中的总人数。例如,定义了两个学生对象,可以得到结果 2。

实战三:静态方法练习

定义一个关于时间操作的类,其中有一个获得当前时间的函数(静态方法),在下列代码中请补全这个静态方法。

```
import time
class TimeTest(object):
    def __init__(self, hour, minute, second):
        self.hour = hour
        self.minute = minute
        self.second = second

    #在这里添加静态方法,以时:分:秒的形式显示时间,如 18:40:53

#主程序
print(TimeTest.showTime())                #通过类名调用静态方法 showTime()
t = TimeTest(2, 10, 10)
nowTime = t.showTime()                     #通过对象名调用静态方法 showTime()
print(nowTime)
```

实战四:类变量和成员变量练习

阅读下列两段代码,写出它们的执行结果。

```
#代码一
class aaa:
    a = []
b = aaa()
b.a.append('b')
c = aaa()
c.a.append('c')
print(b.a,c.a)
```

```
#代码二
class aaa:
    def __init__(self, cs):
        self.a = []
        self.a.append(cs)
b = aaa('b')
c = aaa('c')
print(b.a,c.a)
```

第 ⑩ 章

Python 模块

　　模块可以理解为某个东西的一部分，如积木就是模块化最好的例子。每个积木就是一个模块，使用不同的模块可以搭建不同的物体。Python 中的模块就是程序，就是我们平常写的代码，包含定义的函数、类和变量，每个模块都是单独的一个.py 文件。模块可以被别的程序导入，以使用该模块中的函数等功能。

1. 使用模块的优点

- 从文件级别组织程序,更方便管理。随着程序的发展,功能越来越多,为了方便管理,通常将程序分成一个个文件,每个文件就是一个模块,这样程序的结构更清晰,方便管理。这时不仅可以把这些文件当作脚本执行,还可以把它们当作模块导入到其他模块中,实现功能的重复利用。
- 拿来主义,提高开发效率。同样,也可以下载别人写好的模块,然后导入到自己的项目中使用。如果想做爬虫,有专门的爬虫模块;想做科学计算,有专门做计算和数据分析的模块。这种拿来主义,可以提高开发效率。

2. Python 模块分类

Python 中的模块分为以下 4 类。
- 内置模块:在解释器的内部可以直接使用。
- 标准库模块:安装 Python 时已安装且可直接使用。
- 第三方模块(通常为开源):需要自己安装。
- 自定义模块:用户自己编写的模块,也可以作为其他人的第三方模块。

大多数情况下,内置模块和标准库模块没有做区分的必要。但是,Python 在查找模块时,却有很大的区别。本章将带领读者学习如何使用 Python 系统提供的标准模块、怎样自定义模块并发布、如何使用第三方模块。

10.1 模块的导入方式

Python 之所以应用越来越广泛,在一定程度上得益于其为程序员提供了大量的模块。但是,如果需要用到某个模块中的函数,该如何调用?

当 Python 编程中要用到某个模块中的函数时,首先需要引入模块,再调用模块中的函数。Python 中提供了 3 种导入模块的方法。

1. import 模块名

直接使用 import 命令导入模块,在调用模块中的函数时,需要加上模块的名称,因为每个模块都有一个独立的命名空间。

【**例 10-1**】　创建 Python 文件,命名为 exam10_1.py,在其中编写计算摄氏温度和华氏温度转换的函数。

```
#exam10_1,将此程序保存为 exam10_1.py 文件,这是定义的模块的名字,也是文件名
def ctof(celd):                        #定义一个摄氏温度转换为华氏温度的函数
    degreeFahrenheit = celd * 1.8 + 32
    return degreeFahrenheit
def ftoc(dfah):                        #定义一个华氏温度转换为摄氏温度的函数
    celdegree = (dfah - 32)/1.8
    return celdegree
```

下面再写一个文件,导入刚才的模块。

【**例 10-2**】　将模块 exam10_1 导入到模块 exam10_2 中。

```
#exam10_2,将此程序保存为 exam10_2.py 文件
import exam10_1
#调用 exam10_1 模块中的函数,需要加上模块名
print("38 摄氏度等于%.2f 华氏度"%exam10_1.ctof(38))
print("88 华氏度等于%.2f 摄氏度"%exam10_1.ftoc(88))
```

运行此程序,结果如图 10-1 所示。

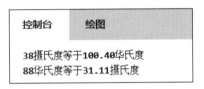

图 10-1　使用 import 命令直接导入模块

注意:这里要将 exam10_1 和 exam10_2 两个模块(文件)放在同一个文件夹中。使用 import 导入模块时,使用逗号分隔多个模块名称就可以同时导入多个模块。

2. from 模块名 import 函数名

在上面的导入方式中,每次调用模块中的函数都要加上模块名称,这样既费事,又容易出错,所以第二种方式应运而生。这种导入方式会直接给出函数名,调用的时候不需要再加模块名。

【**例 10-3**】　修改例 10-2,使用 from import 导入函数。

```
#exam10_3,将此程序保存为 exam10_3.py 文件
from  exam10_1  import  ctof, ftoc
#直接调用 exam10_1 模块中的函数,不需要加模块名
print("38 摄氏度等于%.2f 华氏度"%ctof(38))
print("88 华氏度等于%.2f 摄氏度"%ftoc(88))
```

此例的运行结果和例 10-2 的运行结果一样。

使用这种方式需要注意的是,调用函数时只需给出函数名,不给出模块名。如果碰到需要导入多个模块的情况,若不同的模块中含有相同的函数名,那么后一次的引用会覆盖前一次的引用。

【例 10-4】 引入不同模块中的函数具有相同函数名时,后一次的引用会覆盖前一次。本例将创建 3 个.py 程序文件,分别是 examA.py 文件、examB.py 文件和 main.py 文件。

```
#examA.py   定义一个模块 examA,包含一个函数 func()
def func(x):                        #定义函数 func()
    result = x * x * x
    return result
#examB.py   定义一个模块 examB,也包含一个函数 func()
def func(x):                        #定义函数 func()
    result = x+x+x
    return result


#main.py 在 main 程序中导入这两个模块
from  examA  import  func
from  examB  import  func
print(func(6))                      #得到的结果是 18
```

注意,上述代码要写到 3 个文件中,在 main.py 文件运行时,既导入了 examA 的函数 func(),又导入了 examB 的函数 func(),得到的结果是 examB 模块中 func() 函数的功能。

这种方式还可以使用通配符"＊"导入模块中的所有函数到当前的命名空间:

```
from 模块名 import *
```

但是,最好不使用这种形式,这样做会使得命名空间的优势荡然无存,一不小心还会陷入名字混乱的局面。

3. import 模块名 as 新名字

使用 import 导入模块时,可以使用 as 关键字指定一个别名作为模块对象的变量。

【例 10-5】 改写例 10-2,使用 as 为导入的模块指定一个别名。

```
#exam10_2
import exam10_1 as m
#使用别名 m 调用 exam10_1 模块中的函数,简洁不易出错
print("38 摄氏度等于%.2f 华氏度"%m.ctof(38))
print("88 华氏度等于%.2f 摄氏度"%m.ftoc(88))
```

导入模块时要注意:

- 模块只导入一次,虽然可以在程序中多次导入同一个模块,但模块中的代码仅在该模块被首次导入时执行,后面的 import 语句只是简单地创建一个到模块名字空间的

引用而已。

- import 语句可以在程序的任何位置使用。
- 可以导入多个模块，导入顺序是标准库模块、第三方模块、自定义模块。

10.2　随机生成验证码（常用的标准模块）

如今很多网站的注册、登录功能都增加了验证码技术，以区分用户是人，还是计算机，可以有效地防止刷票、论坛灌水、恶意注册等行为。验证码的种类层出不穷，生成方式也越来越复杂，常见的验证码是由大小写字母以及数字组成的 6 位验证码。请编程实现随机生成 6 位验证码的功能。该案例要涉及随机生成的功能，需要用到随机数模块，本节通过实现此案例学习 Python 标准模块的使用。

在 Python 社区中经常看到一句话："Python 自己带着电池"，这是什么意思呢？实际上就是指随着 Python 安装附带有 Python 标准库，只要安装完毕，这些模块就可以立刻使用，一般常见的任务都有相应的模块可以实现。虽然鼓励大家多思考，但是，在实际编程中如果有完善的经过严密测试过的模块可以直接实现，那就可以直接导入标准库中的模块，最好不要自己闭门造车。

Python 标准库中的模块有数百个，每个模块中又包含若干函数，不可能每个模块都拿出来讲解。本节通过讲解一些常用模块，教大家掌握学习其他模块的方法。更多的模块与函数的使用，读者可以自行查阅相关资料。

10.2.1　时间模块 time

Python 中处理时间的模块有 3 个：datetime、time 以及 calendar。datetime 模块主要用来表示日期，就是我们常说的年月日时分秒；calendar 模块主要用来表示年月日是星期几之类的信息；time 模块的主要侧重点在时分秒。粗略地从功能看，可以认为三者是一个互补的关系，各自专注一块，读者可依据不同的使用目的选用不同的模块。由于篇幅有限，这里重点学习 time 模块，以此抛砖引玉，读者可自学其余两个模块。

【例 10-6】　编程计算执行一段代码所需要的时间。

```
import time                          #导入 time 模块
start_time = time.time()             #调用 time 模块中的 time()函数,获取开始时间
sum = 0                              #开始执行下面这段代码
for x in range(1,1000):
    sum = sum + x * x
print(sum)


end_time = time.time()               #调用 time 模块中的 time()函数,获取结束时间
total_time = end_time - start_time   #计算所用时间
print("Time: ", total_time)
#输出结果( Time:  , 1.1205673217773438e-05)
```

这段程序中,从 1 到 1000 把每个数自身的幂次累加,程序本身没有什么意义,就是为了延长执行时间,在执行前通过 time()函数得到开始时间,执行完成后再获取当前时间,两数相减从而得到这段代码的执行时间。由于计算机的运算速度很快,如果取一位小数,看到的就是 0.0s。读者可以把这段代码换成别的代码,如播放一首歌,再测试其花费的时间。

这里有一个与时间相关的概念:很多时候需要将时间表示成毫秒数,如 1000000ms,那么就有一个问题必须解决,这个 1000000ms 的起点是什么时间,也就是时间基准点是什么时间? 好比说身高 1.8m,那这个身高是相对于站立的地面说的。而在 Python 中,这个时间基准点就是 1970 年 1 月 1 日 0 点整。

【例 10-7】 time 模块中常用的函数用法示例。

```python
import time

#time.time()    该方法是 time 模块中获取时间的基本方法
#获取当前时间的时间戳,从 1970 年 1 月 1 日 00:00:00 开始到现在的秒数
ticks = time.time()
print(ticks)                     #得到一个浮点数 1581674267.8491309,表示当前时间的秒数


#time.localtime()    该方法将秒数转换为年月日时分秒的形式
time_dema = time.localtime(time.time())
now_time = time.localtime()
print(time_dema)
#输出结果是 time.struct_time(tm_year=2020, tm_mon=2, tm_mday=8, tm_hour=10, tm_
min=19, tm_sec=41, tm_wday=5, tm_yday=39, tm_isdst=0)


#time.gmtime(时间戳)    将时间戳转换为 UTC(0 时区)的时间元组,与 time.localtime()的作
#用一样


#time.mktime(tupletime)    接收时间元组并返回时间戳,执行与 gmtime()、localtime()相
#反的操作
t = (2009, 2, 17, 17, 3, 38, 1, 48, 0)
secs = time.mktime(t)
print(secs)
#1234915418.000000


#time.strftime(fmt, tupletime)    把时间元组格式化,第一个参数是格式化字符串,第二个参
#数是时间元组
str_time = time.strftime('%Y-%m-%d %H:%M:%S', time.localtime())
print(str_time)
#结果为'2020-02-08 10:17:43'


#time.strptime(str, fmt)    根据指定的格式把时间字符串解析为时间元组    str:时间字符串
#fmt:格式化字符串
#与 time.strftime(fmt, tupletime)的功能相反
tup_time = time.strptime(str_time, '%Y-%m-%d %H:%M:%S')
```

```
print(tup_time)
#结果为time.struct_time(tm_year=2018, tm_mon=12, tm_mday=24, tm_hour=10, tm_
min=26, tm_sec=50, tm_wday=0, tm_yday=358, tm_isdst=-1)


#time.sleep(秒数)   推迟线程的运行时间


#time.ctime(tupletime)/time.asctime(tupletime)   接收时间元组并返回一个可读的形
#式为"Tue Dec 11 18:07:14 2020"的字符串
```

10.2.2　获取随机数模块 random

【例 10-8】　在新列表中进行排序将列表中的元素顺序随机打乱。

```
from copy import deepcopy
from random import randint


def shuffle(lst):
    temp_lst = deepcopy(lst)              #将参数 lst 复制给 temp_lst
    m = len(temp_lst)                     #得到列表的个数
    while (m):
        m -= 1
        i = randint(0, m)                 #randint()函数
        temp_lst[m], temp_lst[i] = temp_lst[i], temp_lst[m]
    return temp_lst


foo = [1, 2, 3]
print(shuffle(foo))                       #结果为[2,3,1]或者 [1,2,3]或者 [2,1,3]
```

本例中使用了 random 模块中的 randint()函数,其功能是生成某一范围(0～x)内的随机整数。

本例中还使用了 copy 模块。copy 模块用于对象的复制操作。该模块只提供了两个主要的方法：copy.copy()与 copy.deepcopy(),分别表示浅复制与深复制,读者可自行百度,查找它们和赋值的区别。

【例 10-9】　random 模块中常用方法的用法示例。

```
import random


elements = ["放逐之刃", "刀锋舞者", "青钢影", "诡术妖姬", "虚空之女", "幻翎"]


#在 elements 列表中选取一个随机的元素返回,可用于字符串、列表、元组等
print(random.choice(elements))        #显示结果随机取 elements 的任意一个值


#从 elements 中随机获取两个元素,作为一个片断返回
print(random.sample(elements, 2))
```

```
#随机打乱重排元素列表
random.shuffle(elements)
print(elements)

#从 1~5 中选择一个整数(这个不是左闭右开)
print(random.randint(1, 5))
```

由于此程序运行时的随机性,因此这里给出其中一次运行的输出结果,如图 10-2 所示。

控制台	绘图

放逐之刃
['放逐之刃', '刀锋舞者']
['虚空之女', '刀锋舞者', '放逐之刃', '青钢影', '幻翎', '诡术妖姬']
3

图 10-2　random 模块常用函数示例

10.2.3　对操作系统进行操作的 os 模块

Python 编程时,经常和文件、目录打交道,这就需要调用 os 模块。Python 提供了一种方便地使用操作系统的方法,就是 os 模块,其包含了普遍的操作系统功能,与具体的平台无关。以下代码中列举了常用的一些函数。

【例 10-10】　os 模块的常用方法示例。

```
import os

#getcwd()方法,获取当前工作目录(当前工作目录默认都是当前文件所在的文件夹)
result = os.getcwd()
print('第一次显示当前工作目录',result)

#chdir()方法,改变当前工作目录
os.chdir('/pythonbook/ch9')        #这条语句执行后,当前目录切换到 ch9 下
result = os.getcwd()
print('改变当前工作目录后显示',result)

#mkdir()方法,创建文件夹
os.mkdir('girls')
#使用数字模式创建目录,默认模式为 0o777(八进制)
os.mkdir('boys',0o777)

#makedirs()方法,递归创建文件夹
os.makedirs('/pythonbook/a/b/c/d')
```

```
#rmdir()方法,删除空目录
os.rmdir('girls')

#listdir()方法,获取指定文件夹中所有内容的名称列表
result = os.listdir('d:/pythonbook/')
print(result)

#环境变量
'''
环境变量就是一些命令的集合
操作系统的环境变量就是操作系统在执行系统命令时搜索命令的目录的集合
'''
#getenv()获取系统的环境变量 PATH 的值
result = os.getenv('PATH')
print(result.split(':'))

#os 模块中的常用值
#curdir()表示当前文件夹,一个圆点符号.表示当前文件夹   一般情况下可以省略
os.chdir('/pythonbook/ch9')
print(os.curdir)

#pardir()表示上一层文件夹,两个圆点符号..表示上一层文件夹   不可省略
#print(os.pardir)

#name 用于获取代表操作系统的名称字符串
print(os.name)        #posix 表示 Linux 或者 UNIX 系统,nt 表示 Window 系统
```

10.2.4 系统模块 sys

sys 是 system 的缩写,用来获取操作系统和编译器的一些配置、设置及操作。如判断文件和文件夹是否存在,创建文件夹,获取系统版本等操作。

【例 10-11】 sys 模块中的常用方法示例。

```
import sys
print(sys.getdefaultencoding())      #获取系统当前的编码
print(sys.version)               #获取 Python 解释程序的版本信息
#print(sys.path)              #返回模块的搜索路径,初始化时使用 PYTHONPATH 环境变量的值
print(sys.platform)          #返回操作系统平台名称
for i in range(1, 10):
    print('第%s次:' %i, i)
    if i ==3:
        print('第三次退出')
        sys.exit(0)
print('退出时 i 的值为:',i) #已经退出程序,这行代码不会被执行
```

程序中的最后一行 print 语句没有被执行,是因为在这句之前执行了 sys.exit(0),已经退出了程序。

10.2.5　常用的数据结构模块 collections

collections 是 Python 内建的一个集合模块,提供了许多有用的集合类,实现一些特定的数据类型,可以替代 Python 中常用的内置数据类型,如 dict、list、set 和 tuple。collections 为我们使用这些数据类型提供了另一种选择。

collections 是日常工作中的重点、高频模块,常用的类型有计数器(Counter)、双向队列(deque)、默认字典(defaultdict)、有序字典(OrderedDict)、可命名元组(namedtuple)。

下面以 Counter 为例进行学习。Counter 属于字典类的子类,主要作用是统计元素出现的次数,同时按照从高到低的顺序排列,计数后返回一个字典,元素被作为字典的键(Key),它们的计数作为字典的值(Value),示例如下。

【例 10-12】　统计一个列表中各元素出现的次数。

```python
from collections import Counter
fruit_list = ['Apple','Orange','grapes','Orange','Apple','Orange']
count_fruit = Counter(fruit_list)          #统计列表中对象出现的次数
print('各种水果的个数:',count_fruit)        #返回的是一个字典
#most_common()方法用于获取出现次数最多的前 N 个元素
print('最多的水果数:',count_fruit.most_common(1))
```

程序运行结果如图 10-3 所示。

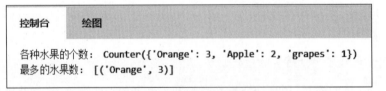

图 10-3　统计各元素的次数

从输出结果可以看到统计的结果是以字典的形式给出的,并且元素出现的次数从高到低排列。同时,Counter 内部提供了很多方法对结果进行处理,如 Counter(x)用于统计 x 中各元素出现的次数,Counter(x).most_common(n)用于获取出现次数最多的前 n 个元素,若省略 n,则获取所有元素。

【例 10-13】　collections 模块中其他类型的使用示例。

```python
from collections import namedtuple,deque,defaultdict, OrderedDict

#可命名元组 namedtuple 的使用
Point = namedtuple('Point', ['x', 'y'])
p = Point(0, 0)
#通过 isinstance 验证创建的对象
```

```
print(isinstance(p, Point))            #输出结果为 True
print(isinstance(p, tuple))            #输出结果为 True


#双向队列 deque 的使用
#list 的索引访问速度很快,但因为 list 是线性存储,当数据量大的时候,插入和删除操作的效率
#就变得很低,这时可以使用 deque
#deque 是双向列表,适用于队列和栈
q = deque(['中', '国'])
q.append('你好')
print(q)
q.appendleft('伟大的')
print(q)
q.pop()
print(q)
q.popleft()
print(q)
print(isinstance(q,list))              #但 deque 和 list 不同,结果是 False


#有序字典 OrderedDict 的使用
#使用 dict 时,Key 是无序的。在对 dict 做迭代时,无法确定 Key 的顺序
#如果要保持 Key 的顺序,可以用 OrderedDict:
d = dict([('name', ' 李佳琪'), ('sex', '男'), ('age', 20)])
print(d)
od = OrderedDict([('name', ' 李佳琪'), ('sex', '男'), ('age', 20)])
print(od)
```

程序运行结果如图 10-4 所示。

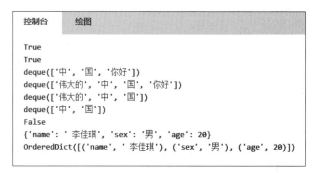

图 10-4　其他类型的使用

10.2.6　案例实现

本案例的实现要用到 random 模块。首先创建一个空的字符串 code_list,然后将生成的
6 个随机字符逐个拼接到 code_list 后面。为保证每次生成的字符类型只能为大写字母、小

写字母、数字这 3 种类型中的任一种,这里用 1(大写字母)、2(小写字母)、3(数字)分别代表这 3 种类型。使用 randint()函数生成这 3 种随机类型,数字类型对应的数值范围是 0~9,大写字母对应的 ASCII 码范围是 65~90,小写字母对应的 ASCII 码范围是 97~122。

```python
import random
def verifycode():
    code_list = ''
    #每一位验证码都有 3 种可能
    for i in range(6):                              #6位验证码
        state = random.randint(1,3)
        if state ==1:
            one_kind = random.randint(65,90)        #随机生成的是大写字母
            random_uppercase = chr(one_kind)
            code_list = code_list + random_uppercase
        elif state ==2:
            two_kind = random.randint(97,122)       #随机生成的是小写字母
            random_lowercase = chr(two_kind)
            code_list = code_list + random_lowercase
        elif  state ==3:
            three_kind = random.randint(0,9)        #随机生成的是数字
            code_list = code_list + str(three_kind)
    return code_list
#主程序
print(verifycode())
```

由于程序中有随机模块,因此运行结果具有随机性。该程序运行时可能会得到7eKY4C,或者是lEhvr1。由此可见,每次得到的 6 位验证码都是随机的。

10.3 判断手机号所属运营商(正则表达式)

手机号一般由 11 位数字组成,前 3 位是网络识别号,第 4~7 位表示地区编号,8~11 位表示用户编号。根据手机号的前 3 位就可以判定手机号所属运营商。我国三大运营商分别是移动、联通、电信。编写程序,输入一个手机号判断其所属的运营商。本节通过学习正则表达式的知识完成该项目。

10.3.1 正则表达式基础

正则表达式对于 Python 来说并不是独有的,它的英文是 regular expression,在英语中是有规则的表达式,所以它的设计思想是用一小段简单的各种字符的组合——正则表达式,帮助你方便地检查一个字符串是否与某种模式匹配。给定一个正则表达式和另一个字符串,可以达到如下目的。

260

- 给定的字符串是否符合正则表达式的过滤逻辑（称作"匹配"）。
- 可以通过正则表达，从字符串中获取想要的特定部分。

我们在操作系统中学过的两个通配符"?"和" * "，分别可以匹配任意一个字符和任意多个字符。例如，"ch * .py"可以匹配所有 ch 打头的、后缀为.py 的字符串，如"ch1.py""ch12.py"等形式的字符串。下面通过通配符的引入理解正则表达式的使用。如图 10-5 所示是一个简单正则表达式说明。

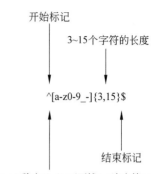

图 10-5　正则表达式说明

就像通配符"?"和" * "一样，在正则表达式中也有一些特定的符号，叫作元字符。元字符具有特殊的含义，见表 10-1。

表 10-1　普通字符和 11 个元字符

符　　号	含　　义	正则表达式	匹配的字符串
普通字符	匹配自身	abc	abc
.	匹配任意除换行符"\n"外的字符（在 DOTALL 模式中也能匹配换行符）	a.c	abc
\	转义字符，使后一个字符改变原来的意思	a\.c;a\\c	a.c;a\c
*	匹配前一个字符 0 或多次	abc *	ab;abccc
+	匹配前一个字符 1 次或无限次	abc+	abc;abccc
?	匹配一个字符 0 次或 1 次	abc?	ab;abc
^	匹配字符串开头，在多行模式中匹配每一行的开头	^abc	abc
$	匹配字符串末尾，在多行模式中匹配每一行的末尾	abc $	abc
|	或。匹配|左右表达式任意一个，从左到右匹配，如果|没有包括在()中，则它的范围是整个正则表达式	abc|def	abc def
{}	{m}匹配前一个字符 m 次，{m,n}匹配前一个字符 m～n 次，若省略 n，则匹配 m 至无限次	ab{1,2}c	abc abbc
[]	字符集。对应的位置可以是字符集中的任意字符。字符集中的字符可以逐个列出，也可以给出范围，如[abc]或[a-c]。[^abc]表示取反，即非 abc。所有特殊字符在字符集中都失去其原有的特殊含义。用反斜杠\转义恢复特殊字符的特殊含义	a[bcd]e	abe ace ade
()	被括起来的表达式将作为分组，从表达式左边开始每遇到一个分组的左括号(，编号＋1。分组表达式作为一个整体，可以后接数量词。表达式中的|仅在该组中有效	(abc){2} a（123|456)c	abcabc a123c a456c

还有一些符号可以写在方括号里，它们的含义见表 10-2。

表 10-2　预定义字符集(可以写在字符集[…]中)

符　号	含　义	正则表达式	匹配的字符串
\d	数字:[0-9]	a\dc	a1c
\D	非数字:[^\d]	a\Dc	abc
\s	匹配任何空白字符:[<空格>\t\r\n\f\v]	a\sc	a c
\S	非空白字符:[^\s]	a\Sc	abc
\w	匹配包括下画线在内的任何字符:[A-Za-z0-9_]	a\wc	abc
\W	匹配非字母字符,即匹配特殊字符	a\Wc	a c
\A	仅匹配字符串开头,同^	\Aabc	abc
\Z	仅匹配字符串结尾,同 $	abc\Z	abc
\b	匹配\w 和\W 之间,即匹配单词边界。匹配一个单词边界,也就是指单词和空格间的位置。例如, 'er\b' 可以匹配"never" 中的 'er',但不能匹配 "verb" 中的 'er'	\babc\b a\b!bc	空格 abc 空格 a!bc
\B	[^\b]	a\Bbc	abc

下面列出一些常用的正则表达式。

最简单的正则表达式是普通字符串,只能匹配自身。

- '[pjc]ython'可以匹配'python'、'jython'、'cython'。
- '[a-zA-Z0-9]'可以匹配一个任意的大小写字母或数字。
- '[^abc]'可以匹配一个任意的除'a'、'b'、'c'外的字符。
- 'python|perl'或'p(ython|erl)'都可以匹配'python'或'perl'。
- 子模式后面加上问号表示可选。r'(http：//)?(www\.)?python\.org'只能匹配'http://www.python.org'、'http://python.org'、'www.python.org'和'python.org'。
- '^http'只能匹配所有以'http'开头的字符串。
- (pattern)＊：允许模式重复 0 次或多次。
- (pattern)＋：允许模式重复 1 次或多次。
- (pattern){m，n}：允许模式重复 m~n 次。
- '(a|b)＊c'：匹配多个(包含 0 个)a 或 b,后面紧跟一个字母 c。
- 'ab{1,}'：等价于'ab＋',匹配以字母 a 开头后面带 1 个或多个字母 b 的字符串。
- '^[a-zA-Z]{1}([a-zA-Z0-9._]){4,19}$'：匹配长度为 5~20 的字符串,必须以字母开头、可带数字、下画线和圆点(.)的字串。
- '^(\w){6,20}$'：匹配长度为 6~20 的字符串,可以包含字母、数字、下画线。
- '^\d{1,3}\.\d{1,3}\.\d{1,3}\.\d{1,3}$'：检查给定字符串是否为合法的 IP 地址。
- '^(13[4-9]\d{8})|(15[01289]\d{8})$'：检查给定字符串是否为移动手机号码。
- '^[a-zA-Z]＋$'：检查给定字符串是否只包含英文字母大小写。
- '^\w＋@(\w＋\.)＋\w＋$'：检查给定字符串是否为合法的电子邮件地址。

- '^(\-)?\d+(\.\d{1,2})?\$': 检查给定字符串是否为最多带有 2 位小数的正数或负数。
- '[\u4e00-\u9fa5]': 匹配给定字符串中的所有汉字。
- '^\d{18}|\d{15}\$': 检查给定的字符串是否为合法的身份证格式。
- '\d{4}-\d{1,2}-\d{1,2}': 匹配指定格式的日期,如 2016-1-31。
- '^(?=.*[a-z])(?=.*[A-Z])(?=.*\d)(?=.*[,._]).{8,}\$': 检查给定字符串是否为强密码,必须同时包含英文大写字母、英文小写字母、数字或特殊符号(如英文逗号、英文句号、下画线),并且长度必须至少 8 位。
- "(?!.*[\'\"\/;=%?]).+": 如果给定字符串中包含'、"、/、;、=、%、?,则匹配失败。
- '(.)\\1+': 匹配任意字符的一次或多次重复出现。
- '((?P<f>\b\w+\b)\s+(?P=f))': 匹配连续出现两次的单词。

10.3.2 re 模块

Python 通过 re 模块提供对正则表达式的支持,用来匹配字符串(包括动态、模糊的匹配),在爬虫应用方面用得较多。re 模块包含了多种方法对正则表达式与字符串进行匹配。使用 re 模块的方法有以下两种。

1. 直接使用 re 模块

【例 10-14】 re 模块常用方法示例。

```
import re                                                    #导入 re 模块
text = 'Alphacoding Teaching Assistant Cloud Platform'       #测试用的字符串
#使用指定字符作为分隔符进行分隔,split()
print(re.split('[\. ]+', text))
pat = '[a-zA-Z]+'
#查找所有符合的单词,findall()
#在字符串中查找正则表达式模式的所有(非重复)出现;返回一个匹配对象的列表
print(re.findall(pat, text))
#re.match 尝试从字符串的起始位置匹配一个模式,如果不是起始位置匹配成功的话,match()就
#返回 None
#span()返回一个元组,包含匹配(开始,结束)的位置
print(re.match('Alphacoding', text).span())                 #在起始位置匹配
print(re.match(' Cloud', text))                             #不在起始位置匹配
#  re.I 忽略大小写
#这个方法并不是完全匹配。当 pattern 结束时若 string 还有剩余字符,仍然视为成功
#想要完全匹配,可以在表达式末尾加上边界匹配符'$'
#使用 match 或 search 匹配成功后,返回的匹配对象可以通过 group()方法获得匹配内容
matchObj = re.match(r'(.*) Teaching (.*?) .*', text, re.I)
if matchObj:
    print("matchObj.group() : ", matchObj.group())
```

```
    print("matchObj.group(1) : ", matchObj.group(1))
    print("matchObj.group(2) : ", matchObj.group(2))
else:
    print("No match!!")
#字符串替换,sub()
pat = '{name}'
text = 'Dear {name}...'
print(re.sub(pat, 'Mr.zhang', text))
```

程序运行结果如图 10-6 所示。

控制台	绘图

```
['Alphacoding', 'Teaching', 'Assistant', 'Cloud', 'Platform']
['Alphacoding', 'Teaching', 'Assistant', 'Cloud', 'Platform']
(0, 11)
None
matchObj.group() :  Alphacoding Teaching Assistant Cloud Platform
matchObj.group(1) :  Alphacoding
matchObj.group(2) :  Assistant
Dear Mr.zhang...
```

图 10-6 re 模块的使用

2. 使用正则表达式对象

首先使用 re 模块的 compile()方法将正则表达式编译生成正则表达式对象,然后再使用正则表达式对象提供的方法进行字符串处理。使用编译后的正则表达式对象不仅可以提高字符串处理速度,还提供了更加强大的字符串处理功能。

【例 10-15】 正则表达式对象的使用。

```
import re
example = 'Wuhan Will Win, China will win'    #定义一行文本
pattern = re.compile(r'\bC\w+\b')             #编译正则表达式对象,查找以 C 开头的单词
print(pattern.findall(example) )              #使用正则表达式对象的 findall()方法
#findall()方法遍历匹配,可以获取字符串中所有匹配的字符串,返回一个列表
pattern = re.compile(r'\w+n\b')               #查找以字母 n 结尾的单词
print(pattern.findall(example))

pattern = re.compile(r'\b[a-zA-Z]{3}\b')      #查找 3 个字母长的单词
print(pattern.findall(example))
```

程序运行结果如图 10-7 所示。

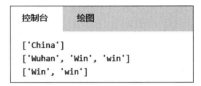

图 10-7　正则表达式对象的使用

10.3.3　案例实现

判断一个手机号属于移动、联通、电信三家运营商中的哪一家,首先需要判断用户输入的手机号是否符合手机号码的规则,如果符合规则,再继续判断手机号属于哪家运营商。使用正则表达式将手机号和对应的运营商的号码段进行匹配(表 10-3),若匹配成功,则返回相应的运营商。

表 10-3　运营商和网络识别号

运营商	号　码　段
移动	134,135,136,137,138,139,147,148,150,151,152,157,158,159,165,178,182,183,184,187,188,198
联通	130,131,132,140,145,146,155,156,166,185,186,175,176
电信	133,149,153,180,189,177,173,174,191,199

各运营商号码段不同,对应的正则表达式也不同。

· 中国移动:开头为 13、14、15、16、17、18、19 几种情况,对应的正则表达式为

```
13[456789]\d{8}
15[012789]\d{8}
14[78]\d{8}
178\d{8}
165\d{8}
18[23478]\d{8}
198\d{8}
```

· 中国联通:开头为 13、14、15、16、17、18 几种情况,对应的正则表达式为

```
13[012]\d{8}
18[56]\d{8}
15[56]\d{8}
166\d{8}
17[56]\d{8}
14[056]\d{8}
```

· 中国电信:和移动、联通的正则表达式不匹配的号码就属于电信了。

下面使用 re.match()函数对手机号所属运营商进行匹配,代码如下。

```
import re
def phone_num():
    num = input("请输入手机号:")
    if re.match(r'1[34578]\d{9}',num):
        print(num,"这个号码合法")
        #判断是否为中国移动号码
        if re.match(r"13[456789]\d{8}",num) or \
                re.match(r"15[012789]\d{8}", num) or \
                re.match(r"147\d{8}|178\d{8}", num) or \
                re.match(r"18[23478]\d{8}", num) :
            print("该号码属于中国移动")
        #判断是否为中国联通号码
        elif re.match(r"13[012]\d{8}", num) or \
                re.match(r"18[56]\d{8}", num) or \
                re.match(r"15[56]\d{8}", num) or \
                re.match(r"176\d{8}", num) or \
                re.match(r"145\d{8}", num):
            print("该号码属于中国联通")
        else:
            print("该号码属于中国电信")
    else:
        print("请输入正确的手机号码!")
#主程序
phone_num()
```

当输入 13811356654 这个手机号时,运行结果如图 10-8 所示。

控制台	绘图

13811356654 这个号码合法
该号码属于中国移动

图 10-8 判断手机号

注意:上例中在匹配的正则表达式中多处都使用了 r 前缀,由于 Python 的字符串本身也用"\"转义,所以要特别注意。

```
s = 'ABC\\-001'                          #Python 的字符串
#对应的正则表达式字符串变成
'ABC\-001'
```

如果使用了 Python 的 r 前缀,就不用考虑转义的问题了。

```
s = r'ABC\-001'                          #Python 的字符串
#对应的正则表达式字符串不变,还是 'ABC\-001'
```

10.4　加减乘除计算器(自定义模块)

本节学习如何编程实现能做加、减、乘、除运算的简单计算器,并且希望以后别的程序中需要用到这个功能的时候,就将标准库的内容直接导入就可以使用了。下面通过案例学习 Python 模块的制作与发布。

Python 源代码文件按照功能可以分为两种类型:

- 用于执行的可执行程序文件。
- 不用于执行,仅用于被其他 Python 源码文件导入的模块文件。

例如,文件 a.py 和 b.py 在同一目录下,它们的内容分别是

```
#b.py
x="var x in module b"
y=5


#a.py:
import b
import sys
print(b.x)
print(b.y)
```

a.py 导入其他文件(b.py)后,就可以使用 b.py 文件中的属性(如变量、函数等)。这里,a.py 就是可执行文件,b.py 就是模块文件,但模块名为 b,而非 b.py。

10.4.1　模块的制作

模块可以包含可执行的语句和函数的定义,实现了 Python 代码的封装组织。本节定义一个模块实现简单的加、减、乘、除运算,首先建立一个 temp 目录,在目录下放置两个文件,function.py 文件是自定义的模块,用来放置加、减、乘、除函数,main.py 用于调用 functions.py 模块中的函数并输出测试结果。function.py 文件代码如下所示。

【例 10-16】　自定义模块 function.py。

```
#function.py
def add(a,b):                    #写入自定义方法
    return a + b


def sub(a,b):
    return a - b


def mul(a,b):
    return a * b
```

```
def div(a,b):
    return a / b
```

这样,一个模块就定义好了,此模块中定义了 4 个函数。在别的文件中就可以导入使用了。

【例 10-17】 在 main.py 文件中导入 function 模块。

```
#main.py
#from function import *    这种方法慎用
#import function   使用这种方法在调用函数的时候要带上模块名
from function import add,sub,mul,div
print('两数相加值为:',add(23,56))
print('两数相减值为:',sub(9,3))
print('两数相乘值为:',mul(7,6))
print('两数相除值为:',div(12,8))
```

程序运行结果如图 10-9 所示。

注意:这里举例的模块文件和导入模块的文件在同一文件夹,如果在不同的文件夹,该怎么导入? 这个内容将在 10.6 节包的导入中讲解。

控制台	绘图
两数相加值为:	79
两数相减值为:	6
两数相乘值为:	42
两数相除值为:	1.5

图 10-9 使用自定义模块

10.4.2 模块的发布

distutils 是 Python 标准库的一部分,这个库的目的是为开发者提供一种方便的打包方式,同时为使用者提供方便的安装方式,模块创建好后,就可以使用 distutils 的 setup.py 打包。具体步骤如下。

(1)确定文件目录。

temp 目录下有 function.py 和 main.py 两个文件,其中 function.py 是功能模块。

(2)编辑 setup.py 文件。

setup.py 文件也放到 temp 目录下。setup.py 是发布所需要的启动模块,相当于告诉使用者这个功能模块的名称、版本号、功能、作者相关信息,以及功能的具体描述。

【例 10-18】 setup.py 文件代码示例。

```
From distutils.core import setup
setup(
    name = "calculator",              #压缩包的名字
    version = "1.0",
    description = "contains four operations ",
    suthor = "wjh",
    py_modules = ["function"],        #要发布的模块名,可以是多个,用逗号分隔
)
```

（3）构建模块。

打开 cmd 窗口，切换到 setup.py 文件所在的目录下，否则会提示找不到目录，然后执行
python setup.py build 命令，如图 10-10 所示。该命令完成后，将会创建一个 build 文件夹，
如图 10-10 所示。

```
D:\pythonbook\ch10\temp>python setup.py build
running build
running build_py
```

图 10-10　python setup.py build 命令窗口

（4）生成发布压缩包

在 cmd 命令窗口执行 python setup.py sdist 命令，生成发布压缩包，如图 10-11 所示。

```
D:\pythonbook\ch10\temp>python setup.py sdist
running sdist
running check
warning: check: missing required meta-data: url

warning: check: missing meta-data: if 'author' supplied, 'author_email' must be supplied too

warning: sdist: manifest template 'MANIFEST.in' does not exist (using default file list)

warning: sdist: standard file not found: should have one of README, README.txt

writing manifest file 'MANIFEST'
creating calculator-1.0
making hard links in calculator-1.0...
hard linking function.py -> calculator-1.0
hard linking setup.py -> calculator-1.0
creating dist
Creating tar archive
removing 'calculator-1.0' (and everything under it)
```

图 10-11　python setup.py sdist 命令窗口

生成发布压缩包后，可以看到在当前目录下创建了 dist 目录，如图 10-12 所示，里面有
一个文件名为 calculator-1.0.tar.gz，这个就是可以发布的包。同时还生成了 MANIFEST 文
件，该文件包含发布的文件列表。

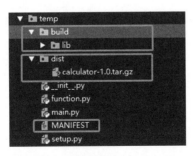

图 10-12　模块发布后的文件结构

MANIFEST 文件的内容如下。

```
# file GENERATED by distutils, do NOT edit
function.py
setup.py
```

使用者拿到这个包后,在 calculator-1.0 目录下执行下列命令:

```
python setup.py install
```

那么,calculator.py 就会被复制到 python 类路径下,可以被导入使用了。

10.5 模块的导入特性

10.5.1 __all__属性

Python 模块中的__all__属性,可用于模块导入时限制。例如,当使用下列语句时:

```
from module import *
```

被导入模块若定义了__all__属性,则只有__all__内指定的属性、方法、类可被导入,若没定义,则导入模块内的所有公有属性、方法和类。

【例 10-19】 下面的模块中不使用__all__属性。

```
#定义一个模块 kk.py
class A():
  def __init__(self,name,age):
    self.name=name
    self.age=age
class B():
  def __init__(self,name,password):
    self.name=name
    self.password=password
def func1():
    print('函数 1 被调用!')
def func2():
    print('函数 2 被调用!')


#下面是导入 kk 模块的程序 test_kk.py
#kk.py 中没有定义__all__属性,所以可以导入 kk.py 中所有的公有属性、方法、类
from  kk  import  *
a=A('李佳琪',24)                          #创建 a 对象
print(a.name,a.age)                        #调用 a 中的属性
b=B('admin','123456')                      #创建 b 对象
print(b.name,b.password)                   #调用 b 中的属性
func1()                                    #调用函数
func2()
```

程序运行结果如图 10-13 所示。

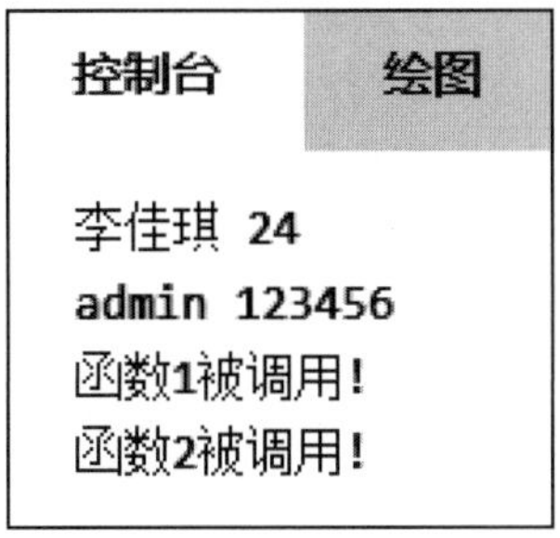

图 10-13　模块中不使用__all__属性

如果在例 10-19 定义的模块 kk.py 中添加一条语句：__all__＝('A','func1')，如下所示。

```
#kk.py
#在别的模块中导入该模块时,只能导入__all__中的变量、方法和类
__all__=('A','func1')
#下面的代码和例 10-19 一样
class A():
  def __init__(self,name,age):
    self.name=name
    self.age=age
class B():
  def __init__(self,name,password):
    self.name=name
    self.password=password
def func1():
    print('函数 1 被调用!')
def func2():
    print('函数 2 被调用!')
```

再次运行 test_kk.py 时,就会报错。因为 B 类和 func2() 方法不能用。

如果在模块中除定义了公有方法,还定义了受保护的(protected)方法和私有(private)方法,__all__属性起什么作用呢?

【例 10-20】　创建 kk1 模块,包含公有、受保护和私有方法。

```
#kk1.py
def func():                #模块中的 public 方法
  print('func() is called!')
def _func():               #模块中的 protected 方法
  print('_func() is called!')
def __func():              #模块中的 private 方法
  print('__func() is called!')


#test_kk1.py
```

```
from kk import *              #这种方式只能导入公有的属性、方法或类
#无法导入以单下画线开头(protected)或以双下画线开头(private)的属性、方法或类
func()                        #公有方法可以调用
#_func()                      #这种调用会报错 NameError: name '_func' is not defined
#__func()                     #这种调用会报错 NameError: name '__func' is not defined
```

运行这段代码时,只会输出 func() is called!,也就是说,使用 from kk import * 方式导入模块时,只有公有方法可以调用。

如果在 kk1 模块中加入语句: __all__ = ('func','_func','__func'),再执行 test_kk1.py,那么 3 种方法就都可以调用了。

或者通过下列语句方式导入,也可以调用 3 种方法。改写例 10-20 如下。

```
#kk1.py
def func():                  #模块中的 public 方法
  print('func() is called!')
def _func():                 #模块中的 protected 方法
  print('_func() is called!')
def __func():                #模块中的 private 方法
  print('__func() is called!')


#test_kk1.py
from kk1 import func, _func, __func   #通过这种方式导入 public,protected,private
kk1.func()
kk1._func()
kk1.__func()
```

程序运行结果如图 10-14 所示。

综上所述,若模块中不使用__all__属性,则导入模块内的所有公有属性、方法和类。若模块中使用了__all__属性,则表示只导入__all__中指定的属性。因此,使用__all__可以隐藏不想被 import 的默认值。注意,__all__只影响 from 模块名 import * 这种导入方式,对 from 模块名 import <member> 这种导入方式并没有影响,仍然可以从外部导入。

控制台	绘图

```
func() is called!
_func() is called!
__func() is called!
```

图 10-14　模块的导入

10.5.2　__name__ 属性

在实际开发中,开发人员编写完一个模块后,为了测试想要的效果,一般都会在模块文件中添加测试代码。例如,在例 10-1 的 exam10_1 模块中添加例 10-21 中所示的测试代码。

【例 10-21】 改写例 10-1。

```
#exam10_1,这是定义的模块的名字,也是文件名
def ctof(celd):                          #定义一个摄氏温度转换为华氏温度的函数
```

```
    degreeFahrenheit = celd * 1.8 + 32
    return degreeFahrenheit
def ftoc(dfah):                          #定义一个华氏温度转换为摄氏温度的函数
    celdegree = (dfah - 32)/1.8
    return celdegree
#测试代码
print("测试:0摄氏度 = %.2f 华氏度"%ctof(0))
print("测试:0华氏度 = %.2f 摄氏度"%ftoc(0))
```

单独运行这个模块没有问题,可以得到如图10-15所示的结果。

但是,如果这个模块在另一个文件导入后再调用,会得到什么结果? 将例10-2重新运行一次,注意这次导入的exam10_1模块中已经加了测试代码。

```
#exam10_2
import exam10_1
#调用exam10_1模块中的函数,需要加上模块名
print("38摄氏度等于%.2f华氏度"%exam10_1.ctof(38))
print("88华氏度等于%.2f摄氏度"%exam10_1.ftoc(88))
```

程序运行结果如图10-16所示。

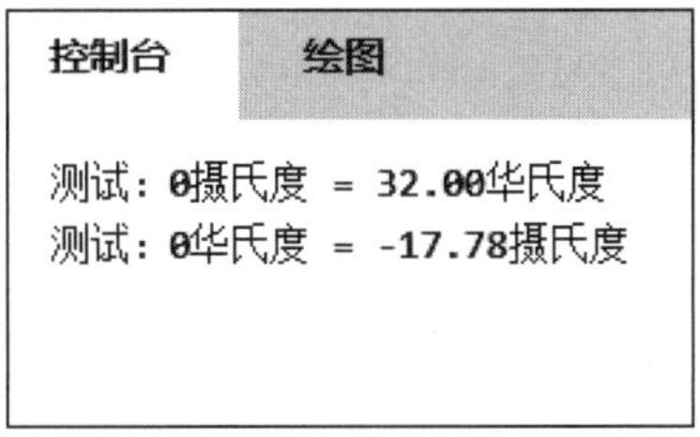

图10-15 有测试代码的模块运行结果 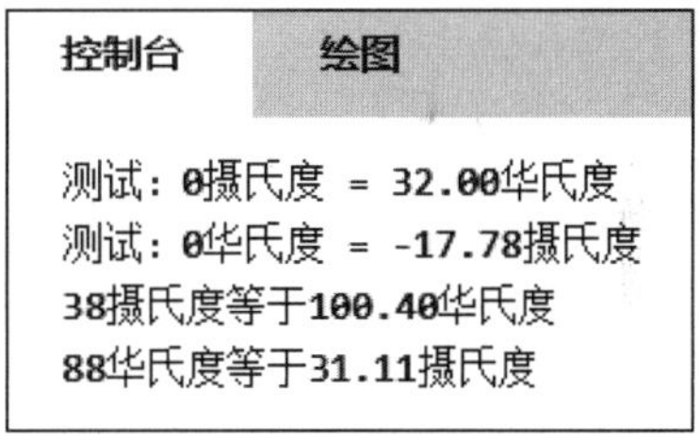　　　图10-16 调用有测试代码的模块

可以看到,模块exam10_1中的测试代码也被运行了,这并不合理,测试代码只应该在单独执行模块时运行,不应该在被其他文件引用时执行。

如何解决这个问题呢? Python在执行一个文件时有一个属性__name__,__name__属性用来区分.py文件是程序文件,还是模块文件。

* 当文件是程序文件的时候,该属性值被设置为__main__,每个模块都有一个__name__属性,当其值为"__main__"时,表明该模块自身在运行。
* 文件是模块文件的时候(也就是被导入时),该属性被设置为自身模块名。

对于Python来说,因为隐式自动设置,__name__属性就有了特殊妙用:直接在模块文件中通过if __name__ == "__main__"判断,然后写属于执行程序的代码。如果直接用Python执行这个文件,说明这个文件是程序文件,于是会执行属于if代码块的代码,如果是被导入,则是模块文件,if代码块中的代码不会被执行。

一般程序的起始位置都是从__name__ == "__main__"开始。修改例10-1中的exam10_1模块中的测试代码如下。

【例 10-22】 在例 10-1 中增加条件判断。

```
#exam10_1,这是定义的模块的名字,也是文件名
def ctof(celd):                          #定义一个摄氏温度转换为华氏温度的函数
    degreeFahrenheit = celd * 1.8 + 32
    return degreeFahrenheit
def ftoc(dfah):                          #定义一个华氏温度转换为摄氏温度的函数
    celdegree = (dfah - 32)/1.8
    return celdegree
#测试代码
if __name__ =='__main__':                #增加了条件判断
    print("测试:0 摄氏度 = %.2f 华氏度" % ctof(0))
    print("测试:0 华氏度 = %.2f 摄氏度" % ftoc(0))
```

此时再次运行例 10-2,输出结果就正确了。

10.6 管理多个模块(包)

在实际开发中,一个大型系统有成千上万的模块是很正常的事,只简单地用 Python 模块解决问题显然是不够的,模块都放在一起显然不容易管理,并且还会有命名冲突的问题。因此,Python 使用包分门别类地存放模块。包就是一个目录,该目录下有若干模块或子包。Python 语言本身是无法区分这个目录是普通的存放文件的目录,还是作为 Python 的包存在。为了标志某个目录就是 Python 的包,可以在该目录下放一个__init__.py 文件,如果Python 解释器发现某个目录下有一个文件,名为__init__.py,也不管该文件的内容是什么,就会将该目录看作包。

10.6.1 包的结构

包将有联系的模块组织在一起,有效避免了模块名称冲突问题,让应用组织结构更加清晰。创建一个包的具体步骤如下。

(1) 创建一个文件夹用于存放相关的模块,文件夹的名字就是包的名字。

(2) 在文件夹中创建一个__init__.py 的模块文件,内容可以为空。

(3) 将相关的模块放入文件夹。

注意:在第(1)步中必须在每一个目录下创建一个__init__.py 模块,该模块可以是一个空文件,也可以写一些初始化代码。

下面是建好的包的目录结构示例。

【例 10-23】 包的目录结构示例。

```
Phone/
    __init__.py
common_util.py                          #common_util 中有 setup()函数
```

```
Fax/
    __init__.py
    file1.py                    #file1 文件中有 func()函数
    file2.py
Mobile/
    __init__.py
    Analog.py                   #  Analog 文件中有 foo()函数
    Digital.py
Pager/
    __init__.py
    Numeric.py
```

其中 Phone 是最顶层的包,Fax、Mobile 和 Pager 是它的子包。

10.6.2　包的导入

1. 导入包

创建好包之后,就可以在需要的时候导入包了。

以例 10-24 创建的包结构为例,现要在 Digital 文件中调用同一包中 Analog 文件中的 foo()函数、上一级 Fax 包中 file1 文件中的 func()函数、顶层包 Phone 的 common_util 中的 setup()函数。示例代码如下。

【例 10-24】　包中模块的调用示例。

```
#Digital.py
from phone.Mobile.Analog import foo
from phone.common_util import setup
from phone.Fax.file1 import func


if __name__ =='__main__':
    foo()
    setup()
    func()
```

运行这段代码,可以看到下面列出的调用顺序。

```
这是 Mobile 包下的 Analog 模块的内容
这是 Phone 包下的 common_util 模块的内容
这是 Fax 包下的 file1 模块的内容
```

2. __init__.py 文件的作用

前面已经讲过,__init__.py 文件是包的标志,另外,它也控制着包的导入行为。

- 如果__init__.py 为空,仅是把这个包导入,不会导入包中的模块。

- 如果在__init__.py 文件中定义一个__all__变量,则它控制着执行 from 包名 import * 语句时导入的模块。代码如下例所示。

【例 10-25】 在__init__.py 文件中用__all__变量控制执行 from 包名 import * 语句时导入的模块。

```
#__init__.py
__all__ = ['os', 'sys', 're', 'urllib']


#a.py
from package import *
```

程序执行时会把注册在__init__.py 文件__all__列表中的模块和包导入到当前文件中。

可以在__init__.py 文件中编写语句,当导入一个包时,实际上是导入了它的__init__.py 文件,文件中的语句就会被执行。

例如,在 package 包的__init__.py 文件中批量导入需要的模块,在 a.py 文件中导入 package 包后就不再需要一个个地导入需要的模块了。

【例 10-26】 执行__init__.py 文件中的内容。

```
#package
#__init__.py
#下面是__init__.py 文件的内容
__init__.py
import re
import urllib
import sys
import os


#a.py
import package
print(package.re, package.urllib, package.sys, package.os)
```

10.6.3 模块的搜索路径

学习包之后,可知写好的模块和导入的模块文件的源代码不一定在一个文件夹内,那么,Python 是从哪里找到我们需要的模块呢? 当导入一个模块时,Python 解释器对模块位置的搜索顺序如下。

- 程序的当前目录。
- 如果不在当前目录,Python 则搜索在 Python Path 环境变量下的每个目录。
- 如果还找不到,Python 会查看由安装过程决定的默认目录。

模块搜索路径保存在 system 模块的 sys.path 变量中。变量中包含当前目录、Python Path 环境变量和由安装过程决定的默认目录,它是一个搜索模块的路径集,是一个 list,可以通过下列语句查看 sys.path 变量。

```
import sys
print(sys.path)
```

运行这条语句,可以得到下列内容。

```
['D:\\pythonbook\\ch10','D:\\pythonbook\\ch10',
 'D:\\pythonbook\\ch10\\venv\\Scripts\\python36.zip',
 'C:\\Users\\lenovo\\AppData\\Local\\Programs\\Python\\Python36\\DLLs',
 'C:\\Users\\lenovo\\AppData\\Local\\Programs\\Python\\Python36\\lib',
 'C:\\Users\\lenovo\\AppData\\Local\\Programs\\Python\\Python36',
 'D:\\pythonbook\\ch10\\venv',
 'D:\\pythonbook\\ch10\\venv\\lib\\site-packages',
 'D:\\pythonbook\\ch10\\venv\\lib\\site-packages\\setuptools-39.1.0-py3.6.egg',
 'D:\\pythonbook\\ch10\\venv\\lib\\site-packages\\pip-10.0.1-py3.6.egg']
```

如果要将自己存放模块的位置(如 D:\pythonbook)添加到 Path 路径中,可以使用如下语句。

```
import sys
sys.path.append('D:\pythonbook')        #将 D:\pythonbook 添加到 Path 路径中
print(sys.path)
```

10.7　生成验证码图片(第三方模块)

使用各种网络服务的时候,经常要输入验证码。验证码主要是网站为了防止恶意注册、发帖而设置的验证手段。本节通过生成验证码图片这个案例,学习第三方模块的下载、安装与使用。

10.7.1　第三方模块的使用

Python 的功能之所以强大,就是因为有数量庞大的第三方模块支持。对于标准模块,Python 可以直接 import 导入使用,而对于第三方模块,在 import 导入之前,需要先安装到指定目录,如 C:\python\lib\site-packages。

在 Python 中,安装第三方模块是通过包管理工具 pip 完成的。需要注意的是,在安装 Python 时,确保勾选了 pip 和 Add python.exe to Path,才会有 pip 这个工具。在命令提示符窗口下尝试运行 pip,如果 Windows 提示未找到命令,可以重新运行安装程序添加 pip。

一般来说,第三方库都会在 Python 官方的 pypi.python.org 网站注册。要安装一个第三方库,必须先知道该库的名称,可以在官网或者 pypi 上搜索。

下面以图像处理库为例,讲解第三方模块的使用方法。

图像处理是一门应用非常广的技术,PIL(Python Imaging Library)是 Python 中最常用的图像处理库,提供了通用的图像处理功能,可对图像进行大量的基本操作,如图像缩放、裁剪、旋

转、颜色转换等。PIL 是 Python 语言的第三方库,其库文件名是 pillow,安装命令如下。

```
pip install Pillow
```

或者

```
pip3 install pillow
```

安装过程如图 10-17 所示。

```
C:\Users\lenovo>pip install Pillow
Collecting Pillow
  Downloading https://files.pythonhosted.org/packages/44/4b/78226761e8ce14686fa7fa834c357d5b0a933d7485955b716fab3071f7e5
/Pillow-7.0.0-cp36-cp36m-win_amd64.whl (2.0MB)
    100% |████████████████████████████████| 2.0MB 551kB/s
Installing collected packages: Pillow
Successfully installed Pillow-7.0.0
You are using pip version 9.0.1, however version 20.0.2 is available.
You should consider upgrading via the 'python -m pip install --upgrade pip' command.
```

图 10-17 安装 PIL 的窗口

当出现 Successfully installed 后,安装成功。同时,在 Python 的目录下可以看到安装好的模块目录。安装前文件夹的内容如图 10-18 所示。安装之后多了两个文件夹内容,如图 10-19 所示。

__pycache__	2020/1/28 21:45	文件夹
autopep8-1.5-py3.6.egg-info	2020/1/28 21:45	文件夹
pip	2019/12/8 17:58	文件夹
pip-9.0.1.dist-info	2019/12/8 17:58	文件夹
pkg_resources	2019/12/8 17:58	文件夹
pycodestyle-2.5.0.dist-info	2020/1/28 21:45	文件夹
setuptools	2019/12/8 17:58	文件夹
setuptools-28.8.0.dist-info	2019/12/8 17:58	文件夹
autopep8.py	2020/1/20 22:07	JetBrains PyChar... 145 KB
easy_install.py	2019/12/8 17:58	JetBrains PyChar... 1 KB
pycodestyle.py	2020/1/28 21:45	JetBrains PyChar... 98 KB
README.txt	2017/6/17 19:57	文本文档 1 KB

图 10-18 安装前文件夹的内容

__pycache__	2020/1/28 21:45	文件夹
autopep8-1.5-py3.6.egg-info	2020/1/28 21:45	文件夹
PIL	2020/2/14 11:15	文件夹
Pillow-7.0.0.dist-info	2020/2/14 11:15	文件夹
pip	2019/12/8 17:58	文件夹
pip-9.0.1.dist-info	2019/12/8 17:58	文件夹
pkg_resources	2019/12/8 17:58	文件夹
pycodestyle-2.5.0.dist-info	2020/1/28 21:45	文件夹
setuptools	2019/12/8 17:58	文件夹
setuptools-28.8.0.dist-info	2019/12/8 17:58	文件夹
autopep8.py	2020/1/20 22:07	JetBrains PyChar... 145 KB
easy_install.py	2019/12/8 17:58	JetBrains PyChar... 1 KB
pycodestyle.py	2020/1/28 21:45	JetBrains PyChar... 98 KB
README.txt	2017/6/17 19:57	文本文档 1 KB

图 10-19 安装后文件夹的内容

PIL 共包括 21 个与图像有关的类,这些类可以被看作子库或 PIL 中的模块。Image 类是 PIL 中一个非常重要的类,它提供了许多图像操作的功能,如创建、打开、显示、保存图像,合成、裁剪、滤波以及获取图像属性等功能。

下面使用 PIL 创建图像的缩略图。

【例 10-27】　缩放一张图片。

```
#dsf.py
from PIL import Image
im = Image.open('test.jpg')                    #打开一个 jpg 图像文件,注意是当前路径
w, h = im.size                                 #获得图像尺寸:
print('Original image size: %sx%s' % (w, h))   #显示原始尺寸
im.thumbnail((w//2, h//2))                     #使用 thumbnail()方法将图像缩放到 50%
print('Resize image to: %sx%s' % (w//2, h//2))
im.save('thumbnail.jpg', 'jpeg')               #把缩放后的图像用 jpeg 格式保存
```

运行该程序,会显示如下内容。

```
原始图片的尺寸: 400×267
缩放后的尺寸: 200×133
```

观察文件夹中的内容,可以看到生成了缩略文件 thumbnail.jpg,如图 10-20 所示。

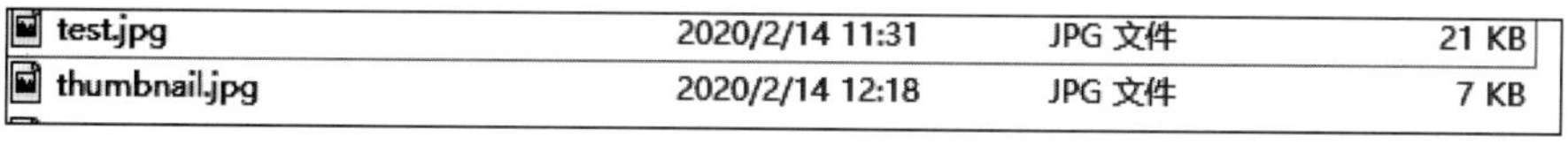

test.jpg	2020/2/14 11:31	JPG 文件	21 KB
thumbnail.jpg	2020/2/14 12:18	JPG 文件	7 KB

图 10-20　压缩后的文件

10.7.2　案例实现

该案例的实现涉及图片、颜色、字体等方面的操作,所以要用到 PIL 中的 Image、ImageDraw、ImageFont 模块,最后需要对图像进行平滑、锐化、边界增强等滤波处理,所以还需要 ImageFilter 模块。验证码图片中的字符串、字符的颜色,以及图片底色都是随机生成的,因此需要 random 模块。

案例中用到的方法有

- 创建图片的方法 Image.new(mode,size,color＝0),mode 为 RGB,表示真彩色,若 color 缺省,则为黑色图像。

- ImageDraw.Draw(image),创建一个可用来对 image 进行操作的对象。对所有使用 ImageDraw 中操作方法的图片都要先进行这个对象的创建。

- 可以使用该对象的 text()方法在图片内添加文本(验证码)。drawObject. text(position,string,options)方法用来在图像内添加文字,其中 position 是一个二元元组,指定字符串左上角坐标,string 是要写入的字符串,options 选项可以为 fill 或者 font(只能选择其中之一,不能两个同时存在)。其中 fill 指定字的颜色,font 指定字体与字的尺寸,font 必须为 ImageFont 中指定的 font 类型。

- ImageFont.truetype(filename, wordsize)，这个函数创建字体对象给 ImageDraw 中的 text()方法使用。Filename 是字体文件的名称，通常为 ttf 文件。
- ImageFilter 模块提供了滤波器相关定义；这些滤波器主要用于 Image 类的 filter() 方法。image.filter(ImageFilter.BLUR)，ImageFilter 模块支持 10 种滤波器，其中 ImageFilter.BLUR 为模糊滤波，处理之后的图像整体会变得模糊。

实现代码如下。

```python
from PIL import Image, ImageDraw, ImageFont, ImageFilter
import random
#定义生成随机字母的方法
def rndChar():
    return chr(random.randint(65, 90))                    #随机生成大写字母
#随机颜色1,用来表示 XX 颜色
def rndColor():
    return (random.randint(64, 255), random.randint(64, 255), random.randint(64,
255))
#随机颜色2
def rndColor2():
    return (random.randint(32, 127), random.randint(32, 127), random.randint(32,
127))
#定义图片的大小 240×60 像素
width = 60 * 4
height = 60
image = Image.new('RGB', (width, height), (255, 255, 255))   #创建图片
font = ImageFont.truetype('arial.ttf', 36)                    #创建 Font 对象
draw = ImageDraw.Draw(image)                                  #创建 Draw 对象
#填充每个像素
for x in range(width):
    for y in range(height):
        draw.point((x, y), fill=rndColor())
#输出文字
for t in range(4):
    draw.text((60 * t + 10, 10), rndChar(), font=font, fill=rndColor2())
image = image.filter(ImageFilter.BLUR)                        #模糊处理
image.save('code.jpg', 'jpeg')                               #保存图片
```

由于随机性的存在，此程序每次运行都会得到不同的验证码图片。图 10-21(a)和图 10-21(b)分别为两次运行程序生成的不同验证码。

(a) 验证码1   (b) 验证码2

图 10-21　随机验证码

10.8　精彩案例

10.8.1　使用正则表达式验证用户注册的信息

1. 案例描述

很多应用程序都有注册功能,一般注册页面中包含用户名、密码、手机号等信息,其中用户名要求长度为 6～10 个字符,且以汉字、字母或下画线开头;密码要求长度为 6～10 个字符,且以字母开头,包含字母、数字、下画线;手机号为中国内地手机号。如果用户信息的输入格式有误,系统会给出提示,请编程模拟实现用户注册功能。

2. 案例分析

用户注册信息可以使用正则表达式实现。用户名、密码、手机号对应的正则表达式分别为:

- 用户名:^[\u4E00-\u9FA5A-Za-z0-9_]{6,10}$,其中[\u4E00-\u9FA5]匹配一个汉字。
- 密码:^[a-zA-Z]\w{5,9}$。
- 手机号:^1[3456789]\d{9}$。

3. 案例实现

```
#reg.py
import re
def user_reg():
    print("注册提示:")
    print("用户名长度为 6~10 个字符,以汉字、字母或下画线开头\n"
          "密码长度为 6~10 个字符,以字母开头,包含字母、数字、下画线\n"
          "手机号为中国内地手机号")
    user_name = input("请输入用户名:")
    user_psd = input("请输入密码:")
    user_phone = input("请输入手机号:")
    while True:
        reg_user = re.compile(r"^[\u4E00-\u9FA5A-Za-z0-9_]{6,10}$")
        reg_psd = re.compile(r"^[a-zA-Z]\w{5,9}$")
        reg_phone = re.compile(r"^1[3456789]\d{9}$")
        if re.findall(reg_user,user_name):
            if re.findall(reg_psd,user_psd):
                if re.findall(reg_phone,user_phone):
                    print("注册成功!")
                    break
                else:
```

```
                print("手机号格式不正确")
                user_phone = input("请重新输入手机号:")
            else:
                user_psd = input("请重新输入密码:")
        else:
            user_name = input("请重新输入用户名:")
if __name__ == "__main__":
    user_reg()
```

程序运行过程中的信息输出如下。

```
注册提示:
用户名长度为 6~10 个字符,以汉字、字母或下画线开头
密码长度为 6~10 个字符,以字母开头,包含字母、数字、下画线
手机号为中国内地手机号
请输入用户名:浩 haotest
请输入密码:admin123
请输入手机号:13834140046
注册成功!
```

10.8.2 用正则表达式统计单词个数

1. 案例描述

给定任意一篇英文的纯文本文件,统计其中的单词出现的个数。

2. 案例分析

将英文文章保存为 test.txt 文件,并将该文件对象读入内存(打开),读取文件中的内容,存放到 data 变量中,把所有大写字母转换成小写,去掉逗号、点等连接符,再将 data 中的每个单词分隔出来保存到一个列表中。这里用到正则表达式匹配两个单词之间的任意分隔符,然后使用 counter()方法对列表中的内容进行统计,返回的是元素(单词)为键,统计个数为值的一个字典,使用循环将字典中的内容输出,就可完成文章中单词的统计。

3. 案例实现

```
# countnum1.py
import re
from collections import Counter
def cal(filename='test.txt'):
# 通过 open()方法打开 filename 表示的文件对象,命名为 f,以便读取文件内容
with open(filename, 'r') as f:
    # 通过 read()方法将文件对象 f 中的全部内容读取到 data 中
        data = f.read()
```

```
#将 data 中的所有大写字符转换为小写,去掉其中的",""和"."
data = data.lower().replace(',', '').replace('.', '')
#使用 split()方法用任意空白将 data 中的内容进行分隔,返回一个字符列表
datalist = re.split(r'[\s\n]+', data)
#统计列表中的元素,以字典的形式返回元素的统计
    return Counter(datalist).most_common()


if __name__ =='__main__':
    dic = cal()
    for i in range(len(dic)):           #输出所有键和值的内容
        print('%15s  --->   出现了 %s 次' %(dic[i][0], dic[i][1]))
```

如果文章很长,显示结果也会很长,每个单词都会统计,部分统计结果如下。

```
will  --->   出现了 14 次
you  --->   出现了 11 次
i --->   出现了 10 次
to  --->  出现了 9 次
and  --->  出现了 9 次
the  --->  出现了 8 次
god  --->  出现了 7 次
child  --->   出现了 6 次
asked  --->   出现了 6 次
angel  --->   出现了 6 次
be  --->  出现了 5 次
```

10.8.3　买啤酒问题

1. 案例描述

一位酒商共有 5 桶葡萄酒和 1 桶啤酒,6 个桶的容量分别为 30L、32L、36L、38L、40L 和 62L,并且只卖整桶酒,不零卖。第一位顾客买走 2 整桶葡萄酒,第二位顾客买走的葡萄酒总升数是第一位顾客的 2 倍。编程计算哪个容量的桶装的是啤酒,有多少升啤酒。

2. 案例分析

逐个遍历每一桶并假设是啤酒,从剩余几桶中任选两桶并假设是第一位顾客购买的葡萄酒,如果这两桶葡萄酒的总升数恰好是 5 桶葡萄酒总升数的 1/3,则说明本次假设的啤酒是正确的。

该案例涉及 Python 的内置模块 itertools。itertools 模块包含创建有效迭代器的函数,可以用各种方式对数据进行循环操作,此模块中的所有函数返回的迭代器都可以与 for 循环语句以及其他包含迭代器(如生成器和生成器表达式)的函数联合使用。迭代的意思类似于循环,每一次重复的过程都被称为一次迭代的过程,而每一次迭代得到的结果会被用来作为

下一次迭代的初始值,提供迭代方法的容器称为迭代器。本案例用到的方法如下所示。

```
combinations(iterable, r):
```

combinations()创建一个迭代器,返回 iterable 中所有长度为 r 的子序列,返回的子序列中的项按输入 iterable 中的顺序排序。

3. 案例实现

```
#lx.py
from itertools import combinations
buckets = {30,32,36,38,40,62}
for beer in buckets:
    rest = buckets-{beer}
    #第一个人买的两桶啤酒,所有可能的组合
    for wine in combinations(rest,2):
        #剩下的啤酒是第一个人购买的 2 倍
        if sum(rest) ==3 * sum(wine):
            #一种可能的解
            print(beer)
```

10.8.4 绘制多角形

1. 案例描述

编程绘制如图 10-22 所示的图形。

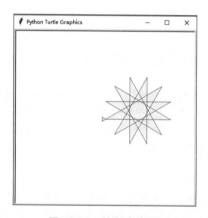

图 10-22　绘制多角形

2. 案例分析

Python 中的内置模块 turtle 是一个专门的绘图模块。

在画布上,默认有一个坐标原点为画布中心的坐标轴,坐标原点上有一只面朝 X 轴正方向的小乌龟,turtle绘图中,就是使用位置方向描述小乌龟(画笔)的状态。

绘制图形时,画笔从坐标原点开始向 X 轴正方向绘制一条线,然后画笔沿逆时针方向旋转固定角度,再画一条线,再旋转再画,一直到当前位置的绝对值小于1(与原点重合)结束绘图,之后在画好的图上填充需要的颜色即可。本案例用到的函数有

turtle.color(color1,color2):设置画笔的颜色和填充的颜色。

turtle.forward(distance):向当前画笔方向移动 distance 像素长度。

turtle.left(degree):逆时针移动 degree,顺时针函数名是 right。

turtle.begin_fill():准备开始填充图形。

turtle.end_fill():填充完成。

3. 案例实现

```python
import turtle as t
t.color('black','red')              #设置画笔的颜色和填充的颜色
t.setup(450,400)                    #设置主窗口的大小为 450×400 像素
t.begin_fill()                      #在绘制要填充的形状之前调用,填充开始
while True:
    t.forward(150)                  #将当前画笔启动 150 像素
    t.left(150)                     #将当前画笔逆时针旋转 150°
    if abs(t.pos()) <1:             #如果当前位置的绝对值小于 1,就跳出循环
        break
t.end_fill()                        #结束填充
t.done()                            #停止画笔绘制
```

10.9　本章小结

在计算机程序的开发过程中,随着程序代码越写越多,在一个文件里代码就会越来越长,越来越不容易维护。为了编写可维护的代码,我们把很多函数分组,分别放到不同的文件里,这样,每个文件包含的代码就相对较少,很多编程语言都采用这种组织代码的方式。在 Python 中,一个.py 文件就称为一个模块(Module)。

模块分为内置模块、标准库模块、第三方模块(通常为开源)和用户自己编写的模块(可以作为其他人的第三方模块)。

模块最大的好处是大大提高了代码的可维护性。其次,编写代码不必从零开始。当一个模块编写完毕,就可以被其他地方引用。编写程序的时候,可以引用其他模块,包括 Python 内置的模块和来自第三方的模块。

如果不同的人编写的模块名相同怎么办? 为了避免模块名冲突,Python 又引入了按目录组织模块的方法,称为包(Package)。

10.10　实战

实战一：绘制五边形

编程绘制如图 10-23 所示的五边形。该案例要用到 turtle 模块，只需要画 5 条线，所以可以用 for 控制循环次数，也可以判断和原点重合时结束。读者需要考虑画完一条线后旋转多少度再开始画下一条线。

实战二：编程计算字符串中元音字母的数目

编程计算字符串中元音字母（'a'，'e'，'i'，'o'，'u'）的数目。

提示：使用正则表达式 re 模块，与元音字母匹配的正则表达式为[aeiou]，使用 findall() 查找字符串中与正则表达式匹配的元素，返回一个列表，求这个列表的长度，就是求元音字母的数目。例如，下列语句分别得到 3 和 0。

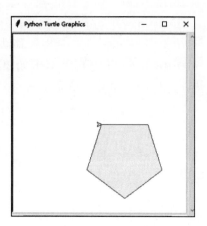

图 10-23　绘制五边形

```
print(count_vowels("fooba"))          #结果为3,该字符串中有 3 个元音字母
print(count_vowels("gym"))            #结果为0,该字符串中无元音字母
```

实战三：随机重排列表中的元素

编程实现一个函数 shuffle(foo)，函数功能为：给定一个列表，将列表中的元素顺序随机打乱生成新列表。提示：使用 random 模块生成随机数作为列表的下标。调用函数语句如下。

```
foo = [1, 2, 3]                       #给定列表 foo
print(shuffle(foo))                   #结果可能是其中之一,[2,3,1] , [1,2,3], [3,1,2]
```

实战四：将给定字符串的第一个字母转换为小写字母

编写一个自定义模块，在模块中定义一个函数 decapitalize()，将给定字符串的第一个字母转换为小写。如调用 decapitalize(FooBar)，会得到结果 fooBar。

第

⑪

章

文件 I/O

　　在变量、序列和对象中存储的数据是暂时的,程序结束后就会丢失。为了能够长时间地保存程序中的数据,需要将程序中的数据保存到磁盘文件中。Python 提供了内置的文件对象和对文件以及目录进行操作的内置模块,通过这些技术可以很方便地将数据文件保存到文件中,以达到长时间保存数据的目的。在使用文件对象时,首先需要通过内置的 open()函数创建一个文件对象,然后就可以通过该对象提供的方法进行一些基本文件操作。

11.1 基础 I/O 与文件路径

11.1.1 基础 I/O

我们知道,算法具有 5 个重要特征,其中包括输入(0 个或多个)与输出(至少一个)。在日常的编程中,输入与输出部分通常在程序首部与尾部,是程序不可或缺的一部分。在学习文件 I/O 之前,首先复习一下键盘输入与屏幕输出。

1. 屏幕输出

初学者接触一门编程语言通常以输出开始。

```
>>>print('Hello world!')
Hello world!
```

但随着学习的不断深入,仅输出固定语句显然不能满足日常需要,因为大部分情况下需要输出的都是变量的组合。

```
>>>x = 10
>>>y = 2
>>>print(x, '+', y, '=', x+y)
10 + 2 = 12
```

但是以这种方式编写比较复杂,也不直观。对于变量与固定语句方式,可以使用格式化函数 format() 自定义输出样式。使用格式化函数对上述例子进行修改,代码如下所示。

```
>>>print('{} + {} = {}'.format(x, y, x+y))
10 + 2 = 12
```

可以看到,使用格式化函数时,首先确定了完整的输出语句样式,用占位符表示变量,之后再将变量补充在后面。

2. 键盘输入

Python 中提供了 input() 函数进行输入,当使用参数时,首先会输出提示信息。

```
>>>name = input('Input your name:\n')
Input your name:
Sam
>>>print('Hello,', name)
Hello, Sam
```

注意：input()函数默认接收为字符串类型，当需要输入其他类型的数据时，在使用前需要进行类型转换。

```
>>>r = int(input('Input the radius of a circle\n'))
Input the radius of a circle
2
>>>print('Area of this circle is {0:.3f}'.format(r * r * math.pi))
Area of this circle is 12.566
```

11.1.2 文件路径

1. 文件路径

当程序运行时，变量是保存数据的好方法，但变量、序列以及对象中存储的数据都是暂时的，程序结束后就会丢失，如果希望程序结束后数据仍然存在，就需要将数据保存到文件中。Python 提供了内置的文件对象，以及对文件、目录进行操作的内置模块，通过这些技术可以很方便地将数据保存到文件（如文本文件等）中。

文件有两个关键属性，分别是"文件名"和"路径"。其中，文件名指的是为每个文件设定的名称，而路径则用来指明文件在计算机上的位置。例如，我的 Windows 7 笔记本上有一个文件名为 projects.docx（点之后的部分称为文件的"扩展名"，它指出了文件的类型）的文件，它的路径在 D:\demo\exercise，也就是说，该文件位于 D 盘下 demo 文件夹的 exercise 子文件夹下。

通过文件名和路径可以分析出，project.docx 是一个 Word 文档，demo 和 exercise 都是指"文件夹"（也称为目录）。文件夹可以包含文件和其他文件夹，例如，project.docx 在 exercise 文件夹中，该文件夹又在 demo 文件夹中。

注意：路径中的 D:\指的是"根文件夹"，它包含了所有的其他文件夹。在 Windows 中，根文件夹名为 D:\，也称为 D: 盘。在 OSX 和 Linux 中，根文件夹是"/"。本教程使用的是 Windows 风格的根文件夹，如果在 OSX 或 Linux 上输入交互式环境的例子，请用"/"代替。

另外，附加卷（诸如 DVD 驱动器或 USB 闪存驱动器）在不同操作系统上的显示也不同。在 Windows 上，它们表示为新的、带字符的根驱动器，如 D:\或 E:\。在 OSX 上，它们表示为新的文件夹，在/Volumes 文件夹下。在 Linux 上，它们表示为新的文件夹，在/mnt 文件夹下。同时也要注意，虽然文件夹名称和文件名在 Windows 和 OSX 上是不区分大小写的，但在 Linux 上是区分大小写的。

还有一个不同是 Windows 上的反斜杠和 OSX 以及 Linux 上的正斜杠。在 Windows 上，路径书写使用反斜杠"\"作为文件夹之间的分隔符。但在 OSX 和 Linux 上，使用正斜杠

"/"作为它们的路径分隔符。如果想要程序运行在所有操作系统上,在编写 Python 脚本时,就必须处理这两种情况。

函数 os.path.join()可以在不同操作系统下生成正确的路径。此处只进行简单的举例,在 11.3.1 节会对其进行进一步介绍。将单个文件和路径上的文件夹名称的字符串传递给该函数,os.path.join()就会返回一个文件路径的字符串,包含正确的路径分隔符。在交互式环境中输入以下代码。

```
>>>import os                                        #导入需要的 os 包
>>>os.path.join('demo','exercise')'demo\\exercise'  #输出结果
```

因为此程序是在 Windows 上运行的,所以 os.path.join('demo','exercise')返回"demo\\exercise"(注意,反斜杠有两个,因为每个反斜杠需要由另一个反斜杠字符转义)。如果在 OSX 或 Linux 上调用这个函数,该字符串就会是"demo/exercise"。

不仅如此,如果需要创建带有文件名称的文件存储路径,os.path.join()函数同样很有用,示例如下。

```
import os
myFiles = ['accounts.txt', 'details.csv', 'invite.docx']
for filename in myFiles:
    print(os.path.join('C:\\demo\\exercise', filename))
```

运行结果如下所示。

```
C:\demo\exercise\accounts.txt
C:\demo\exercise\details.csv
C:\demo\exercise\invite.docx
```

2. 绝对路径

绝对路径:总是从根文件夹开始,Window 系统中以盘符(C:、D:)作为根文件夹,而 OSX 或者 Linux 系统中以"/"作为根文件夹。

3. 相对路径

相对路径:指的是文件相对于当前工作目录所在的位置。例如,当前工作目录为"C:\Windows\System32",若文件 demo.txt 就位于这个 System32 文件夹下,则 demo.txt 的相对路径表示为".\demo.txt"(其中.\表示当前所在目录)。

在使用相对路径表示某文件所在的位置时,除了经常使用".\"表示当前所在目录之外,还会用到"..\"表示当前所在目录的父目录。

以图 11-1 为例,如果当前工作目录设置为 C:\bacon,则这些文件夹和文件的相对路径和绝对路径就对应为该图右侧所示的样子。

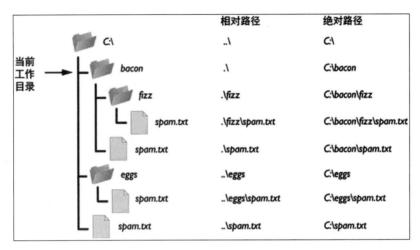

图 11-1　相对路径和绝对路径的关系

11.2　文件

11.2.1　文件的访问方式

在 Python 中,想要操作文件,首先需要使用 open()方法创建或者打开指定的文件并创建文件对象。open()方法的语法格式如下。

```
file object = open(file_name [, access_mode][, buffering])
```

其中,file_name 包含了需要访问的文件名称的字符串值。

access_mode 为可选参数,决定了打开文件的模式:只读、写入、追加等。所有可取值见如下的完全列表。这个参数是非强制的,默认文件访问模式为只读(r)。

buffering 为可选参数,用于指定读写文件的缓冲模式,值为 0 表示不缓存,如果值大于1,则表示缓冲区的大小;如果值小于 0,则缓冲区大小为系统默认值。

对于文件的访问方式(access_mode),open()函数提供了 6 种方式,分别为"r"(只读)、"w"(覆盖写)、"a"(追加)与其扩充了读写功能的版本"r+""w+"与"a+"。各种访问模式的参数见表 11-1。

表 11-1　访问模式表

访 问 模 式	r	r+	w	w+	a	a+
读	+	+		+		+
写		+	+	+	+	+
创建			+	+		+
覆盖			+	+		

访问模式	r	r+	w	w+	a	a+
指针在开始	+	+	+	+		
指针在结尾					+	+

其中,指针表示保存读、写操作的起始位置。例如,当使用"r+"模式进行写操作时,由于指针在文件首部,结果就是从文件开头开始写,相当于对文件进行了覆盖。同时需要注意的还有:

- "r"与"r+"没有创建功能,因此遇到不存在的文件时会报错。
- "w"与"w+"会覆盖原文件,请谨慎使用。

使用 open()打开文件时,默认采用 GBK 编码。但当要打开的文件不是 GBK 编码格式时,可以手动指定所要使用的编码格式。

```
>>>file = open('a.txt', 'r', encoding='utf-8')
>>>file.read()
'AAAAA\n'
```

同时要注意,encoding 参数的手动修改仅限于文件以文本的形式打开,不包括以二进制格式打开。

遇到有些编码不规范的文件,可能会出现错误:UnicodeDecodeError,因为在文本文件中可能夹杂了一些非法编码的字符。遇到这种情况,可以在 open()函数中指定 errors 参数,表示如果遇到编码错误后如何处理。最简单的方式是直接忽略。

```
>>>f2 = open('b.txt', 'r', encoding='utf-8', errors='ignore')
```

打开文件之后,要进行文件关闭。file 对象的 close()方法可以刷新缓冲区里任何还没写入的信息,并关闭该文件,这之后便不能再进行写入。

当一个文件对象的引用被重新指定给另一个文件时,Python 会关闭之前的文件。用 close()方法关闭文件是一个很好的习惯。下面将之前打开的文件进行关闭。

```
>>>file.close()
>>>f2.close()
```

通常有两种关闭文件的方式。

- try-finally 方式

由于文件读写时都有可能产生 IOError,一旦出错,后面的 f.close()就不会调用。所以,为了保证无论是否出错,都能正确地关闭文件,可以使用 try-finally 语句实现。

```
try:
f = open('/path/to/file', 'r')
```

```
print(f.read())finally:
if f:
f.close()
```

- with-as 方式

如果每次都用 try-finally 实在太烦琐，所以，Python 引入了 with 语句自动调用 close()
方法。

```
with open('/path/to/file', 'r') as f:
print(f.read())
```

这和前面的 try-finally 是一样的，但是代码更简洁，并且不必调用 f.close()方法。

11.2.2　文件内容的访问及修改

使用 open()函数后，会返回一个 file 对象，然后可以使用该对象对文件进行访问与修改
等操作。同时，该对象的属性中包含了该文件的很多信息。取 11.2.1 节中打开"a.txt"返回
的 file 对象，查看其名称、访问模式、是否关闭 3 个属性，代码如下所示。

```
>>>print('name: {}\nmode: {}\nclosed: {}\n'.format(file.name, file.mode, file.
closed))
name: a.txt
mode: r
closed: False
```

接下来，本节针对文件内容的读、写操作与文件定位操作分别进行介绍。

1. 读操作

read()方法是从一个打开的文件中读取一个字符串。需要注意的是，Python 字符串可
以是二进制数据，而不仅是文字。语法如下。

```
fileObject.read([count])
```

其中，count 是指需要从已打开文件中读取的字节数目，该方法从文件的开头开始读入，若没
有传入 count，则会尽可能地读取更多内容，直到文件末尾。

```
#打开一个文件
fo = open("foo.txt", "r+")
str = fo.read(10)
print "读取的字符串是：", str                #关闭打开的文件
fo.close()
```

运行结果如下所示。

> 读取的字符串是： hello pyth

调用 read() 会一次性读取文件的全部内容,如果文件过大,可能导致内存溢出。所以,为了保险起见,可以反复调用 read(size) 方法,每次最多读取 size 个字节的内容。此外,使用 readline() 函数可以每次读取一行内容,而 readlines() 函数可以一次读取所有内容并按行返回 list。因此,要根据需要决定读取方法。

如果文件很小,read() 一次性读取最方便;如果不能确定文件大小,反复调用 read(size) 比较保险;如果是配置文件,调用 readlines() 最方便。

```
for line in f.readlines():
    print(line.strip())                    #把末尾的'\n'删掉
```

2. 写操作

write() 方法可将任何字符串写入一个打开的文件。需要注意的是,Python 字符串可以是二进制数据,而不是仅是文字。而且 write() 方法不会在字符串的结尾添加换行符('\n')。其语法如下。

```
fileObject.write(string)
```

3. 文件定位

tell() 方法可以得到文件内的当前位置,换言之,下一次读写会发生在文件开头之后的若干字节处。

seek() 方法可以改变当前文件的位置。语法如下。

```
Seek( offset [, from] )
```

其中,offset 是指表示要移动的字节数;from 是指开始移动字节的参考位置,from 被设为 0,这意味着将文件的开头作为移动字节的参考位置。如果 from 被设置为 1,则使用当前的位置作为参考位置。如果它被设为 2,那么该文件的末尾将作为参考位置。

【例 11-1】 读取 foo.txt 文件前 10 个字节数据,并查找当前位置,重新定位到文件开头后,再次读取 10 个字节数据。

```
#打开一个文件
fo = open("foo.txt", "r+")
str = fo.read(10)
print "读取的字符串是 : ", str
#查找当前位置
position = fo.tell()
```

```
print "当前文件位置：", position
#把指针重新定位到文件开头
position = fo.seek(0, 0)
str = fo.read(10)
print "重新读取字符串：", str          #关闭打开的文件
fo.close()
```

运行结果如下所示。

```
读取的字符串是： hello pyth
当前文件位置： 10
重新读取字符串： hello pyth
```

11.2.3　文件的重命名与删除

Python 中的 os 模块提供了许多便捷的函数处理文件和目录，接下来主要使用这个模块进行文件与目录的操作。

1. 文件重命名

rename()方法是 os 模块中文件重命名的方法，语法如下。

```
os.rename(current_file_name, new_file_name)
```

其中，current_file_name 是指当前文件名，new_file_name 是指新文件名。将 test1.txt 重命名为 test2.txt 的代码如下所示。

```
import os
#重命名文件 test1.txt 到 test2.txt
os.rename( "test1.txt", "test2.txt" )
```

2. 文件删除

os 模块中提供了 remove()方法对文件进行删除操作，语法如下。

```
os.remove(file_name)
```

其中，file_name 是指需要删除的文件名。删除 test2.txt 的代码如下所示。

```
import os
#删除一个已经存在的文件 test2.txt
os.remove("test2.txt")
```

11.3 目录

11.3.1 访问特定目录

当不能使用图形界面时，例如，使用 Linux 操作系统或 Windows 命令提示符时，如何对目录进行探索并找到想要的文件？本节将使用 Python 的 os 模块对这个问题进行探讨。

1. 显示当前绝对路径

如果要查找文件，首先要知道现在的位置在哪里。可以使用 os 模块的 getcwd()方法显示当前的工作目录。

```
>>>os.getcwd()
'D:\\python\\chapter_11'
```

2. 查看当前目录下的文件与目录

接下来使用 os.walk()函数遍历当前目录，看当前目录下有哪些文件与目录可以访问。

```
>>>for root, dirs, files in os.walk('./'):
...        print('root: {}\ndirs:{}\nfiles:{}\n'.format(root, dirs, files))
...
root: ./
dirs:['demo1', 'demo2', 'demo3', 'test1', 'test2', 'test3']
files:[]

root: ./demo1
dirs:[]
files:['A.txt', 'B.txt', 'demo1.py']
...
```

os.walk()函数可以对当前目录与子目录进行遍历，输出当前目录下的路径、目录与文件。有了目录结构，就可以找到想要的文件。

3. 目录切换

为了把当前路径前进到子目录 demo1 中，可以使用 os 模块的 chdir()函数。chdir()函数与 Linux 系统的 Windows 命令提示符中的"cd"命令用法相同，下面使用相对路径进行目录切换。

```
>>>os.chdir('demo1')
>>>os.getcwd()
'D:\\python\\chapter_11\\demo1'
```

如果要把当前路径退回到上一个目录，使用 chdir()函数操作如下。

```
>>>os.chdir('..')
>>>os.getcwd()
'D:\\python\\chapter_11'
```

4. 路径拼接

假设需要获取 D:\\python\\chapter_11\\demo1 目录下的 A.txt 的绝对路径，现在路径的前后两段可以使用 os.path.join()函数把两段拼接在一起。

```
>>>os.chdir('demo1')
>>>base_dir = os.getcwd()
>>>name = 'A.txt'
>>>path_A = os.path.join(base_dir, name)
>>>print(path_A)
D:\python\chapter_11\demo1\A.txt
```

路径拼接当然也可以通过字符串拼接完成，但是不同操作系统中路径的连接符可能不同，而且有时"\"转义符与连接符混淆，也会对结果造成影响。因此，os.path.join()函数不失为一种简单且通用的方法。

11.3.2 目录的创建与删除

1. 文件夹的创建

可以使用 os 模块的 mkdir()方法在当前目录下创建新的目录，语法如下。

```
os.mkdir("newdir")
```

其中，newdir 是指需要创建的目录名称。创建目录 test 的代码如下所示。

```
import os
#创建目录 test
os.mkdir("test")
```

2. 文件夹的删除

可以使用 os 模块的 rmdir()方法删除目录。在删除一个目录之前，它的所有内容应该先被删除，语法如下。

```
os.rmdir("dirname")
```

其中，dirname 是指需要被删除的目录名。删除目录"/tmp/test"的代码如下所示。

```
import os
#删除"/tmp/test"目录
os.rmdir( "/tmp/test" )
```

11.4 精彩案例

11.4.1 文本的复制

1. 案例描述

把文档 B 的内容复制在文档 A 的内容之后,并对复制前的 A 文档、B 文档与复制后的 A 文档内容进行输出。

2. 案例分析

这是一个简单的案例,但是它不仅包含文件访问方式的选取,也包含文件指针的移动方式。在本案例中,我们要对文档 A 依次进行一次读操作、一次写操作与一次读操作,而且读操作时文件指针在文档首部,写操作时文件指针在文档尾部。在考虑访问方式时,"r+""w+""a+"这 3 种方式都能完成读写,但是"w+"方法会对文档 A 进行覆盖,会导致文档 A 的内容丢失。

3. 案例实现

```
print('before:\n')
f1 = open('A.txt', 'a+')
f1.seek(0, 0)
print('file A:', f1.read())

f2 = open('B.txt', 'r')
content2 = f2.read()
print('file B:', content2)
f2.close()

print('after:\n')
f1.seek(0, 2)
f1.write(content2)
f1.seek(0, 0)
print('file A:\n'+f1.read())
f1.close()
```

程序运行结果如图 11-2 所示。

```
before:
file A: AAAAA

file B: BBBBB

after:
file A:
AAAAA
BBBBB
```

图 11-2 文本的复制

11.4.2 保存路径

1. 案例描述

在当前目录下创建新目录 path,在新目录中按照"1.txt""2.txt"……的顺序创建 10 个文本文件,每个文本文件中存放该文件的绝对路径。

2. 案例分析

本案例以路径为重点,包含路径创建、输出当前路径、路径拼接等操作,常用于批量创建文件。在实际使用中,常常需要对命名有规律的若干个文件进行访问,此时掌握路径拼接的技巧,编写批量处理程序进行自动化处理就显得非常实用。

3. 案例实现

```python
import os
os.mkdir('path')
parent_dir = os.path.dirname(os.path.abspath(__file__))
base_dir = os.path.join(parent_dir, 'path')
for i in range(1, 11):
    name = str(i) + '.txt'
    path = os.path.join(base_dir, name)
    print(path)

    f = open(path, 'w')
    f.write(path)
    f.close()
```

程序运行结果如图 11-3 所示。

```
D:\python\chapter_11\demo2\path\3.txt
D:\python\chapter_11\demo2\path\4.txt
D:\python\chapter_11\demo2\path\5.txt
D:\python\chapter_11\demo2\path\6.txt
D:\python\chapter_11\demo2\path\7.txt
D:\python\chapter_11\demo2\path\8.txt
D:\python\chapter_11\demo2\path\9.txt
D:\python\chapter_11\demo2\path\10.txt
```

图 11-3　保存路径

11.4.3　批量文本修改

1. 案例描述

在上一个案例的基础上，对所有文本文件进行修改，在所有文本文件内容后面都添加单词 seen。

2. 案例分析

本案例以文件查找与文本修改为重点，涉及路径移动、查找文件、文件修改等操作，常用于批量访问及修改文件。

3. 案例实现

```python
import os
os.chdir('path')
for root, dirs, files in os.walk('./'):
    for file in files:
        if file.endswith('.txt'):
            f = open(file, 'a+')
            f.write('\nseen\n')
            f.seek(0, 0)
            print(f.read())
```

程序运行结果如图 11-4 所示。

```
D:\python\chapter_11\demo2\path\1.txt
seen

D:\python\chapter_11\demo2\path\10.txt
seen

D:\python\chapter_11\demo2\path\2.txt
seen
```

图 11-4　批量文本修改

11.5 本章小结

本章主要介绍了文件 I/O 操作。本章的重点是文件、目录的创建、修改等操作,同时对绝对路径与相对路径进行了介绍,使读者能够对文件 I/O 有一个整体的认识,并在文件 I/O 方面具有一定的实践能力。本章所学知识通常处于程序首部或尾部,完成数据读取和保存的功能。利用本章知识可以通过编写程序的方式对大量数据进行读取与保存,能够达到省时省力的效果。

11.6 实战

实战一:文件合并

把文档 A 与文档 B 的内容合并(A 在前),然后保存为文档 C。
程序运行结果如图 11-5 所示。

图 11-5 文件合并

实战二:保存作业

现有字典 homework1{num:homework}中包含 5 名学生的作业,在当前路径下每个学生生成一个目录(目录名为学号),并将学生的作业存储在对应目录中。
程序运行结果如图 11-6 所示。

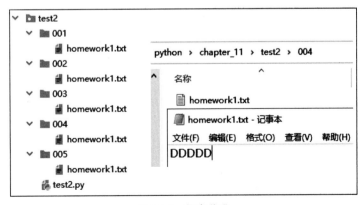

图 11-6 保存作业

实战三：查找作业

在实战二的基础上添加作业查看功能，实现输入学生学号，就可以读取对应的学生作业内容。
程序运行结果如图 11-7 所示。

```
Input student ID:
004
Student 004 homework1:
 DDDDD
```

图 11-7 查找作业

图书资源支持

感谢您一直以来对清华版图书的支持和爱护。为了配合本书的使用，本书提供配套的资源，有需求的读者请扫描下方的"书圈"微信公众号二维码，在图书专区下载，也可以拨打电话或发送电子邮件咨询。

如果您在使用本书的过程中遇到了什么问题，或者有相关图书出版计划，也请您发邮件告诉我们，以便我们更好地为您服务。

我们的联系方式：

地　　址：北京市海淀区双清路学研大厦 A 座 714

邮　　编：100084

电　　话：010-83470236　010-83470237

客服邮箱：2301891038@qq.com

QQ：2301891038（请写明您的单位和姓名）

资源下载：关注公众号"书圈"下载配套资源。

资源下载、样书申请

书圈

获取最新书目

观看课程直播